高职高专"十四五"规划教材

冶金工业出版社

地理信息系统

主　编　陈大鹏　曹小鸿　柴新宇

副主编　肖　锋

参　编　刘　丹

北　京

冶金工业出版社

2023

内 容 提 要

　　本书以项目形式编排，力求将地理信息系统的基础理论、技术方法和实践应用有机结合起来，使学生在学习地理信息系统理论知识的同时，掌握地理信息系统技术方法。全书共分 8 个项目，包括绪论、地理信息系统的地理基础、GIS 数据结构和空间数据库、GIS 空间数据采集、GIS 空间数据处理、GIS 空间数据分析、GIS 可视化及其产品输出、GIS 技术综合应用。

　　本书既可作为高职院校地理、地质、资源与环境、土地资源管理、地理信息科学等专业的教材，也可供相关专业从业人员学习参考。

图书在版编目（CIP）数据

　　地理信息系统/陈大鹏，曹小鸿，柴新宇主编. —北京：冶金工业出版社，2023.5

　　高职高专"十四五"规划教材

　　ISBN 978-7-5024-9514-5

　　Ⅰ.①地…　Ⅱ.①陈…　②曹…　③柴…　Ⅲ.①地理信息系统—高等职业教育—教材　Ⅳ.①P208

　　中国国家版本馆 CIP 数据核字（2023）第 090129 号

地理信息系统

出版发行	冶金工业出版社	电　　话	(010)64027926
地　　址	北京市东城区嵩祝院北巷 39 号	邮　　编	100009
网　　址	www.mip1953.com	电子信箱	service@ mip1953.com

责任编辑　俞跃春　杜婷婷　美术编辑　吕欣童　版式设计　郑小利
责任校对　梅雨晴　责任印制　窦　唯
北京印刷集团有限责任公司印刷
2023 年 5 月第 1 版，2023 年 5 月第 1 次印刷
787mm×1092mm　1/16；13.75 印张；329 千字；207 页
定价 48.00 元

投稿电话　(010)64027932　投稿信箱　tougao@cnmip.com.cn
营销中心电话　(010)64044283
冶金工业出版社天猫旗舰店　yjgycbs.tmall.com
（本书如有印装质量问题，本社营销中心负责退换）

前　言

古往今来，人类的活动大多都与地理信息息息相关。在经济全球化和信息技术快速发展的今天，地理信息已然在人类经济发展和社会生活中扮演着重要角色。自 1992 年 Michael F Goodchild 提出地理信息科学应当是一门独立学科以来，在学界的共同努力下，如今，地理信息科学已经发展成为一门具有系统理论依据和实践经验的学科。

随着我国各项事业及相关部门信息化进程的加快，地理信息相关专业人才具有广泛的社会需求。地理信息科学相关专业人才的培养，对于全面提升我国地理信息产业和地理信息科学发展水平具有极其重要的作用。地理信息系统相关教材作为人才培养的基础，需要根据信息技术发展不断进行总结和创新。故而编者在整理以往成熟理论知识的同时，结合前沿学术成果，编写了本书。

本书具有以下特色：

（1）紧跟行业技术发展。GIS 技术发展很快，本书着力于当前主流技术和新技术的讲解，与行业联系密切，使所有内容紧跟行业技术的发展。

（2）体现"教、学、做"合一的教学思想。以学生学到实用技能、提高职业能力为出发点，以"做"为中心，教和学都围绕着做，在学中做，在做中学，从而完成知识学习、技能训练和提高职业素养的教学目标。

（3）强基础、重实践。本书在编写过程中，强调基本概念、基本原理、基本分析方法的论述，采用"教、学、做"相结合的教学模式，既能使学生掌握好基础，又能启发学生思考，培养动手能力。

全书由黑龙江林业职业技术学院陈大鹏、三和数码测绘地理信息技术有限公司曹小鸿、广东工贸职业技术学院柴新宇担任主编，成都职业技术学院肖锋担任副主编，辽宁城市建设职业学院刘丹参编，全书由陈大鹏、曹小鸿、柴新宇统编定稿。具体编写分工如下：项目 2、项目 6 由陈大鹏编写；项目 3、项目 7 曹小鸿编写；项目 1、项目 5 由柴新宇编写；项目 4 由肖锋编写；项目 8 由刘丹编写。

　　本书在编写过程中，参阅了相关的文献资料，在此向文献资料作者表示感谢。

　　由于编者水平所限，书中不妥之处，恳请读者批评指正！

编　者

2022 年 12 月

目　录

项目 1 绪 论

【项目概述】

当今信息技术突飞猛进,信息产业空前发展,信息资源爆炸式扩张。多尺度、多类型、多时态的地理信息是人类研究和解决土地、环境、人口、灾害、规划、建设等重大问题时所必需的重要信息资源。地理信息系统顺时而生,地理信息系统的迅速发展不仅为地理信息现代化管理提供了契机,而且有利于其他高新技术产业的发展,解决问题的 GIS 平台应运而生。本项目主要介绍 GIS 的基本概念、组成、功能,GIS 发展简史、发展趋势以及 GIS 平台选择。通过本项目的学习,学生对 GIS 有一个初步的认识和了解。

【教学目标】

(1) 掌握信息、数据、地理信息、地理信息系统等基本概念。

(2) 掌握 CIS 的基本组成、功能及类型。

(3) 了解 GIS 的发展简史及发展趋势。

(4) 掌握 GIS 平台选择的标准。

任务 1.1 GIS 的基本概念

1.1.1 信息与地理信息

1.1.1.1 数据与信息

数据(data)是对客观事物的符号表示。数据是指某一目标定性、定量描述的原始资料,包括数字、文字、符号、图形、声音、图像以及它们能转换成的数据等形式。数据是用以载荷信息的物理符号,数据本身并没有意义。数据包括数值数据和非数值数据,它是计算机科学与技术处理的对象,也是计算机科学与技术处理的结果。

信息(information)是用文字、数字、符号、语言、图像等介质来表示事件、事物、现象等的内容、数量或特征,从而向人们(或系统)提供关于现实世界新的事实和知识,作为管理、分析和决策的依据。信息源自数据,信息是经过加工后的数据,它对接受者有用,对决策或行为有现实或潜在的价值。将数据与上下文联系通过解译产生了语义、关联、时效等特征,可回答事物或现象的状态、性质、过程等特征问题,这时便产生信息。信息具有客观性、实用性、可传输性和共享性等特征。信息来源于数据,它是客观世界的真实反映,或者说信息反映了客观世界。

信息与数据既有区别但又不可分离。信息是与物理介质有关的数据表达,数据中所包含的意义就是信息。数据是记录下来的某种可以识别的符号,具有多种多样的形式,也可以由一种数据形式转换为其他数据形式,但其中包含的信息的内容不会改变。数据是信息的载体,但并不是信息。只有理解了数据的含义,对数据做出解释,才能提取数据中所包含的信息。对数据进行处理（运算、排序、编码、分类、增强等）就是为了得到数据中包含的信息。虽然日常生活中数据和信息的概念区分得不是很清楚，但它们有着不同的含义。可以把数据比作原材料，而信息是对原材料加工的结果。数据与信息既有区别又有联系，数据是原始事实，信息是对数据处理的结果，是对数据的具体描述。

1.1.1.2　地理数据和地理信息

地理信息属于空间信息，其位置的识别是与数据联系在一起的，这是地理信息区别于其他类型信息的最显著标志。

地理信息源自地理数据。地理数据是对与地球表面位置相关的地理现象和过程的客观表示。地理信息则指与研究对象的空间地理分布有关的信息，可表示地理系统诸要素的数量、质量、分布特征。例如，遥感影像通过像素的灰度、纹理、波谱特征记录了地表的现象分布，为原始的"数据"表达，通过加工处理对影像数据进行解译，获得不同用地类型的分布，即为"信息"内容。地理信息技术的工作目标就是从数据获取到信息加工，再到知识发现的过程。

地理信息除了具有一般信息的特点外，还有以下特征。

A　相关性

空间距离造成了相邻的地理事物与地理现象更相似，远离的则相异（地理学第一定律）；同时也造成隔离，促成个性的形成和发展，即空间异质性（地理学第二定律）。地理现象间的相关性可分为同类现象间的自相关和异类现象间的互相关。

B　区域性

地理信息属于空间信息，是通过地理空间位置进行标识的，区域性即空间分布特性。这是地理信息区别于其他类型信息的最显著标志，是地理信息的空间定位特征。区域性能够实现空间位置的识别，并可以按照指定的区域进行信息的合并或分解。其位置的识别与数据相联系，它的这种定位特征是通过公共的地理基础来体现的。先定位后定性，并在区域上表现出分布特点。

C　层次性

地理现象在空间分布上具有"整体—部分"的多级剖分结构，在属性描述上具有上下层类型归并的树状结构，在时态特征表达上具有多粒度划分的时间单位记录形式。这些特征显示出地理信息具有明显的层次性，是地理现象尺度特征的表征。层次性首先体现在同一区域上的地理对象具有多重属性，其属性表现为多级划分的层次结构。针对地理环境复杂系统的层次性特征，GIS 技术通过不同粒度的抽象概括获得现象的不同层次水准的认识，通过尺度变换与地图综合技术实现不同层次表达的转换。

D　动态性

任何地理实体或地理现象都是随时间而变化的，具有时序特征，即时空的动态变化引起地理信息的属性数据或空间数据的变化。动态性表现为位置移动、区域扩展、性质变更、类型归并、目标消失等不同形式。动态特点可以用随时间变化的函数加以表示，有离散变化、连续变化之分。动态性不仅描述地理事物或地理现象在某一时刻点的状态，也能表达某一个时间片段或全生命周期的行为。

E　多维性

地理信息在几何表达上具有点状、线状、面状、体状等多维特征，描述几何形体的结构性质。另外，在属性描述上地理信息内容丰富，形式复杂多样，在同一位置上可有多种专题的信息结构，通常采用多维向量来描述该特征。对地理信息的处理可通过降维、升维以及分析不同维度要素之间的关系来揭示地理规律。

F　数据量大

地理信息既有空间特征，又有属性特征，并包括一个较长的发展时段，因此其数据量很大。如全国 1∶400 万土地利用数据，经过一定的综合后，其 Are/Info 的 Coverage 格式数据量为 8.2G。尤其是随着全球对地测计划不断发展，我们每天都可以获得上万亿兆的关于地球资源、环境特征的数据，这必然对数据处理与分析带来很大压力。

1.1.2　地理信息系统

1.1.2.1　地理信息系统的概念

地理信息系统（GIS）是地图学、计算机科学、地理学、测量学等多门学科综合的边缘交叉学科，是在计算机软硬件支持下，运用系统工程和信息科学方法，对地表空间数据进行采集、存储、显示、查询、操作、分析和建模，以提供对资源、环境、区域等方面的规划、管理、决策和研究的人机系统。地理信息系统根据其研究范围可分为全球性信息系统和区域性信息系统；根据其研究内容可分为专题信息系统和综合信息系统。

1.1.2.2　地理信息系统的特征

A　GIS 的物理外壳是计算机化的技术系统

该系统又由若干个相互关联的子系统构成，如数据采集子系统、数据管理子系统、数据处理和分析子系统、可视化表达与输出子系统等。这些子系统的构成直接影响着 GIS 的硬件平台、系统功能和效率、数据处理的方式和产品输出的类型。

B　GIS 的对象是地理实体

GIS 的操作对象是地理实体的数据。所谓地理实体，指的是在人们生存的地球表面附近的地理圈层（大气圈、水圈、岩石圈、生物圈）中可相互区分的事物和现象，即地理空间中的事物和现象。在地理信息系统中，所操作的只能是实体的数据，它们都有描述其质量、数量、时间特征的属性数据，也有其非属性的数据——空间数据，即以点、线、面方式编码并以（X，Y）坐标串储存管理的离散型空间数据，或者以一系列栅格单元表达的连续型空间数据。地理实体数据的最根本特点是每一个数据都按统一的地理坐标进行编码，实现对其定位、定性、定量和拓扑关系的描述，即空间特征数据和属性特征数据统称为地理数据。

C　GIS 具有独特的技术优势

GIS 的混合数据结构和有效的数据集成、独特的地理空间分析能力、快速的空间定位搜索和复杂的查询功能、强大的图形可视化表达手段，以及地理过程的演化模拟和空间决策支持功能等，是 GIS 和其他系统最大的区别。其中，通过地理空间分析可以产生常规方法难以获得的重要信息，实现在系统支持下的地理过程动态模拟和决策支持，这既是 GIS 的研究核心，也是 GIS 的重要贡献。

1.1.3　地理信息系统与相关学科的关系

GIS 作为传统科学与现代技术相结合的产物，为各门涉及空间数据分析的学科提供了新的技术方法，而这些学科又都不同程度地提供了一些构成 GIS 的技术与方法。因此，GIS 明显地具有多学科交叉的特点，它既要吸取诸多相关学科的精华，又逐步形成独立的边缘学科，并被多个相关学科所运用，并推动它们的发展。所以，认识和理解 GIS 与这些相关学科的关系，对理解和应用 GIS 有很大的帮助。

与 GIS 相关的学科技术如图 1-1 所示。尽管 GIS 涉及众多的学科，但与之联系最为紧密的还是地理学、测绘学、地图学、计算机科学等。

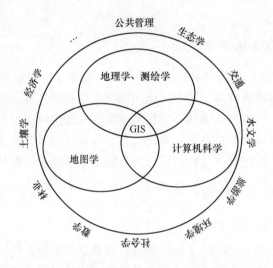

图 1-1　GIS 与相关学科

1.1.3.1　地理信息系统与地理学和测绘学

地理学是研究地理环境的科学，地理学是 GIS 的理论依托，为 GIS 提供有关空间分析的基本观点和方法。GIS 是地理技术学科的主要内容。地理学系统的观点、区域的观点、发展的观点以及地理学定律为 GIS 提供了丰富的空间分析方法。时空概念是 GIS 不可缺少的重要基础理论。GIS 空间分析是基于地理现象和过程的时空布局的地理数据分析技术，目的在于提取、变换、传输和表达空间信息，建立复杂非线性地球系统数学模型（GNSS、RS、GIS、大数据、云计算、人工智能）。

测绘学是运用系统的方法，集成各种手段来获取和管理空间数据，并作为科学、管理、法律和技术服务的一部分参与空间信息生产和管理的一门应用学科。它为 GIS 提供各种定位数据、光谱数据等，测绘学所建立的各种地表定位参考系为 GIS 地理信息表达提供了定位基础，测绘学的关于坐标变换、误差传播、数据可靠性分析等理论和方法可直接用于空间数据的变换和处理。

1.1.3.2　**地理信息系统与地图学**

地图学是研究地图的理论、编制技术与应用方法的科学，是一门研究以地图图形反映与揭示各种自然和社会现象空间分布、相互联系及动态变化的科学、技术与艺术相结合的学科。地图学是重构复杂非线性的现实世界的一门科学，是研究地图信息的表达、处理和传输的理论和方法，以地理信息可视化为核心，探讨地图的制作技术和使用方法的学科。GIS 事实上就是地图学的一个延续，是用信息系统扩展地图工作的内容。所以，可以认为 GIS 脱胎于地图，并成为地图信息的又一种新的载体形式。地图是 GIS 的重要数据来源之一，地图学理论与方法对 GIS 有重要的影响。地图强调的是基于可视化理论对数据进行符号化表达，而 GIS 则注重于信息分析，通过地理数据的加工处理而获得空间分布规律；地图也具有一定的图示空间分析功能，但它的定量分析主要局限于比例尺量测距离和用求积仪量测面积。一旦印刷成图，地图便成为自成体系的模拟化信息表达显示，所包含的信息很难与其他信息相结合，它是一种对信息静态的表达。而 GIS 在专业化地学分析模型支持下，其空间分析功能要比纸质地图强大得多，通过特定接口（指程序等），它可以方便地与其他数据集成，并对信息进行多维动态表达。通过 GIS 图层的操作可及时生成新的信息，反映地表动态变化的最新信息。

与传统地图集相比，电子地图系统（electronical map system，EMS）有许多新的特征，如声、图文、多媒体集成；查询检索和分析决策功能；图形动态变化功能；良好用户界面、读者可以介入地图生成；多级比例尺的相互转换。一个好的电子地图（制图）系统应具有 GIS 的基本功能。

如果要严格区分 GIS 与地图的差别，GIS 强调地理信息的分析，旨在发现地理现象的分布规律、空间特征和时空演变趋势；地图则主要担当地理现象的可视化表达，通过视觉语言展示在何处有何物。GIS 在实施空间分析过程中需要应用图形可视化方式表达分析结果，也需要依赖形象化地可视化分析揭示空间分布规律。而地图可视化的对象内容往往会突破简单的地物分布，向深度发展则涉入深层次的地学知识内容。两者的差别体现在历史发展不同时期所赋予各自的任务差异。

1.1.3.3　**地理信息系统与计算机科学**

20 世纪 60 年代初，在计算机图形学的基础上出现了计算机化的数字地图，在此基础上，GIS 发展起来。GIS 与计算机科学是密切相关的。计算机辅助设计（CAD）为 GIS 提供了数据输入和图形显示的基础软件；数据库管理系统（DBMS）更是 GIS 的核心。几何学、拓扑学、统计学、优化论等数学方法被广泛应用于 GIS 空间数据的分析。

A　GIS 与 CAD 和 CAM

管理图形数据和非空间属性数据的系统不一定是 GIS，如计算机辅助设计（computer aided design，CAD）和计算机辅助制图（computer aided map，CAM）与 GIS 既有联系又有区别。从计算机应用的角度来看，CAD 或 CAM 对建筑物和基础设施的设计和规划起到很大的促进作用。这些系统设计需要装配固有特征的组件来产生整个结构，并需要一些规则来指明如何装配这些部件，但对地理数据的空间分析能力有限。目前 CAD 系统（Auto CAD）虽已经扩展可以支持地图设计，但对管理和分析大型的地理数据库仍然很有限。GIS 与 CAD 和 CAM 的区别和联系见表 1-1 和表 1-2。

表 1-1 GIS 与 CAD 的区别和联系

区别	比较项目	GIS	CAD/Auto CAD
不同点	数据类型	有空间分布特性，由点、线、面及相互关系构成。 GIS 采用地理坐标系	主要为描绘对象的图像数据。CAD 中的拓扑关系较为简单，一般采用几何坐标系
	数据源	数据采集的方式多样化； 图形图像及地理特征属性； GIS 处理的数据大多来自现实世界，不仅复杂，而且数据量大	规则图像。CAD 研究对象为人造对象，即规则几何图形及其组合。 图形功能强，特别是三维图形功能强，属性库的功能相对较弱
	软件	要求高，价格昂贵	CAD 是计算机辅助设计，是规则图形的生成、编辑与显示系统，与外部描述数据无关
	处理内容（采用目的或分析内容）	GIS 的属性库结构复杂，功能强大；强调对空间数据的分析，图形与属性交互使用频繁； GIS 集规则图形与地图制图于一身，且有较强的空间分析能力	图像处理
共同点	都有空间坐标系统，都能将目标和参考系联系起来。两者均以计算机为核心。人机对话，交互作用程度高		

表 1-2 GIS 与 CAM 的区别和联系

区别	比较项目	GIS	CAM
不同点	数据类型	有空间分布特性，由点、线、面及相互关系构成	主要为描绘对象的属性数据或统计分析数据
	数据源	图形图像及地理特征属性	表格、统计数据、报表
	软件	GIS 是综合图形和属性数据，能进行深层次的空间分析，提供辅助决策信息	CAM 是 GIS 的重要组成部分，CAM 强调数据显示而不是数据分析，地理数据往往缺乏拓扑关系。它与数据库的联系通常是一些简单的查询。 CAM 为适合地图制图的专用软件，缺乏深层次的空间分析能力
	处理内容（采用目的或分析内容）	用于系统分析、检索、资源开发利用或区域规划，地区综合治理，环境监测，灾害预测预报	CAM 侧利于数据查询、分类及自动符号化，具有地图辅助设计和产生高质量矢量地图的输出机制
	工作方式	人机对话，交互作用程度高	人为干预少
共同点	都有地图输出、空间查询、分析和检索功能		

B GIS 与数据库管理系统（DBMS 或 MIS）

数据库管理系统（data base management system，DBMS）是数据库系统的核心。它解决如何高效存储、分析、管理所有类型的数据，其中包括地理数据。DBMS 使存储和查找数据最优化，许多 GIS 为此而依靠它。相对于 GIS，DBMS 没有空间分析和可视化的功能。但 GIS 离不开数据库技术，数据库中的一些基本概念，如数据模型、数据存储、空间查询、数据检索等都是 GIS 广泛使用的核心技术。GIS 是对空间数据和属性数据共同管理、分析和应用的系统，而一般数据库系统，如管理信息系统（management information system，MIS）侧重于非图形数据（属性数据）的优化存储与查询，即使存储了图形，也是以文件的格式存储，不能对空间数据进行查询、检索、分析，没有拓扑关系，其图形显示功能也很有限，比较见表 1-3。如电话查号台就是一个 MIS，它能回答用户询问的电话号码，而通信服务信息网就是 GIS 应用系统之一，该系统除了可查询电话号码外，还提供用户的地理分布、空间密度、最近的邮局等空间关系信息。此外，饭店管理信息系统、工资管理信息系统等都是 MIS 的应用。

上述提及的常规 DBMS 是面向非空间数据管理的，如 Oracle、Access 等数据库管理系统，主要针对关系数据。通过扩展功能后的空间 DBMS，已引入空间概念，拓宽了空间参数的功能，如 Oracle Spatial 数据库管理系统、ArcGIS 的 Geodatabase 数据库管理系统。

利用结构化查询语言（structured query language，SQL）的查询功能，与空间概念集成后产生了空间 SQL 查询语言，不仅数据类型从简单的整数、小数、字符等扩展为复杂的空间数据类型点、线、多边形、复杂线、复杂多边形等，查询的操作谓词也扩展到针对空间数据的处理，有人归纳为三类，即几何操作（如空间参考系确立、外接矩形生成、边界提取等）、拓扑操作（包括对相等、分离、相交、相切交叉、包含等拓扑关系的布尔判断）、空间分析操作（包括缓冲区生成、多边形叠置、凸壳生成等）。

表 1-3 GIS 与 MIS 比较

区别	比较项目	GIS	MIS
不同点	数据类型	有空间分布特点，由点、线、面及相互关系构成	主要为描绘对象的属性数据或统计分析数据
	数据源	图形图像及地理特征属性	表格、统计数据、报表
	输出结果	图形图像产品、统计报表、文字报告、表格	表格、报表、报告
	硬件配置	外设：数字化仪、扫描仪、绘图仪、打印机、磁带机。主机：要求高档计算机或工作站	打印机、键盘、一般计算机
	软件	要求高，价格昂贵，如 Arc/Info、计算机版约 3.0 万元，工作站版 5 万~10 万元	要求低、便宜，标准规格统一，如 Oracle、Foxbase 等
	处理内容（采用目的或分析内容）	用于系统分析、检索、资源开发利用或区域规划，地区综合治理，环境监测，灾害预测预报	查询、检索、系统分析、办公管理，如 OS
	工作方式	人机对话，交互作用程度高	人为干预少
共同点	两者均以计算机为核心，数据量大而复杂，都需要依赖高效管理的数据结构和索引机制支持数据的存储和检索		

任务 1.2 GIS 的组成

虽然 GIS 定义表述不统一，具体的 GIS 显示内容也不同，但能构成 GIS 的基本都具备以下几点：（1）应有处理地理数据的能力；（2）在统一的地表定位坐标系统下，以特定的数据模型输入、组织、存储和管理地理数据，并允许用户根据地理空间位置访问数据，或依据专题属性访问数据，能以可视化的形式表示地理数据；（3）拥有一套特殊的用于处理和分析地理数据的基本工具；（4）要有很强的地理数据的输出功能。若从人机系统来看，GIS 则由硬件（含网络）、软件（含标准）、数据、方法、人员等要素组成，如图 1-2 所示。若只从计算机系统来看，GIS 则由输入系统、输出系统和处理系统三大部分构成。

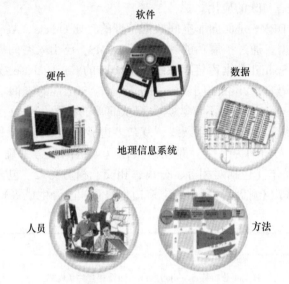

图 1-2　GIS 的组成要素

1.2.1　系统硬件

GIS 硬件包括计算机、输入与输出设备、数据存储和传输设备以及计算机网络通信设备。单机模式的硬件配置和网络模式的硬件配置如图 1-3 和图 1-4 所示。

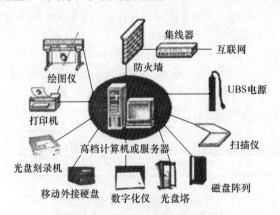

图 1-3　单机模式的硬件配置

用于运行 GIS 的计算机可以是小型个人计算机（如台式或笔记本式），也可以是大型

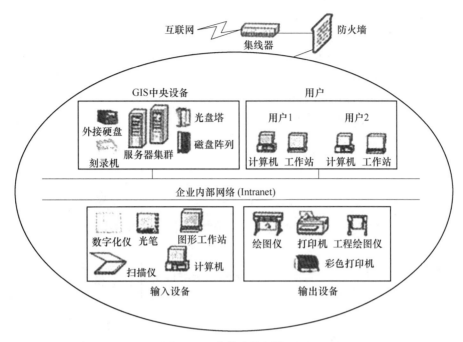

图 1-4　网络模式的硬件配置

的多用户超级计算机。由于 GIS 通常涉及复杂的数据处理，且数据量大，运行 GIS 的计算机一般需要具有较强运算能力的处理器、较大的内存容量以及外设存储设备。GIS 的主要输入设备包括数字化仪、扫描仪、键盘和鼠标等。数字化仪和扫描仪用于将描绘在地图上的地理实体转换成数字形式表达，并将其输入计算机中。GIS 输出设备包括计算机屏幕、绘图仪和打印机等。磁盘、光盘等外部存储媒介既可用于输入，也可用于输出。计算机网络是利用通信设备和线路将位于不同地点的、功能独立的多个计算机系统连接起来。通过计算机网络，不同计算机之间可实现数据的共享与交换。目前，互联网已成为 GIS 广泛应用的平台。

1.2.1.1　数字化仪

数字化仪有不同的形式和幅面规格，主要可分为手扶数字化仪和自动跟踪数字化仪。小型数字化仪的有效幅面在 30cm×60cm 左右，只适用于数字化小幅面的地图或相片。大型数字化仪的有效幅面可达 90cm×120cm，用于数字化大幅面的地图和影像。数字化仪由数字化台面、电磁感应板、游标和相应的电子电路组成。数字化仪是早期 GIS 获取矢量数据的主要途径之一，由于其工作强度大、数据录入效率低，目前很少使用。

1.2.1.2　扫描仪

扫描仪是通过对地图原图或遥感相片进行逐级扫描，将采集到的原图资料上图形的反射光强度转换成数字信息。扫描仪主要有三种：普通桌面平台扫描仪、滚筒式扫描仪和大幅面送纸式扫描仪。不同类型的扫描仪其空间分辨率有很大的差异，大多数 GIS 扫描数字化工作要求空间分辨率在 400~1000dpi，所以，应根据精度需求选取扫描仪。

1.2.1.3　PDA采集系统

PDA（personal digital assistant），又称为掌上电脑，可以帮助人们完成在移动中工作、学习、娱乐等。按使用来分类，分为工业级PDA和消费品PDA。工业级PDA主要应用在工业领域，常见的有条码扫描器、RFID读写器、POS机等；消费品PDA包括智能手机、平板电脑、手持的游戏机等。随着科技的发展，PDA的性能得到快速提高。目前利用PDA可以采集地理数据。

实验室常见的硬件设备如图1-5所示。

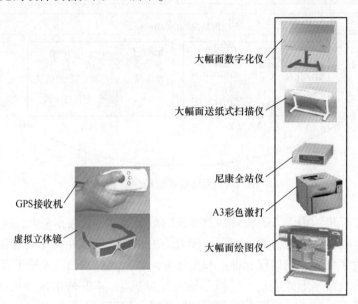

大幅面数字化仪

大幅面送纸式扫描仪

尼康全站仪

A3彩色激打

大幅面绘图仪

GPS接收机

虚拟立体镜

图1-5　实验室常见的硬件设备

1.2.2　系统软件

GIS软件是系统的核心，用于执行GIS功能的各种操作，包括数据输入、处理、数据库管理、空间分析和图形用户界面（graphical user interface，GUI）等。按照其功能分为GIS专业软件、数据库软件和系统管理软件等。

1.2.2.1　GIS专业软件

GIS专业软件一般指具有丰富功能的通用GIS软件，它包含了处理地理信息的各种高级功能，可作为其他应用系统建设的平台。其代表产品有Arc/Info、MGE、MapInfo、MapGIS、GeoStan、SuperMapGIS等。它们一般都包含以下的主要核心模块。

（1）数据输入和编辑。支持数字化仪手扶跟踪数字化、图形扫描及矢量化，以及对图形和属性数据提供修改和更新等编辑操作。

（2）空间数据管理。能对大型的、分布式的、多用户数据库进行有效的存储检索和管理。

（3）数据处理和分析。能转换各种标准的矢量格式和栅格格式数据，完成地图投影转换，支持各类空间分析功能等。

（4）数据输出。提供地图制作、报表生成、符号生成、汉字生成和图像显示等。

（5）用户界面。提供生产图形用户界面工具，使用户不用编程就能制作友好和美观的图形用户界面。

（6）系统二次开发能力。利用提供的应用开发语言，可编写各种复杂的 GIS 应用系统。

1.2.2.2　数据库软件

数据库软件除了在 GIS 专业软件中用于支持复杂空间数据的管理软件以外，还包括服务于以非空间属性数据为主的数据库系统，这类软件有 Oracle、Sybase、Informix、DB2、SQL Sever、Ingress 等。它们也是 GIS 软件的重要组成部分，而且这类数据库软件具有快速检索、满足多用户并发和数据安全保障等功能。

1.2.2.3　系统管理软件

系统管理软件主要指计算机操作系统，如 Windows、Unix、LinX 等。它们关系到 GIS 软件和开发语言使用的有效性，因此也是 GIS 软硬件环境的重要组成部分。

【技能训练】

桌面 GIS 的功能与菜单操作

实验内容

（1）了解 ArcGIS 软件的界面、功能及菜单操作。

（2）实现图层简单符号化。

实验目的

通过 AreGIS 实例演示与操作，初步掌握主要菜单、工具条、命令按钮等的使用；加深对课堂学习的 GIS 基本概念和基本功能的理解。

1.2.3　地理空间数据

地理信息系统的操作对象是（地理）空间数据，它表示地理空间实体的位置、大小、形状、方向以及几何拓扑关系，可以采用栅格和矢量两种形式来表达。空间数据包括几何数据、关系数据和与地理空间实体相关的属性数据，具体描述地理实体的空间特征、属性特征和时间特征。空间特征指地理实体的空间位置及其相互关系；属性特征指地理实体的名称、类型和数量等；时间特征指地理实体随时间而发生的相关变化。例如，我国某镇的行政区划数据图（空间范围和分布），包含几何数据和关系数据，它们表现了行政区划的空间特征：空间位置、几何形状、与周围区划的拓扑关系；而属性数据是以属性表的形式列出了各区划的名称等属性，体现了行政区划的属性特征。

1.2.4　应用分析模型

GIS 模型的构建和选择是 GIS 应用成功与否的关键。GIS 方法是面向实际应用，在较高层次上对基础的空间分析功能集成并与专业模型接口、研制解决应用问题的模型方法。虽然 GIS 基本功能能为解决各种现实问题提供有效的基本工具（如空间量算、网络分析、叠加分析、缓冲分析、三维分析、通视分析等），但对于某一领域或部门的应用，则必须构建专门的应用模型并进行 GIS 二次开发，例如，土地利用适宜性模型、大坝选址模型、洪水预测模型、污染物扩散模型、水土流失模型等。为构建这些具体的应用模型，需要进行 GIS 二次开发。这些应用模型是客观世界到信息世界的映射，它反映了人类对客观世界的认知水平，也是 GIS 技术产生社会、经济、生态效益的所在，因此，应用模型在 GIS 技术中占有十分重要的地位。利用 GIS 求解问题的基本流程如图 1-6 所示。

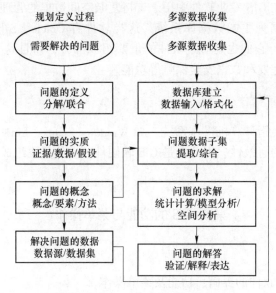

图 1-6　利用 GIS 求解问题的基本流程

1.2.5　系统开发、管理和应用人员

　　一个信息系统从建立到正常运行离不开相关的开发、管理和应用人员。地理信息系统的开发人员一般为专业的技术人员，他们运用相关的开发工具，根据用户需求进行地理信息系统的开发，一般分为：高级技术人员（GIS 专家或受过 GIS 基本训练的系统分析员、系统设计人员）和一般技术人员（代码设计员、数据录入员、系统管理员）；管理人员可以由开发人员担任，也可以由用户派出专人进行相关培训后担任，一般从事地理空间数据的管理以及相关的软硬件系统的管理；而应用人员指的是系统的用户。

任务 1.3　地理信息系统的功能

1.3.1　地理信息获取与处理

　　地理数据（地理空间数据或空间数据）是指表征地理圈或地理环境固有要素或物质的数量、质量、分布特征及其相互联系和变化规律的数字、文字、图像和图形等的总称。

在地理信息系统中一般简称空间数据（本书后面如果不作特别说明，一般都指空间数据），它包括几何数据、属性数据和关系数据三类数据。地理信息是对地理数据的加工、处理、解释和说明，是有关地理实体的性质、特征和运动状态的表征和一切有用的知识。从地理实体到地理数据，再到地理信息的发展，是人类认识地理事物的两次飞跃。地理环境是客观世界最大的信息源，随着现代科学技术的发展，地理科学的一个重要任务就是快速和适时地采集地理空间的几何信息、物理信息和人文信息，并识别、转换、存储、传输、再生成、显示、控制和应用这些信息。

空间数据获取主要指为构建面向某应用或任务的地理信息系统（或者地理数据库）而收集和采集数据的方式与方法。可以通过传统手段野外实测获取，也可通过航空航天遥感、航测，以及 GNSS 等现代技术获取，也可以直接从地图、遥感图像、测量报告、统计资料、文本、多媒体等中获取。

空间数据处理主要指在构建地理信息系统过程中为满足特定的需要而对数据进行的加工、编辑、转换等操作，也包括数据录入中对错误数据的编辑和更改。例如，不同来源的数据集在进行集成或融合时，其空间坐标系很可能不一致，需要通过坐标变换，将其变成统一的坐标系。

数据处理的任务和操作内容如下。

1.3.1.1 数据变换

数据变换指将数据从一种数学状态转换为另一种数学状态，包括投影变换、辐射纠正、比例尺缩放、误差改正和处理等。

1.3.1.2 数据重构

数据重构指将数据从一种几何形态转换为另一种几何形态，包括数据拼接、数据截取、数据压缩、结构转换等。

1.3.1.3 数据抽取

数据抽取指将数据从全集到子集进行条件提取，包括类型选择、窗口提取、布尔提取和空间内插等。

1.3.2 地理信息存储与管理

地理信息系统的操作对象一般为空间地理实体。建立一个地理信息系统的首要任务是建立空间数据库（即将反映地理实体特性的地理数据存储在计算机中），这需要解决地理数据具体以什么形式在计算机中存储和处理（即空间数据结构问题），以及如何描述实体及其相互关系（即空间数据库模型）的问题。矢量数据结构、栅格数据结构和矢量栅格一体化数据结构是常用的空间数据组织方法。空间数据结构的选择在一定程度上决定了系统所能执行的数据分析功能。在地理数据组织与管理中，最为关键的是如何将空间数据与属性数据融为一体。空间数据库是面向地理要素特征，以一定的组织方式存储在一起的相关数据的集合。空间数据库具有数据量大，空间数据与属性数据不可分割的联系，以及空间数据之间具有显著的拓扑结构等特点。空间数据库管理系统（spatial data base management system，SDBMS）是一个软件模块。它利用底层的数据库管理系统（如面向对象数据库管理系统、对象关系数据库管理系统），支持多种空间数据类型、空间索引、高效的空间操作算法及用于查询优化的特定领域规则。地理信息系统可以作为 SDBMS 的前端，在地理信息系统对空间数据进行分析之前，先通过 SDBMS 访问这些数据。因此，利用一个高效的 SDBMS 可以大大提高地理信息系统的效率。

1.3.3　空间查询与分析

空间查询是地理信息系统以及许多其他自动化地理数据处理系统应具备的最基本的分析功能；而空间分析是地理信息系统的核心功能，也是地理信息系统的重要组成部分和评价地理信息系统软件的主要指标之一。空间分析是基于地理对象的位置和形态特征的空间数据分析技术，其目的在于提取和传输空间信息，是地理信息系统区别于一般信息系统的主要功能特征。地理信息系统的空间分析可分为几个不同的层次。

1.3.3.1　空间检索

空间检索包括从空间位置检索空间实体及其属性和从属性条件检索空间实体。空间索引是空间检索的关键技术：一方面，如何有效地从大型的地理信息系统数据库中检索出所需要的信息，将影响地理信息系统的分析能力；另一方面，空间实体的图形表达也是空间检索的重要部分。

1.3.3.2　空间分析

空间分析是指用于分析地理事件的一系列技术，其分析结果依赖于事件的空间分布，面向最终用户。空间分析的方法主要有：（1）对地图的空间分析，如缓冲区分析、叠加分析、DEM 分析等；（2）空间动力学分析，如水文模型、空间价格竞争模型、空间择位模型等；（3）基于地理信息的空间分析，或称空间数据分析，如空间统计分析等。

1.3.4　空间信息可视化

地理空间中的信息具有广阔的范畴，丰富的内容和复杂的结构。可视化技术是空间信息阅读、理解进而交互作用最重要的工具。

空间信息可视化是指运用地图学、计算机图形学和图像处理技术，将地学信息输入、处理、查询、分析以及预测的数据及结果采用图形符号、图形、图像，结合图表、文字、表格、视频等可视化形式显示并进行交互处理的理论、方法和技术。空间信息可视化主要有图表、地图、多媒体信息、动态地图、三维仿真地图、虚拟现实（virtual reality，VR）等形式。

空间数据可视化的作用，主要在于发挥人在空间信息认知中的地位和作用。尽管计算机在距离、面积、坡度等计算方面比人脑精确而迅速，但人在拓扑关系把握、空间现象的联想能力、对事物和现象本质特性的抽象和内在规律的发现方面的思维能力，是计算机难以做到的。

空间信息可视化的目的可以概括为两层意思：

（1）将空间数据分析和应用（如地图制图、地理信息分析结果的输出等）的结果以可视化的方式传输给人，由人检验其正确性，正确则接受，错误则否定或修正；

（2）以可视化的图形图像这类可感知的方式显示或输出空间信息（如制成地图或提供可视的虚拟场景），人们以此为工具通过视觉传输和空间认知活动去探索空间事物的分布及其相互关系，以获取有用的知识，并进而发现规律。

【技能训练】

如图 1-7 表示深圳某区街道人口老龄化和相关设施情况，通过圆圈大小（各街道设施数量）和颜色深度（老龄化人口占比）直观明显地反映出这两者的不同。

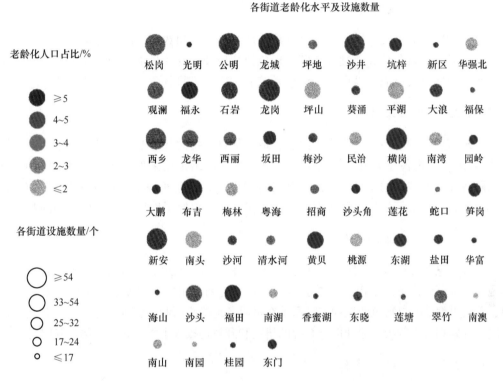

图 1-7　空间信息可视化的图表表示法

任务 1.4　GIS 的发展

1.4.1　地理信息系统的产生

20 世纪 60 年代初，加拿大政府计划调查整个国家的森林资源，为此，需要利用航空影像制作森林覆盖地图，并在地图上进行面积量算。但因为人工完成这项任务的工作量巨大，所以，测量学家汤姆林森（Tomlinson）博士提出把常规地图变成数字形式地图，并由计算机来进行处理和统计的方案，这一方案得到政府认可并加以实施，由此建立了世界上第一个地理信息系统——加拿大地理信息系统（canada geographic information system，CGIS）。在此之前，对资源的管理都是在具有基础地理信息的地图上，用透明图层（薄膜）进行人工叠加来获得数据并进行分析，这种方式非常耗时而且低效。Tomlinson 博士建立 CGIS 后，原本森林资源分类统计计划要花费 800 万加拿大元、耗时 3 年的工作量，缩减为只需 200 万加拿大元、几周就可完成。

Tomlinson 博士把常规地图变成数字形式地图存入计算机，并用计算机及相关输入/输出设备，实现地图量算与分析的技术系统和过程，用"地理信息系统"这一术语来概括，建立了世界上第一个实用的地理信息系统，因此，他被称为"地理信息系统之父"。随着技术的进步、社会需求的增加、有关组织机构的建立，地理信息系统呈"星火燎原"之势在全世界迅速发展起来。

1.4.2　地理信息系统的发展历程

自 20 世纪 60 年代开始，地理信息系统从简单的空间数据存储、计算和绘图，到现在空间数据复杂分析与计算、过程建模、现象模拟以及广泛的日常应用，对人们的学习、工作和生活产生重大影响。纵观地理信息系统的发展，可将其分为以下几个阶段。

1.4.2.1　20 世纪 60 年代

地理信息系统起始发展阶段。此前，地理信息系统的基本框架就已经产生：用计算机汇总/处理和分析各种来源的数据，并输出一系列的结果用来作为辅助决策的有用信息。后来随着计算机被应用于空间数据的存储与管理，又逐渐实现了手扶跟踪数字化方法/格网单元的操作方法等处理空间数据的主要技术，它们奠定了地理信息系统发展的基础。

1.4.2.2　20 世纪 70 年代

地理信息系统巩固发展阶段。在这一阶段，由于计算机硬件和软件技术的飞速发展，尤其是大容量存储设备的使用，促进了地理信息系统朝实用的方向发展，不同专题、不同规模、不同类型的各具特色的地理信息系统在世界各地纷纷研制，美国、加拿大、英国、联邦德国、瑞典和日本等国对地理信息系统的研究和开发均投入了大量人力、物力和财力。

1.4.2.3　20 世纪 80 年代

地理信息系统推广应用阶段。由于计算机迅速发展，地理信息系统逐步走向成熟，并在全世界范围内全面推广应用，应用领域不断扩大，地理信息系统与卫星遥感技术结合，开始应用于全球性问题的研究，如全球变化和监测、沙漠化、可居住区评价、厄尔尼诺现象、酸雨、核扩散及核废料等。

1.4.2.4　20 世纪 90 年代

地理信息系统蓬勃发展阶段。随着地理信息产业的建立和数字化信息产品在全世界的普及，地理信息系统已经成为确定性的产业，投入使用的地理信息系统，每 2~3 年翻一番，市场年增长率在 35% 以上，从事地理信息系统生产的企业超过 1000 家。地理信息系统渗透到各行各业，成为人们生产、生活、学习和工作中不可缺少的工具和助手。

1.4.2.5　21 世纪

地理信息系统服务共享阶段。随着计算机软硬件技术、数据库技术、网络技术、多媒体技术等计算机技术的迅速发展，地理信息系统的应用领域也迅速进一步扩大。当前，地理信息系统正在走向完全 Web 化，逐渐成为以 Web 为中心的地理信息平台，它可以更加充分地利用 Web 服务、大数据、云，具有更快的计算能力、各种终端等软硬件优势，并结合影像、全球导航卫星系统（global navigation satellite system，GNSS）、三维等数据，实现地理信息随时随地的访问、制图和分析等。

1.4.3　地理信息系统的未来发展趋势

近几年来，GIS 无论是在理论上还是应用上都处在一个飞速发展阶段。本项目上述已提及 GIS 已成为交叉综合学科和跨领域的决策工具，当前，GIS 正向集成化、产业化、社会化、网络化方向迈进。从单机、二维、封闭向网络（包括 Web GIS）、多维、开放的方向发展。总的表现为：（1）GIS 已成为一门综合性技术和交叉学科；（2）GIS 产业化的蓬勃发展；（3）GIS 网络化已构成当今社会的热点；（4）GIS 与大数据、人工智能的结合。

1.4.3.1　软硬件发展

新技术的发展与突破，在为 GIS 带来发展机遇的同时也对 GIS 的理论和技术提出了挑战和新要求。作为 GIS 的支撑技术，IT 领域的软硬件向着云计算、高性能和智能化方向发展，将促使 GIS 的系统构架迈向并行化处理的高度共享的云计算模式。推动 GIS 朝着图形处理的三维可视化、系统开发的专业化、系统的网络化设计等方面发展。

1.4.3.2　数据资源日益丰富，共享机制健全

在"大数据"时代，新一代通信技术、新媒体技术、传感器技术的发展极大地丰富了地理时空数据获取手段，不同时空分辨率的数据从卫星、飞机及地面传感器获得。同时，人文社会领域的位置相关数据通过社交网、VGI 数据以及 LBS 系统源源不断汇聚，构成了 GIS 庞大的新型数据资源。通过空间分析、数据挖掘开发利用该数据资源，成为大数据时代 GIS 发展的迫切需求。

在传统 GIS 中，空间数据是以二维形式存储并连接相应的属性数据。目前空间数据的表达趋势是基于金字塔和层次细节（level of detail，LOD）模型技术的多比例尺空间数据库。用不同的尺度表示时，可自动显示相应比例尺或相应分辨率的数据，多比例尺数据集的跨度要比传统地图比例尺大，在显示不同比例尺数据时采用 LOD 或地图综合技术。真三维 GIS 的空间数据要存储三维坐标。动态 GIS 在土地变更调查、土地覆盖变化检测中已有较好的应用，真四维的时空 GIS 将有望从理论研究转入实用阶段。基于三库一体化的实时 3D 可视化技术发展势头很猛，已能在 PC 上实现 GIS 环境下的三维建筑室外室内漫游、信息查询、空间分析、剖面分析和阴影分析等。基于虚拟现实技术的真三维 GIS 将使人们在现实空间外，可以同时拥有一个 Cyber 空间。基于基础地理信息数据库建库关键技术和多级比例尺矢量、影像和 DEM 三库一体化管理技术，已形成相应的建库标准、作业规范和工艺流程。我国已经建设完成 1∶400000、1∶250000、1∶100000、1∶50000 基础地理信息数据库，并逐步形成周期性的更新机制。大中城市的城市 GIS 数据库建设和"数字城市""智慧城市"等发展迅速。

1.4.3.3 理论技术研究走向深入

GIS 学科具有技术先行进而驱动科学理论发展的特点，从科学的认知观念探求 GIS 的理论基础，逐渐成为近期研究的重点。地理信息科学的本质是从信息流的角度来揭示地球系统发生、发展及演化规律，从而实现资源、环境与社会的宏观调控。作为其理论核心的地理信息机理，包括地理信息的本体特征、认知表达、可视化与传输等，是本学科的理论基础，目前的研究主要集中在以下几个方面：（1）地理信息的结构、性质、分类与表达；（2）地球圈层间信息传输机制、物理过程及其增益与衰减以及信息流的形成机理；（3）地球信息的空间认知和数据挖掘及其不确定性与可预见性；（4）地球信息模拟物质流、能量流和人流相互作用关系的时空转换特征；（5）地图语言与地图概括、多维动态可视化与智能化综合制图系统的理论、方法和应用研究；（6）地球信息获取与处理的应用基础理论等。这些将是地理信息科学理论研究的主要方面。

最新 GIS 技术将逐渐摆脱先前的主要处理静态的、二维的、数字式的地图技术的约束，而从传统的静态地图、电子地图发展到能对空间信息进行可视化和动态分析、动态模拟，支持动态、可视化、交互的环境来处理、分析、显示多维和多源地理空间数据。其中，可视化仿真技术能使人们在三维图形世界中直接对具有形态的信息进行实时交互操作。虚拟现实技术以三维图形为主，结合网络、多媒体、立体视觉、新型传感技术，能创造一个让人身临其境的虚拟数字地球或数字城市。先进的对地观测技术、互操作技术、海量数据存储和压缩技术、网络技术、分布式技术、面向对象技术、空间数据仓库、数据挖掘等技术的发展都为 GIS 的发展和创新提供了新的手段。

1.4.3.4 应用领域更为广阔

GIS 是以应用为导向的空间信息技术，空间分析与辅助决策支持是 GIS 的高水平应用，它需要基于知识的智能系统。知识的获取是专家系统中最为困难的任务，随着各种类型数据库的建立，从数据库中挖掘知识已成为当今计算机界一个十分引人注目的课题。例如，从 GIS 空间数据库中发现的知识可以有效地支持遥感图像解释，从而解决"同物异谱和同谱异物"的问题；从属性数据库中挖掘的法则知识有利于优化空间资源配置以及空间对象的重分类等。尽管数据挖掘和知识发现这一课题仍处于理论研究阶段，但随着数据库体量的飞快增大和数据挖掘工具的深入研究，其应用前景是不可估量的。

随着计算机通信网络（包括有线与无线网）的大容量化和高速化，GIS 已成为网络上的分布式导构系统。许多不同单位、不同组织维护管理的既独立又互联互用的联邦数据库，将提供全社会各行各业的应用需要。因此联邦数据库和互操作问题成为当前国际 GIS 联合攻关研究的一个热点。互操作意味着数据库数据的直接共享。目前，GIS 功能模块的互操作与共享，以及多点之间的相同工作的研究已有明显的成效。未来的 GIS 用户将可能在网络上缴纳所选用数据和软件功能的使用费，而不必购买整个数据库和整套的 GIS 硬软件，这些成果产生的直接效果是：GIS 应用将走向地学信息服务。

GIS 技术日益与主流 IT 技术融合，成为信息技术发展的一个新方向。GIS 发展的动力：一方面来自日益广泛的应用领域对 GIS 不断提出的要求；另一方面，计算机科学的飞速发展为 GIS 提供了先进的工具和手段。许多计算机领域的新技术，如面向对象技术、三维技术、图像处理和人工智能技术都可直接应用到 GIS 中。同时，空间技术的迅猛发展，特别是遥感技术的发展，提供了地球空间环境中不同时相的数据，使 GIS 的作用日渐突出，GIS 不断升级并能提供存储、处理和分析海量地理数据的环境。组件式 GIS 技术的发展，使之可以与其他计算机信息系统无缝集成、跨语言使用，并提供了无限扩展的数据可视化表达形式。

1.4.3.5　建设开发走上高效率的技术路线

随着 GIS 应用领域的不断扩大，它在自然资源管理、土地和城市管理、电力、电信、石油和天然气、城市规划、交通运输、环境监测和保护等方面发挥了主要作用，也产生了众多形式多样、专业领域不同的信息系统。如何针对各专业应用领域的特点寻求一套高效率、高质量的 GIS 建设路线，成为一个迫切需要解决的问题，解决的途径是引入系统工程的技术路线，通过系统工程的原理、方法研究 GIS 建设开发的方法、工具和管理模式。GIS 工程的目标在于研究一套科学的工程方法，并与此相适应，发展一套可行的工具系统，解决 GIS 建设中的最优问题，即解决 GIS 系统的最优设计、最优控制和最优管理问题，力求通过最小的投入，最合理地配置资金、人力、物力而获得最佳的 GIS 产品。GIS 工程自身遵循一套科学的设计原理和方法，研究发现这些原理与方法是本领域的重要课题。在广泛社会化应用驱动下地理信息标准成为研究的重点。在网络信息资源共享、系统互操作、空间数据融合等应用领域不断拓宽的发展驱动下，人们不断意识到只有软件、硬件和数据等要素进行必要的标准化才能更有效地使用 GIS。地理信息的标准化包括地理信息的各个组成部分、各个操作过程、各种数据类型、软件和硬件系统等。

从 20 世纪 60 年代 GIS 的兴起到今日的广泛流行，可以把其应用特点概括为：
(1) GIS 应用领域不断扩大；(2) GIS 应用研究不断深入；(3) GIS 应用社会化和普及化；(4) GIS 应用环境网络化和集成化；(5) GIS 应用模型多样化和实用化；(6) 大数据时代 GIS 与云计算及应用；(7) GIS 与深度学习及应用；(8) 人工智能的结合应用。

关于云计算（cloud computing），它是基于互联网的相关服务的增加、使用和交付模式，通常涉及通过互联网来提供动态易扩展且经常是虚拟化的资源，云计算实现了资源的高度共享，包括数据平台、软件资源、基础设施平台、硬件平台等。云是网络、互联网的一种比喻说法。过去在图中往往用云来表示电信网，后来也用来表示互联网和底层基础设施的抽象。因此，云计算甚至可以让用户体验每秒 100000 亿次的运算能力，拥有这么强大的计算能力可以模拟核爆炸、预测气候变化和市场发展趋势。用户通过计算机、手机等方式接入数据中心，按自己的需求进行运算。云平台可以为终端用户提供持续、稳定的各种地理知识云，服务，聚集全球各种地理数据挖掘算法和地理决策分析模型。围绕地理知识云服务的分布式协同机制，开发面向大数据的分布式时空数据挖掘和决策建模算法，研发服务质量评估模型及其约束下的动态时空知识服务组合技术，是未来 GIS 软件技术的发展趋势。

关于深度学习是一种能够模拟人脑的神经结构的机器学习方式，从而能够让计算机具有人一样的智慧。深度学习利用层次化的架构学习对象在不同层次上的表达，这种层次化的表达可以帮助解决更加复杂抽象的问题。在层次化中，高层的概念通常是通过底层的概念来定义的，深度学习可以对人类难以理解的底层数据特征进行层层抽象，从而提高数据学习的精度。让计算机模拟人脑的机制来分析数据，建立类似人脑的神经网络进行机器学习，从而实现对数据有效的表达、解释和学习，这种技术前景无限。

关于人工智能（AI），它是研究开发用于模拟、延伸和扩展人的智能的理论、方法、技术及应用系统的一门新的技术科学，是计算机科学的一个分支，它试图了解智能的实质，并生产出一种新的能以人类智能相似的方式做出反应的智能机器。该领域的研究包括机器人、语音识别、图像识别、自然语言处理和专家系统等。总的来说，人工智能研究的一个主要目的，是使机器能够胜任一些通常需要人类智能才能完成的复杂工作。

总之，进入 21 世纪后，GIS 应用将向更深的层次发展，展现新的发展趋势。

任务 1.5　GIS 平台选择

GIS 平台是成型的 GIS 商品软件，它在操作系统和数据库软件的支持下，管理和应用地理信息数据，运行地理信息系统功能模块，为用户提供地理信息系统的服务。GIS 平台在各行各业得到广泛应用，逐步成为企业生产和管理中不可缺少的工具。作为企业必须根据自身情况选择适合自己使用的 GIS 平台。

1.5.1　GIS 平台选择的标准

GIS 平台的选择对成功地建立地理信息系统是十分重要的。GIS 平台的选择主要考虑以下三个方面的问题。

（1）系统的伸缩性。在网络技术和环境日趋成熟和完善的时代，任何一个信息系统都不应是孤立存在的，它不应该成为信息海洋中的一座"孤岛"。在设计和实现系统时采取"统筹规划，分步实施"是一种上佳选择。而要做到这一点，系统所依赖的平台的"可伸缩性"则是关键，它可以保证系统的分步实施不会因为平台的提升和系统规模及功能需求的扩展而陷入进退两难的境地。

（2）系统的集成性。GIS 应用系统在实际的应用中需要跟其他诸如 MIS 等系统集成，以满足需求。因此，我们常常会谈论到所谓"无缝集成"的问题。对"无缝"的追求其实是因为以往许多软件系统（包括 GIS 平台）在与外部系统连接时是"有缝"的，无法很好地集成和融合。

（3）系统的安全性。系统的安全性应具有三个方面的意义：一是系统自身的坚固性，即系统应具备对不同类型和规模的数据和使用对象都不能崩溃的特质，以及灵活而强有力的恢复机制；二是系统应具备完善的权限控制机制以保障系统不被有意或无意地破坏；三是系统应具备在并发响应和交互操作的环境下保障数据安全和一致性。

1.5.2　GIS 的主要软件平台

目前应用较为广泛的地理信息系统专业软件有 ESRI 公司出品的 ArcGIS、MapInfo 公司出品的 MapInfo、北京超图软件技术公司出品的 SuperMap、中地数码公司出品的 MapGIS、武大吉奥信息工程公司出品的 GeoStar 等。

1.5.2.1　ArcGIS

ArcGIS 系列软件包是目前功能最强大、应用最广泛的地理信息系统专业软件。ArcGIS 整合了 GIS 与数据库、软件工程、人工智能、网络技术及其他多个方面的计算机技术，它包含三个组成部分，桌面软件 Desktop、数据通路 ArcSDE 以及网络软件 ArcIMS。Desktop 是 ArcGIS 中一组桌面 GIS 软件的总称，它包括功能从简单到全面的 ArcView、ArcEditor 和 ArcInfo 三个级别。这三个级别的 ArcGIS 软件都由一组相同的应用环境组成，即 ArcMap、ArcCatalog、ArcToolbox。ArcMap 提供数据的显示、查询与分析；ArcCatalog 提供空间和非空间的数据生成、管理和组织；ArcToolbox 提供基本的数据转换。通过这三种环境的协调工作，可以完成各类 GIS 任务，包括数据采集、数据编辑、数据管理、地理分析和地图制图。ArcSDE 是 ArcGIS 的空间数据引擎，负责应用关系数据库系统存储、管理多用户空间数据库和提供数据接口支持。功能强大的 ArcSDE 是 ArcGIS 软件能够领先许多其他 GIS 软件的重要工具。ArcIMS 主要提供基于网络的分布式 GIS 数据管理和服务，利用 ArcIMS 可以开发能够提供网络地理信息发布、查询等功能的地理信息系统网站。

1.5.2.2　MapInfo

MapInfo 软件包是业界领先的基于 Windows 平台的地理信息系统解决方案，它可以提供地图绘制、编辑、地理分析、数据输出等功能。由于 MapInfo 软件简单易学、功能强大、二次开发能力强，而且提供了与通用数据库软件快捷方便的接口，因此也拥有庞大的用户群。MapInfo 软件系列提供了桌面工具 MapInfo Professional、二次开发工具 MapBasic、Mapx 以及网络开发工具 MapXtreme。MapInfo Professional 具有良好的用户界面，提供了一整套功能强大的工具来实现复杂的商业地图化、数据可视化和 GIS 功能，它还能与本地或网络上的通用数据库，如 Access 数据库、SQL Server 数据库、Oracle 数据库等实现连接，提供强大的地理数据服务；MapBasic 可以使用户不依赖其他开发工具就可以直接编写程序脚本代码，实现按用户需求定制的 GIS 软件；利用 Mapx，用户可以使用多种开发工具，如 Visual Basic、C++、Delphi 等进行 GIS 软件的二次开发；借助于 MapXtreme，用户可以使用网络开发工具，如 C#、Java 等开发 GIS 服务网站，从而为网络用户提供 GIS 服务。

1.5.2.3　SuperMap

SuperMap 软件是国产 GIS 软件中的代表，它主要包含桌面工具 SuperMap Desktop、二次开发组件 SuperMap Objects、网络型开发工具 SuperMap IS. NET 以及嵌入式开发工具 eSuperMap 四个部分。SuperMap Desktop 是基于 SuperMap 核心技术研制开发的一体化的 GIS 桌面软件，是 SuperMap 系列产品的重要组成部分，它界面友好、简单易用，不仅可以轻松地完成对空间数据的浏览、编辑、查询、输出等操作，而且还能完成拓扑处理、三维建模、空间分析等较高级的 GIS 功能。SuperMap Desktop 包括三个不同的产品：SuperMap Viewer、SuperMap Express 和 SuperMap Deskpro，它们在功能上是逐级增加的。SuperMap Objects 是 SuperMap 系列软件中的基础开发平台，是一套面向 GIS 应用系统开发者的新一代组件式 GIS 开发平台，用户利用 SuperMap Objects，结合通用开发工具，如 Visual Basic、C++、Delphi 等便可开发符合自己要求的各类 GIS 应用软件。SuperMap IS.

NET 是一款高效、稳定的网络地理信息发布系统的开发平台，它采用面向 Internet 的分布式计算技术，支持跨区域、跨网络的复杂大型网络应用系统集成。SuperMap IS. NET 为 GIS 数据的发布提供了可扩展的开发平台，开发者可以方便、灵活地实现网络空间数据的共享，并建设各类 GIS 网站。eSuperMap 是一套嵌入式地理信息系统开发工具，支持多种集成开发环境（如 EVC4、VC6 以及 VS8 等），并支持多 CPU。eSuperMap 产品提供的功能包括地图显示/编辑、数据查询、空间分析、路径分析、GPS 定位导航、网络通信等，能帮助用户在资源有限的嵌入式设备上轻松开发出功能完备、性能优良、稳定性高的嵌入式 GIS 应用产品。

1.5.2.4　MapGIS

MapGIS 软件是一个集当代最先进的图形、图像、地质、地理、遥感、测绘、人工智能、计算机科学于一体的大型智能软件系统，是集数字制图、数据库管理及空间分析于一体的空间信息系统，是进行现代化管理与决策的先进工具。MapGIS 已广泛应用于城市规划、测绘、土地管理、电信、交通、环境、公安、国防、教育、地质勘查、资源管理、房地产、旅游等领域。中地公司在全国拥有数千用户，遍及包括香港、台湾在内的全国各地众多行业和部门，现已进入日本、朝鲜等海外市场。其中土地、地籍、电信、管网、规划等系统成为国家各部委向全国重点推广的高科技产品，成为我国各领域进行数字化建设的首选软件。

1.5.2.5　GeoStar

GeoStar 软件系统主要由 GeoStar Professional、GeoStar Objects、GeoSurf、GeoGlobe、GDC 等部分组成。GeoStar Professional 是桌面 GIS 工具平台，其主要功能包括空间数据管理、地形数据库浏览、图形编辑、空间查询、空间分析、地图制图、数据转换等。GeoStar Objects 是 GeoStar 的二次开发组件，用户利用 GeoStar Objects 结合通用开发工具可以开发具有定制功能的 GIS 应用软件。GeoSurf 是面向网络服务的跨平台、分布式、多数据源、开放式的 Web GIS 平台软件，是国内最早的国产 Web GIS 软件之一，主要用于空间数据的发布与共享，从 1.0 版本发展到 5.2 版本，已被广泛用于测绘、土地、环保、旅游、商业、电力、交通、军事和位置服务等十多个领域。三维全球动态可视化软件 GeoGlobe 是 GeoStar 系列软件组成部分之一，它采用基于服务的架构，针对行业及公众用户，提供基于 Web 的多源、多比例尺海量空间数据管理、共享及发布服务。它具有以下优点：多源、多比例尺、四维数据、地名、三维模型一体化管理与共享发布；基于服务的架构，提供 GeoGlobe 瓦片数据、空间数据查询、栅格数据分析、WMS 与 WFS 服务；支持分布式服务部署；支持直接发布已有的基于 GeoStar 5.2 和 ArcGIS SDE 的数据集；提供数据制作、管理、服务器配置集成工具，方便用户制作、部署及维护，是一款优秀的海量地理信息数据管理与发布软件。GDC 是一个集成的空间数据转换系统，它不仅仅是一个简单的数据转换器，而且可以在转换过程中执行比较复杂的转换操作。软件开发者可以使用 GDC Objects 在新的或已经存在的应用中增加存取和处理空间数据的功能，并将这些功能提交给最终用户。

【技能训练】

利用 GIS 技术存储、管理和更新城市供水管网的空间数据库和属性数据库，构建城市供水管网信息系统，提高城市供水行业的管理和信息化水平，高效服务群众，是城市供水行业现代化管理的关键。从供水企业实际出发，选择供水管网 GIS 平台。

（1）分析供水 GIS 的系统特点。

（2）以目前流行的 ArcGIS、MapInfo、SuperMap、MapGIS 平台作为对象进行对比分析，选出合适的 GIS 平台。

 复习题

（1）什么是数据，什么是信息，两者的联系与区别是什么？

（2）地理信息的特征有哪些？

（3）什么是地理信息系统，具有哪些特征？

（4）地理信息系统通常包含哪些功能？

（5）地理信息系统的基本组成涉及哪些方面？

（6）地理信息系统的未来发展趋势如何？

项目 2　地理信息系统的地理基础

【项目概述】

GIS 所表达和研究的对象是地球或地理实体。对地球时空的认识和表达，是利用 GIS 技术的关键。地理基础知识是地理数据（或信息）表示格式与规范的重要组成部分。特别是掌握好地图是学习 GIS 所必须的。本项目主要介绍地球空间参考系统、地图投影、地理空间的认识和表达。通过本项目的学习，掌握地理信息系统的地理基础知识，为学生从事 GIS 技术应用岗位工作打下基础。

【教学目标】

(1) 掌握各类空间坐标系的用法。

(2) 掌握地图投影的概念及类型。

(3) 掌握地理实体的类型和空间关系的相关内容。

(4) 了解地理数据和实体分层、空间数据模型的相关内容。

任务 2.1　地球空间参考系统

2.1.1　地球实体与模型

2.1.1.1　地球形状的认识和表达

在宇宙中，地球不停地运动着如图 2-1 所示。长期以来，人们对地球形状的认识常描述为球体，或椭球体，或不规则的椭球体，或具有高低起伏的扁球体。究竟如何表达地球形状，与人们研究所要求的精度相关。

图 2-1　宇宙中的地球

自然地面实际呈高低起伏状,最高处为珠穆朗玛峰峰顶,海拔 8848.86m(2020 年测),最低处为马里亚纳海沟底,海拔−11034m,但两者相差不到 20km,若与地球的赤道半径 6378.140km 和极半径 6356.755km 相比,或与地球的平均半径 6378.14km 对比,相差悬殊。若用相同的比例尺来反映地球,则难以表达地表 20km 的差别。我们把地球视为"圆球体",如地球仪,所以在研究地球形状时,主要视精度的需求而定。人们或用规则的椭球体来模拟地球,或用规则的球体来模拟地球,或用大地水准面来模拟真实的地面,如图 2-2 所示。换句话说,对现实世界的数据表达可以采用地球空间模型,地图和 GIS 其实都是模型,地图以图形符号来记载和表示地理数据;GIS 以数字形式来记载和表示地理数据。

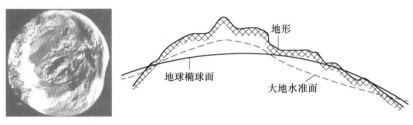

图 2-2　地球表面

2.1.1.2　地球空间模型

A　地球自然表面和地球体

地壳运动和各种外力的作用使地球表面成为一个起伏不平、很不规则的表面,既有高山、丘陵、平原,又有峡谷、江河、湖泊和海洋;地球表面海洋面积占 71%,陆地面积占 29%;从最高的世界屋脊海拔——8848.86m(岩面)的珠穆朗玛峰,到最深的海平面以下 11034m 的马里亚纳海沟,高差起伏近 20km。这种自然形成的地表形状称为地球自然表面(也称地球表面、地形面、地面),很难用简单的数学模型来定义和表达。由地球自然表面所包围的形体叫地球体。

B　大地水准面和大地体

地球表面的 71% 被处于流体状态的海水所覆盖,因此可假定海洋的水体只受重力作用,无潮汐、风浪影响,处于完全静止和平衡的状态,将该海洋的表面延伸到大陆的下面并处处保持着与地球重力方向正交这一特征的整个连续封闭曲面是一个水准面,这一特定的水准面称为大地水准面;它是一个物理参考面,是地球的一个重力等位面。大地水准面包围的形体称作大地体。由于地球内部质量分布不均匀,地壳有高低起伏,所以重力方向有局部变化,致使处处与重力方向垂直的大地水准面成为一个很不规则,仍然不能用数学表达的曲面,不能作为大地测量计算的基准面。因目前尚不能唯一地确定大地水准面,所以各个国家和地区往往选择一个平均海水面代替它。

大地水准面形状不规则,但远比地球自然表面平滑,是对地球表面实际形状的一种很好的近似。以大地水准面为基准,就可方便地利用水准仪完成地球自然表面上任一点的高程测量,就等于掌握了地球自然表面的实际形状;在大地测量中要研究的地球形状和大小就是指研究大地体的形状和大小。大地水准面同平均地球椭球面或参考椭球面之间的距离

（沿着椭球面的法线）都称为大地水准面差距。前者是绝对的，也是唯一的；后者则是相对的，随所采用的参考椭球面不同而异。

2.1.1.3　地球椭球面和地球椭球体

以大地水准面为基准建立起来的地球椭球体模型（图 2-3），表面是个规则的数学表面，椭球体的大小通常用两个半径——长半径 a（也称为赤道半径）和短半径 b（也称为极半径），或由一个半径和扁率 u 或偏心率 e 来决定。其中，

扁率：

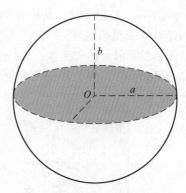

图 2-3　地球椭球体模型

$$u = \frac{a - b}{a} \qquad (2\text{-}1)$$

第一偏心率：

$$e = \sqrt{(a^2 - b^2) / a^2} \qquad (2\text{-}2)$$

第二偏心率：

$$e = \sqrt{(a^2 - b^2) / b^2} \qquad (2\text{-}3)$$

对于地球椭球体的描述，由于计算年代不同，所用方法也不同；测定地区不同，其描述方法也不同。100 多年来，各国研究者对地球椭球体进行了众多研究，提出了多组地球椭球体参数。不同的 GIS 软件，所提供的地球椭球体模型种类不同，如 Are/Info 软件中提供了 30 多种地球椭球体模型数据。

我国于 1954 年开始采用苏联克拉索夫斯基（Krasovski）椭球体作为地球表面几何模型，即 1954 年北京坐标系。20 世纪 70 年代末建立了新的 1980 年西安坐标系，采用了国际大地测量与地球物理联合会（IUGG）提供的椭球体。1984 年后采用世界大地坐标（WGS84）椭球体，建立了国家大地坐标系。但由于国家大地坐标系是二维、非地心的坐标系，不仅制约了地理空间信息的精确表达和各种先进的空间技术的广泛应用，无法全面满足当今气象、地震、水利、交通、航空航天等部门对高精度测绘地理信息服务的要求，而且也不利于与国际航线以及与海图的有效衔接，因此，2008 年 7 月 1 日后启用 2000 国家大地坐标系，它是全球地心坐标系在我国使用的具体体现，同时，国家测绘局公告 2000 国家大地坐标系与现行国家大地坐标系转换、衔接的过渡期暂定 10 年。2000 国家大地坐标系采用的地球椭球参数如下：

长半轴　　　　　　　$a = 6378137\text{m}$

扁率　　　　　　　　$f = 1/298.257222101$

地心引力常数　　　　$GM = 3.986004418 \times 10^{14} \text{m}^3/\text{s}^2$

自转角速度　　　　　$w = 7.292115 \times 10^{-5} \text{rad/s}$

应用 GIS 技术来模拟、反演区域地理过程或现象是地学应用的重要发展趋势，但地表不同区域参数的选择（是曲面还是平面，是球体还是椭球体或不规则椭球体）是 GIS 地学应用模型构建的关键。

地球自然表面、大地水准面、地球椭球面三者之间的关系如图 2-4 所示。

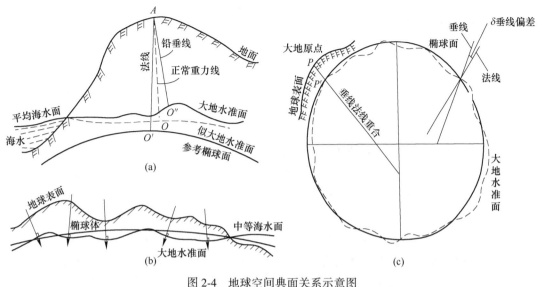

图 2-4　地球空间典面关系示意图

（a）地球自然表面；（b）大地水准面；（c）地球椭球面

2.1.1.4　参考椭球面和参考椭球体

地球椭球并不是一个任意的旋转椭球体，通过地球椭球面来模拟地球表面，需要确定地球椭球体的形状（长短轴之间的比值）、大小（长短轴各自的长度）、原点等相关参数，形状、大小、定位、定向都确定的，同某一地区大地水准面最佳拟合的地球椭球体被称作参考椭球体。参考椭球体的表面即参考椭球面。历史上，在总地球椭球未知的情况下，世界各国或地区为了各自的大地测量工作的需要，采用了参考椭球体，用参考椭球面作为测量计算的基准面。参考椭球体是只与某一个国家或某一地区的大地水准面符合较好的地球椭球体。在本书中一般指的地球椭球就是参考椭球。

目前在测量和制图中普遍采用的代替大地体的参考椭球体多是假定赤道为圆形的绕地球自转轴（短轴）旋转的（双轴）旋转椭球体。它是地球表面几何模型中最简单的一类模型。赤道为椭圆的三轴地球椭球体模型，虽在数学上可行，又十分接近大地水准面，但用于实际研究则显得复杂，较少使用。

2.1.2　地球空间坐标系统

2.1.2.1　空间坐标系的分类

为数众多的坐标系可依据地球的自转、公转及月亮和各种人造卫星围绕地球沿轨道转动三种周期运动的差异将它们分为天球坐标系（基本上不顾及地球的公转，但以和地球一起自转为主。常见的有：天球赤道坐标系、天球地平坐标系、天文坐标系）、地球坐标系（固定在地球上并和地球一起自转和公转）和轨道坐标系（不考虑地球的自转因素，但和地球一起公转）。坐标的表现形式有曲线坐标、球面极坐标和笛卡尔直角坐标等。GIS 中常用的是地球坐标系，它是天地坐标系中最重要的坐标系统，也是一切其他测量坐标系统的基础。由于坐标原点选取的不同，地球坐标系又可分为参心坐标系、地心坐标系和站心（测站中心）坐标系三种。

A　参心坐标系

参心坐标系是以参考椭球的中心为坐标原点的坐标系，它可细分为参心大地坐标系和参心空间大地直角坐标系两种。由于参考椭球的中心一般和地球质心不一致，故参心坐标系又称局部坐标系或相对坐标系。地面一点的参心大地坐标用大地经度 L、大地纬度 B 和大地高 H 表示。这种坐标系是经典大地测量的一种通用坐标系。由于所采用的地球椭球不同，或地球椭球虽相同，但椭球的定位和定向不同，而有不同的参心大地坐标系。自新中国成立以来，我国先后建立了 1954 年北京坐标系、1980 年西安坐标系和新 1954 年北京坐标系三种参心大地坐标系。全世界目前有上百种参心大地坐标系。

B　地心坐标系

以地球的质心为坐标原点，在形式上已分为地心空间大地直角坐标系和地心大地坐标系等。地心空间大地直角坐标系又可分为地心空间大地平直角坐标系和地心空间大地瞬时直角坐标系。地心空间大地平直角坐标系是卫星大地测量中的一个常用的基本坐标系，其点的坐标常用（X_D，Y_D，Z_D）表示，可以利用卫星大地测量轨道法等手段直接获得，不涉及椭球的大小及定位；地心大地坐标系中，点的坐标用（L_D，B_D，H_D）表示，它与选择的椭球大小和定位有关。椭球的大小应和整个地球的大地水准面最为密合，椭球的定位和定向应满足一定的要求。

C　站心坐标系

站心坐标系是原点在测站中心的空间直角坐标系的统称。各类坐标系都可通过一定的方法互相转换。

2.1.2.2　常用的空间坐标系

A　地理坐标系

地理坐标系是较古老的坐标系，是由公元前古希腊哲学家和地理学家首先用于实践的。这种系统被用于一切基本定位和计算，如航海和基本测量，是一种基本系统。它把地球视作椭球体，子午圈（经线）与平行圈（纬线）在椭球面上是两组正交的曲线，在椭球上所构成的坐标称为地理坐标，也称大地坐标系。它是全球统一的坐标系，用经度和纬度表示地面各点的位置。地理坐标有时也称为球面坐标。

地心指地球椭球体的中心；地轴是地球椭球体自转的旋转轴；赤道面是通过地心并垂直于地轴的平面，它与椭球面的交线称为赤道；通过地轴的任何平面称为子午面，它与椭球面的交线称为子午圈或经线，国际上规定通过英国伦敦格林尼治天文台原址的经线为 0°经线，其所在平面为起始子午面。起始子午面以东为东经，以西为西经；东经以正号表示，西经以负号表示，东西经各有 180°。

纬度指椭球面上某一点的法线与赤道平面的交角；赤道以北为北纬，常以正号表示，赤道以南为南纬，常以负号表示。北纬和南纬各有 90°，南、北极点分别为 −90° 与 +90°。某点的经度为过该点的子午圈截面与起始子午面所构成的二面角，其角度值为该点的经度。

经纬度具有深刻的地理意义。它能标示出物体在地面上的位置，显示其地理方位（经线与东西相应，纬线与南北相应），表示时差，还可标示许多地理现象所处的地理带。

B　平面坐标系

在平面上，点的位置是用平面直角坐标和极坐标确定的。为此，对地球表面固体部分的点，需先采用理想的椭球面，将其通过地图投影的方法投影到地图平面上。

平面坐标系就其基本形式而言也是古老的，因为自公元 3 世纪我国采用裴秀的制图六体之后，平面坐标系已成为中国地图学的典型特征。现代的平面直角坐标系首先是从用于军事目的的笛卡尔坐标系形成的。

（1）平面极坐标系。用某点至极点的距离和方向表示该点位置的方法，称为极坐标法。该方法主要用于地图投影的理论研究。如图 2-5 所示，设 O' 为极坐标原点，OO' 为极轴，P 是坐标系中的一个点，则 PO' 称为极距，用符号 ρ 表示，即 $PO'=\rho$。$\angle OO'P$ 为极角，用符号 δ 表示，则 $\angle OO'P=\delta$。极角 δ 由极轴起算，按逆时针方向为正，顺时针方向为负。

极坐标与平面直角坐标之间可建立一定的关系式。由图 2-5 可知，直角坐标的 X 轴与极轴重合，二坐标系原点间距离 OO' 用 Q 表示，则有 $X=Q-\rho p\cos\delta$、$Y=\rho\sin\delta$。

（2）平面直角坐标系。平面直角坐标是按直角坐标原理确定一点的平面位置，这种坐标也称为笛卡尔坐标或直角坐标。该坐标系是由原点 O 及过原点的两个垂直相交轴所组成的。点的坐标为该点至两轴的 X、Y 的垂直距离。如图 2-6 所示，$X=BP$、$Y=AP$，点 P 的平面直角坐标通常记为 (X, Y)。测绘工作中所用的直角坐标系与数学中有所不同，即以南北方向的坐标轴为 X 轴，东西方向的坐标轴为 Y 轴，以便方位角从北（X 轴）开始按顺时针方向度量，所以象限顺序与数学相反。

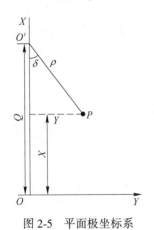

图 2-5　平面极坐标系　　　　　　图 2-6　平面直角坐标系

C　空间直角坐标系

在这个坐标系中，当坐标原点位于总地球椭球的质心时，称为地心空间直角坐标系；当坐标原点位于参考椭球的中心时，称为参心空间直角坐标系。如图 2-7 所示，在这个坐标系中，空间任意点的坐标用 (X, Y, Z) 表示，其中：Z 轴与地球平均自转轴重合，即指向某一时刻的平均北极点；X 轴指向平均自转轴与平均格林尼治天文台所决定的子午面

与赤道面的交点 G_e；而 Y 轴与此平面垂直，且指向东为正。

大地坐标系和空间直角坐标系在大地测量、地形测量以及制图学的理论研究和实践工作中都得到广泛的应用。因为它们将全地球表面上关于大地测量、地形测量以及制图学的资料都统一在一个统一的坐标系中。此外，它们是由地心、旋转轴、赤道以及地球椭球法线确定的，因此它们对地球自然形状及大地水准面的研究、高程的确定以及解决大地测量及其他学科领域的科学和实践问题也是最方便的。

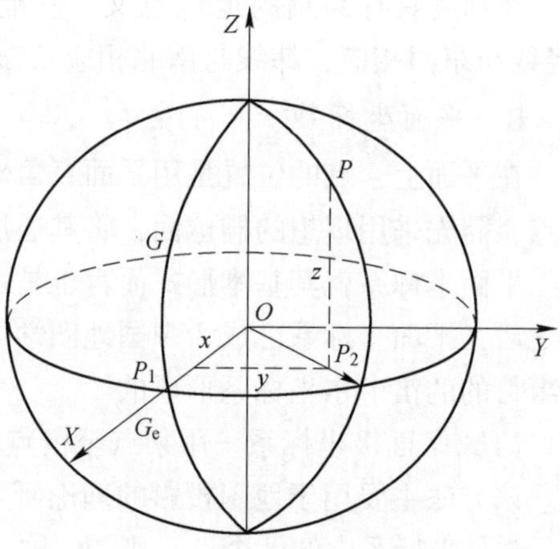

图 2-7　空间直角坐标系

2.1.2.3　国家高程基准

A　高程基准面

高程是指由高程基准面起算的地面点的高度。高程基准面是地面高程点的统一起算面，由于大地水准面所形成的体型——大地体是与整个地球最为接近的体型，因此通常采用大地水准面作为高程基准面。高程基准面是根据验潮站所确定的多年平均海水面而确定的。地面点至平均海水面的垂直高度即为海拔高程，也称绝对高程，简称高程。地面点之间的高程差，称为相对高程，简称高差。

实践证明，不同地点的验潮站所得的平均海水面之间存在差异，故选用不同的基准面就有不同的高程系统。我国曾规定采用青岛验潮站 1950—1956 年测定的黄海平均海水面作为全国统一高程基准面。由于观察数据的积累，黄海平均海水面发生了微小的变化，因此启用了新的高程系，即 1985 国家高程基准。新的国家高程基准面是根据青岛验潮站 1952—1979 年中 19 年的潮汐观测资料计算的平均海水面，并以此面作为全国高程的统一起算面。1985 国家高程基准与 1956 年黄海高程基准水准点之间的转换关系为：$H_{85} = H_{56} - 0.029\text{m}$，式中 H_{85} 和 H_{56} 分别表示新旧高程基准水准原点的正常高。

B　水准原点

为了长期、牢固地表示出高程基准面的位置，作为传递高程的起算点，必须建立稳固的水准原点，用精密水准测量方法将它与验潮站的水准标尺进行联测，以高程基准面为零推求水准原点的高程，以此高程作为全国各地推算高程的依据。在 1985 国家高程基准系统中，我国水准原点的高程为 72.260m。

我国的水准原点网建于青岛附近，其网点设置在地壳比较稳定、质地坚硬的花岗岩基岩上。水准原点网由主点——原点、参考点和附点共 6 个点组成。1985 国家高程基准已经国家批准，并从 1988 年 1 月 1 日开始启用，今后凡涉及高程基准时，一律由原来的 1956 年黄海高程系统改用 1985 国家高程基准。

任务 2.2　地　图　投　影

2.2.1　地图投影的概念和原理

在数学中，投影（project）的含义是建立两个点集间一一对应的映射关系。同样，在地图学中，地图投影就是指建立地球椭球面上的点与投影平面上点之间的一对应关系。地图投影的基本问题就是利用一定的数学法则把地球表面上的经纬线网表示到平面上。地图投影的实质就是建立地球椭球面（曲面）上点的地理坐标（λ，φ）（其中 λ 表示经度，φ 表示纬度）与投影平面上对应点坐标（X，Y）之间的函数关系，即

$$X = f_1(\varphi, \lambda), \qquad Y = f_2(\varphi, \lambda) \tag{2-4}$$

这是地图投影的一般方程式。给定不同的具体条件，就可得到不同种类的投影公式，依据各自的公式，就可将一系列的经纬线交点（λ，φ）计算成平面直角坐标（X，Y），并展绘于平面上，再将各点连起来，即可建立经纬线的平面表象，构成地图的数学基础（地图的内容则可根据相应的经纬网转绘）。

地图投影的方法可分为几何透视法和数学解析法两类。几何透视法是利用透视关系，将地球表面上的点投影到投影几何面上的一种方法，缺点是难于纠正投影变形，精度较低。数学解析法是在球面与投影面之间建立点与点的函数关系，通过数学方法确定经纬线交点位置的一种投影方法，是当前大多数地图投影采用的方法。

2.2.2　地图投影的分类

根据美国著名地图投影学家 J. P. Snyder 的统计，全世界现在共有 256 种各种各样的投影，可见投影种类繁多。为进行学习和研究，必须对其进行科学分类，以便把握其本质规律。下面简述几种常见的地图投影分类方法。

2.2.2.1　按投影变形性质分类

根据投影中可能引入的变形性质，可将投影分为等角投影、等积投影、任意投影三类。

（1）等角投影。等角投影指任何点上二微分线段组成的角度投影前后保持不变，亦即投影前后对应的微分面积保持图形相似，故又称为正形投影。等角投影在同一点上任意方向的长度比都相等，但在不同地点长度比是不同的，即不同地点上的变形椭圆大小不同。

（2）等积投影。等积投影是指一种保持投影前后面积大小不变的投影。这种投影可使梯形的经纬线网变成正方形、矩形、平行四边形等形状，但都可保持投影平面任意一块面积与椭球面上相应的实地面积相等。

（3）任意投影。任意投影是指投影图上长度、面积和角度都有变形，但角度变形小于等积投影，面积变形小于等角投影的投影。它的种类十分繁多，其中常见的是等距投影，该投影沿某一特定方向上的距离，投影前后保持不变，即沿该特定方向长度比为 1。

2.2.2.2　按可展曲面形状分类

在地图投影中，首先将不可展的地球椭球面投影到一个可展的曲面上，然后再将该曲面展开成为一个平面，从而得到所需要的投影。通常采用的这个可展的曲面有圆锥面、圆柱面和平面（曲率为 0 的曲面），相应的可以得到圆锥投影、圆柱投影和方位投影。

2.2.2.3　按投影面和地球轴向的相对位置分类

分为正轴投影（投影面的中心轴与地轴重合）、斜轴投影（投影面的中心轴与地轴斜

向相交）、横轴投影（投影面的中心轴与地轴相互垂直）。各种投影都有一定的局限性，一般地说，距投影面越近，变形就越小。为了控制投影的变形分布，可以调整投影面和椭球体面相交的位置，根据这个位置，又可进一步得到各种投影相对应的切投影（投影面和椭球体相切）和割投影（投影面和椭球体面相割）。对这一体系的分类如图 2-8 所示，其中（a）（e）（i）表示的是三种割投影。上述几种投影都是把椭球面上的经纬网投影到几何面上，然后将几何面展开为平面而得到的，故又称几何投影。

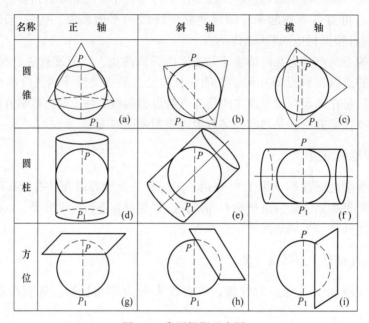

图 2-8　常用投影示意图

此外，还有不借助几何面，根据某些条件用数学解析法确定球面与平面之间点与点的函数关系，这类投影称为非几何投影。此类投影一般按经纬线形状又分为伪方位投影、伪圆柱投影、伪圆锥投影和多圆锥投影等。根据投影探求方法还可将投影分为透视—几何投影、几何—解析投影、解析投影等。根据投影方程特征也可对投影进行分类。

2.2.3　统一的地图投影系统

地球曲面转换成平面是应用了地图投影的原理，在空间信息系统中投影系统配置要统一。

2.2.3.1　一般要求

（1）各国家的 GIS 投影与该国基本地图系列所用的投影系统一致。

（2）各比例尺 GIS 投影与相应比例尺的主要信息源与地图所用的投影一致。

（3）各地区 GIS 投影与所在区域适用的投影一致。

（4）各种 GIS 一般以一种或两种（至多三种）投影系统为其投影坐标系，以保证地理定位框架的统一。

2.2.3.2　一般原则

（1）所配置的投影系统应与相应比例尺的国家基本图（基本比例尺地形图、基本省区图或国家大地图集）投影系统一致；我国基本比例尺地形图除 1∶1000000 外均采用高斯-克吕格投影为地理基础。

（2）应根据 GIS 服务领域的功能需求，考虑相应的投影变形条件，例如，与区域面积量算相关的，应采用等积投影；服务于航海导航的，则应采用等角投影。

（3）所用投影应能与网格坐标系统相适应，即所采用的网格系统（特别是一级网格）在投影带中应保持完整。

（4）金字塔式多比例尺图层叠置与浏览的网络地图表达（如 Google Map、百度地图等），选用投影时应考虑方便跨层瓦片地图的 1∶n 剖分问题，Google Map 网络地图采用 Web Mercator 投影，投影后经纬线呈正交，方便相邻图层一分为四。

我国 1∶1000000 地形图采用兰伯特（Lambert）投影，其分幅原则与国际地理学会规定的全球统一使用的国际百万分之一地图投影保持一致。我国大部分省区图以及大多数这一比例尺的地图也多采用 Lambert 投影和属于统一投影系统的 Albers 投影（正轴等面积割圆锥投影）。在 Lambert 投影中，地球表面上两点间的最短距离（即大圆航线）表现为近于直线，这有利于 GIS 中的空间分析量度的正确实施。

任务 2.3　地理空间的认识和表达

2.3.1　地理实体的类型和空间关系

2.3.1.1　地理实体的基本类型

按空间分布特征，地理实体类型可划分为点、线、面、体。相应地，实体的维数就有 0 维、1 维、2 维、3 维之分。地理数据根据点、线、面和体的划分来描述地理实体的空间分布及其专题特性，如图 2-9 所示。

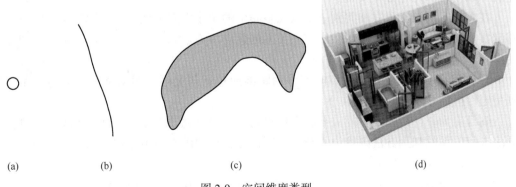

(a)　　　　　　　(b)　　　　　　　　(c)　　　　　　　　　　(d)

图 2-9　空间维度类型
(a) 点状；(b) 线状；(c) 面状；(d) 体状

点状分布：点状要素是零维的，其空间尺寸可以忽略不计，是一个地理要素最简单的图形表示。

线状分布：线状要素是一维的，只有长度，由至少两个点连接而成。

面状分布：面状要素是二维的，既有长度，也有宽度，由至少三条直线段依次连接形成封闭图形。

体状分布：体状要素是三维的，具有长度、宽度，以及高度，由至少四个平面封闭而成。

空间对象的空间位置或几何定位，通常采用地理坐标的经纬度、空间直角坐标、平面直角坐标或极坐标等来表示。

空间对象的空间关系主要描述空间对象之间的距离关系、方向关系、拓扑关系等，其中，拓扑关系描述的是空间对象点、线、面、体之间的邻接、关联和包含等关系，用于表达空间对象之间的连通性、邻接性和区域性等。

在地理信息系统的空间数据文件或空间数据库中，通常直接存储空间对象的空间坐标。对于空间关系，一般直接存储基础性的空间关系，如相邻、连接等关系。而其他空间关系则是通过空间运算来获得，如包含关系、相交关系等。可以这样认为，空间对象的空间位置隐含了各种空间关系。

2.3.1.2　地理实体的空间关系

A　空间关系分类

空间关系是指地理空间实体对象之间的空间相互作用关系。通常将空间关系分为拓扑空间关系（topological spatial relationship）、顺序空间关系（order spatial relationship）、度量空间关系（metric spatial relationship）三大类。

（1）拓扑空间关系。描述空间实体之间的相邻、包含和相交等空间关系。拓扑空间关系在地理信息系统和空间数据库的研究和应用中具有十分重要的意义。拓扑空间关系的建立较为容易，只需利用线段相交和包含分析等算法就可以达到建立拓扑空间关系的目的。

（2）顺序空间关系。描述空间实体之间在空间上的排列次序，如实体之间的前后、左右和东南、西北等方位关系。

在实际应用中，建立和判别三维欧氏空间中的顺序空间关系比二维欧氏空间中更加具有现实意义。三维欧氏空间中顺序空间关系的建立将为空间实体的三维可视化和虚拟环境的建立奠定必要的技术基础。

（3）度量空间关系。描述空间实体的距离或远近等关系。距离是定量描述，而远近则是定性描述。

到目前为止，对拓扑空间关系和度量空间关系的研究较为成熟，算法也较为简单，而顺序空间关系的判别方法则较为复杂，特别是在三维欧氏空间中更是如此。

B　拓扑关系的概念

拓扑空间关系（简称拓扑关系）是指满足拓扑几何学原理的地理空间对象间的相互关系，是一种对地理空间对象间的空间结构关系进行明确定义的描述方式。拓扑学是几何学分支，主要研究在拓扑变换（如平移、旋转、缩放等）下能够保持不变的几何属性——拓扑属性，即图形的形状、大小会随图形的变形而改变，但图形之间的相邻、包含、相交等关系不会发生改变。

在一个平面空间上，两个对象 A 和 B 之间的二元拓扑关系基于以下的相交情况：A 的内部（$A°$）、边界（∂A）和外部（A^-）与 B 的内部（$B°$）、边界（∂B）和外部（B^-）之间的交。两个对象构成九交（nine-intersection）矩阵，它定义了两个对象间的拓扑关系，称为九交模型：

$$T_9(A,\ B)==\begin{bmatrix} A°\cap B° & A°\cap \partial B & A°\cap B^- \\ \partial A\cap B° & \partial A\cap \partial B & \partial A\cap B^- \\ A^-\cap B° & A^-\cap \partial B & A^-\cap B^- \end{bmatrix} \tag{2-5}$$

矩阵中的每个元素，都有"空（0）"和"非空（1）"两种取值；因此，九交矩阵可以确定有 $2^9=512$ 种情形。然而排除现实世界中不具有物理意义的关系后，通常认为具有实际意义的有 2 种点点关系、3 种点线关系、3 种点面关系、16 种线线关系、19 种线面关系、8 种面面关系。例如，两个面状地理空间对象之间，存在 8 种拓扑关系类型，即相离（disjoint）、邻接（meet）、相交（overlap）、重合（equal）、包含（contain）、在内部（inside）、覆盖（cover）和被覆盖（covered by）。对于其他空间数据类型对，如（点，点）、（点，线）、（点，面）、（线，线）、（线，面），其拓扑关系可以用类似方式定义。

C　拓扑关系的分类

依系统元素之间的关系可分为关联性、邻接性、连通性、包含性等。

（1）拓扑关联：指不同类要素之间，如图 2-10 所示中的结点（V_9）与弧段（L_5、L_6、L_3）关联，多边形（P_2）与弧段（L_3、L_5、L_2）关联。

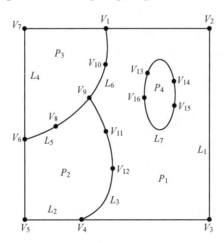

图 2-10　关联性表达

（2）拓扑邻接：指同类元素之间，如多边形之间或结点邻接矩阵表达。其中"1"表示邻接，"0"表示不邻接。

（3）拓扑连通：是衡量网络复杂性的程度，常用 γ 指数和 a 指数计算它。其中，γ 指数等于给定空间网络结点连线数与可能存在的所有连线数之比；a 指数用于衡量环路，结点被交替路径连接的程度称为 a 指数，等于当前存在的环路数与可能存在的最大环路数之比。连通性常用于网络分析中确定路径或分析街道是否相通等。连通矩阵中"1"表示连通，"0"表示不连通。

（4）拓扑包含：指不同级别或不同层次的多边形图形实体之间的拓扑关系。图 2-11 中的（a）、（b）、（c）分别有 2、3、4 个层次。

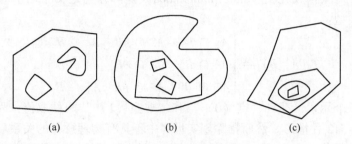

图 2-11　拓扑包含示意

同一层次的含义是：在同一有限的空间范围内（如同一外接多边形），那些具有邻接和关联拓扑关系或完全不具备邻接和关联拓扑关系的多边形处于同一级别或同一层次。实际上，属于二维矢量的多边形与零维矢量间也存在拓扑包含，只是零维矢量空间范围内（假设零维矢量占据有限的空间）不可能存在其他多边形或点状图形实体了。

D　拓扑关系的表达

GIS 领域目前对于拓扑关系的表达普遍采用 Egenhofer 的 9 交叉模型。该表达模型首先对线、面几何目标根据其拓扑功效划分三个部位：边界 ∂Y、内部 Y°、外部 Y^-，然后通过这些部位的二元逻辑交运算，根据结果 0/1（无交/有交）的组合值确定拓扑关系的种类，然后寻求对应的自然语言的描述。由于两实体比较三个部位的组合产生 3×3＝9 种组合，因此称"9 交叉模型"，通常采用 3×3 的矩阵来表示，如图 2-12 所示，图中边界为 ∂Y、内部为 Y°、外部为 Y^-。

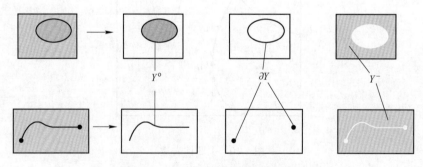

图 2-12　面、线目标的拓扑部位表示

通过分析，弃除矩阵中无意义的 0/1 组合，最后得到线与面目标的拓扑关系有 19 种，面与面目标的拓扑关系有 8 种，分别如图 2-13 和图 2-14 所示。

E　拓扑关系的存储结构

空间数据的拓扑关系如图 2-15 所示，结构存储表达（如结点与弧段、多边形与弧段等拓扑关系）见表 2-1a～表 2-1d。

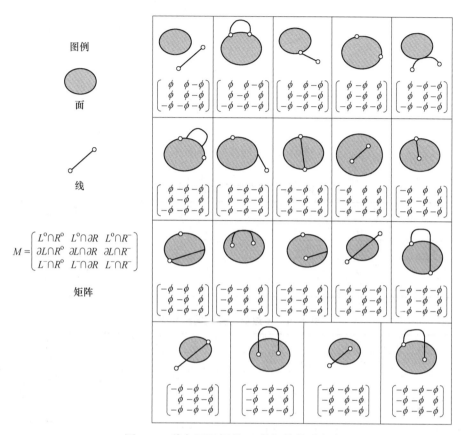

图 2-13　线与面目标的 19 种拓扑关系表达

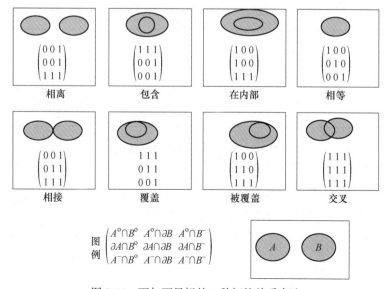

图 2-14　面与面目标的 8 种拓扑关系表达

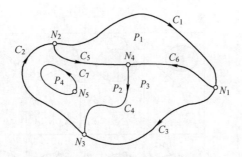

图 2-15　空间数据的拓扑关系

表 2-1a　结点与弧段的拓扑关系

结　　点	通过该结点的链或弧
N_1	C_1, C_3, C_6
N_2	C_1, C_2, C_5
N_3	C_2, C_3, C_4
⋮	⋮

表 2-1b　多边形与弧段的拓扑关系

多边形（面）	构成多边开有（面）的弧段
P_1	C_1, C_6, $-C_5$
P_2	C_2, C_5, C_4
P_3	C_3, $-C_4$, $-C_6$
⋮	⋮

表 2-1c　弧段与多边形的拓扑关系

弧段（链）	多　边　形	
	左面	右面
C_1	Φ	P_1
C_2	Φ	P_2
C_3	Φ	P_3
⋮	⋮	⋮

表 2-1d　弧段与结点的拓扑关系

弧段（链）	两端结点	
	从	到
C_1	N_2	N_1
C_2	N_3	N_2
C_3	N_1	N_3
⋮	⋮	⋮

F　拓扑关系的意义

拓扑关系对地理信息系统的数据处理和空间分析具有重要意义。

（1）根据拓扑关系，不需要利用坐标或距离计算，可以确定一种地理空间对象相对于另一种地理空间对象的空间位置关系，如两个行政区域是否相邻。因为拓扑数据已经清楚地反映出地理空间对象之间的逻辑结构关系。

（2）利用拓扑数据有利于空间要素的查询。如某条河流经过的城市、某中学所属行政区域等。

（3）可以利用拓扑数据作为工具，重建地理对象实体。例如，将具有相同属性值的相邻多边形合并。

（4）可以利用拓扑信息进行几何数据一致性错误检测。一致性错误检测包括：检测图斑多边形边界之间是否存在重叠或空隙；判断等高线是否自相交。

（5）利用拓扑关系实现高级空间分析。例如，网络分析依赖于到和从结点的概念，并且使用该信息以及属性信息计算距离、最短路线、最快路线等。拓扑也利于复杂的邻域分析，如确定邻近性、聚类、连接性、连续性、最近邻域等。

2.3.2　地理数据和实体分层

在 GIS 中，地理数据是以图层（Map Layer 或 Coverage）为单位进行组织和存储的。所谓图层，就是一组相关信息或数据的集合，也是一种特殊的文件类型。一幅图层表示一种类型的地理实体，它包含了以一定的栅格或矢量数据结构组织的有关同一地区、同一类型地理实体的定位和属性数据，这些数据相互关联，存储在一起形成一个独立的数据集（dataset）。由于一幅图层反映某一特定的主题，因此，它又称为专题数据层（thematic data layer）。图层表示法就是以图层为结构表示和存储综合反映某一地区的自然、人文现象的地理分布特征和过程的地理数据，这种方法实际上源自传统的专题地图表示法。专题地图主要用于反映某一主题地理现象的分布特征，一个地区的自然和人文地理综合特征是通过使用一系列的专题地图来表示的。存储在 GIS 中的每一幅图层可看作一幅反映单一主题现象的专题地图，一般，一个图层只能用于描述单一地理实体（点、线或面）或某一专题。

2.3.2.1　地理数据或实体分层的基本原则

在划分图层时遵循基本的原则有：

（1）由不同的图形对象类型存放在不同的图层；

（2）基础地理数据作为单独图层；

（3）依系统对各种数据的处理方式不同而分层存放；

（4）放在一起使用的图层必须是空间上仿射的，否则就会发生明显错误。

2.3.2.2　地理数据或实体分层的实施方法

（1）专题分层：每图层对应一个专题，包含某一种或某一类数据或实体。例如，地貌层、水系层、道路层、居民地层等。

（2）时间序列分层：把不同时间或不同时期的数据作为一个数据层。例如，2000 年和 2005 年福州林地数据就可以存放在两个图层中。

（3）几何特征分层：把点、线、面不同的几何特征数据分成不同的层，如高程点只有位置，没有长度与面积；如道路、水系等，抽象成线，由点串构成，有长度属性；面状的水库湖泊等，不但有位置，而且还有面积、周长等属性。

2.3.2.3　地理数据或实体分层的目的

地理数据分层后便于空间数据的管理、查询、显示和分析等。主要目的如下。

（1）空间数据分为若干数据层后，对所有空间数据的管理就简化为对各数据层的管理，而一个数据层的数据结构往往比较单一，同一层内的数据具有相同的属性结构、几何维数和空间操作，便于实施相同的存储管理。

（2）对分层的空间数据进行查询时，不需要对所有空间数据进行查询，只需要对某一层空间数据进行查询即可，因而可加快查询速度。

（3）分层后的空间数据，由于便于任意选择需要显示的图层，因而增加了图形显示的灵活性。

（4）对不同数据层进行叠加，可进行各种目的的空间分析，特别有利于地图的叠加分析。

2.3.2.4　处理数据时应注意的问题

在使用 GIS 采集和处理地理数据、地理实体和图层之间的关系时，应注意以下几个问题。

（1）某些空间数据库管理系统要求把点、线、面实体分别组织、存储在不同的图层中，如 ESRI 早期版本的 Arc/Info 对 Coverage 的存储，点与面目标不能存放在一起。

（2）由于不同属性描述，所定义的属性表是不一样的，所以，同一种几何类型但功能不同的地理实体应分别组织、存储在不同的图层中。

（3）反映同一地理实体但具有不同比例尺或不同资料来源的地理数据应分别组织、存储在不同的图层中。

（4）对来源于不同部门或需要经常更新的地理数据应分别组织、存储在不同的图层中。

（5）当研究的区域范围较广时，由于地理数据量大，应注意合理分幅，然后再将各分幅数据分别存储，构建所需的图层。

2.3.3　空间数据模型

空间数据模型是关于现实世界中空间实体或现象及其相互联系的概念表示，它为空间数据的组织和空间数据库的设计提供基本方法。对于现实世界，通常可通过对象模型或者场模型来表达，因此我们可称对象模型和场模型为基本信息模型。对象模型强调地理空间对象在空间分布上的离散特性，根据其边界线以及组成它们的对象，可以详细地描述离散对象。而场模型可以看作对连续变化的事物或现象的表示。对于很多类型的地理要素，根据其分布特征或应用需求，有时可被看作场，有时也可被看作对象。

而在基本信息模型之外，在地理信息系统领域还存在一些用于特定用途的空间数据模型，可称为高级信息模型，如数字高程模型、网络模型、三维模型，以及缓存地图模型等；或者空间数据模型研究中的时空数据模型、空间多尺度模型等。

2.3.3.1　基本信息模型

A　对象模型

对象模型是指将地理空间中的事物或现象视为独立的、具有明确边界的可区分对象进行数据建模的空间数据模型。这种模型的视角或观点主要关注地理空间对象，适合于具有明确边界的自然地物或现象，如河流、植被、行政区划、建筑物、道路等。

对象模型强调表征个体地物或现象，可通过单独的方式表示，也可通过与其他地物或现象之间的空间关系的方式表示。任何地物或现象都可以被确定为一个对象，而一个地物或现象也可以由不同的对象组成。

在二维地理信息系统应用中，对象模型按照所关注对象的几何特征可以分为三大类：点对象、线对象和面对象（面一般用多边形表示，因而面对象也称为多边形对象）。点对象是仅包含单个坐标对的零维要素，具有位置属性，通常用于表示单个的离散要素，如建筑物、电线杆、出租车等；线对象是由多个点连接而成的一维要素，具有长度属性，通常用于表示线状要素，如河流、道路、电力线等；面对象是由多条线依次连接构成的、封闭的二维要素（多边形），多边形的首线段的起点与末线段的终点坐标一致，具有面积与周长属性，通常用于表示湖泊、果园、行政区划等。图 2-16 中的亭子、公路、湖泊等现实地理要素分别以点、线、面对象表达，如图 2-17 所示。

(a)　　　　　　　　　　　(b)　　　　　　　　　　　(c)

图 2-16　现实地理要素

（a）亭子；（b）公路；（c）湖泊

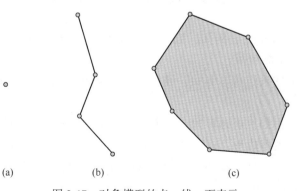

(a)　　　　　　(b)　　　　　　　　　(c)

图 2-17　对象模型的点、线、面表示

（a）点对象；（b）线对象；（c）面对象

对象模型不仅以点、线、面形式记录现实世界中的要素对象的几何图形坐标，还同时记录要素的属性信息，如行政名称、类型等，以全面表达要素的空间及非空间信息。

在三维地理信息系统应用中，描述三维空间中的对象，按其几何特征分为点、线、面、体四类。

B　场模型

场模型是指将地理事物或现象作为连续变量来建模，适合表征布满整个区域，并且具有连续空间分布特点的事物或现象，例如，地表的高低起伏、降水量、空气质量、人口密度等。在场模型中，现象的值可在区域的任何位置测量，并且随着地理位置变化，现象值也可能发生变化。一般而言，相邻位置的值变化较为平稳。

场模型表示方法如图 2-18 所示，主要包括以下六种。

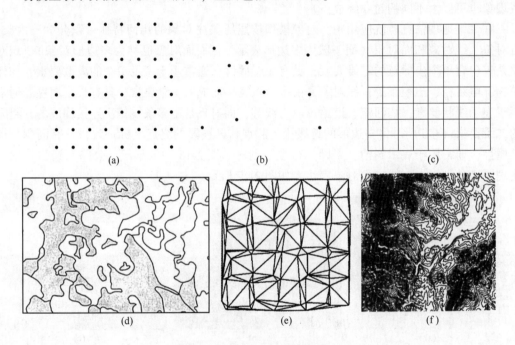

图 2-18　场模型的六种表示方法

（a）规则间隔的采样点；（b）不规则间隔的采样点；（c）矩形单元；
（d）不规则结构的多边形；（e）不规则三角网；（f）等值线

（1）规则间隔的采样点。例如，数字高程模型（digital elevation model，DEM）中，通过每个格网单元采集高程值。

（2）不规则间隔的采样点。例如，通过记录气象站点采集的降水量值反映该区域的降水量分布情况。

（3）矩形单元。例如，遥感影像中每个像元的光谱值表征该区域的光谱特征。

（4）不规则结构的多边形。例如，土地利用现状图中每个多边形记录该地块类型值。

（5）不规则三角网（triangulated irregular network，TIN）。例如，通过不规则三角网记录区域中高程值的线性变化。

（6）等值线。例如，通过等高线表示该区域的地表起伏。

2.3.3.2　高级信息模型

A　数字高程模型

数字高程模型（DEM）是一种表示地表空间连续起伏变化的重要方法，一般用一组有序数值阵列的形式表示地面高程。DEM 可以派生为数字地形模型（digital terrain model, DTM）。数字地形模型是指地形表面某种现象的属性信息的数字表达，是带有空间位置特征和现象属性特征的数字描述，主要用于模拟现象在二维表面的连续变化，如坡度、坡向、人口密度、气温、降水量等，数字高程模型可以认为是一种特殊的数字地形模型。因为在数字高程模型中，每个平面位置仅能描述该位置的地表起伏，而无法同时记录多个高程值（Z 值），即其维度特征介于二维与真三维之间，所以，数字高程模型也被称为 2.5 维模型。

因为 DEM 支持多种表面分析，如计算高程、坡度、坡向、体积，以及生成剖面图等，所以 DEM 在地理信息系统中得到了普遍使用，已成为各种地学分析、工程设计和辅助决策的重要基础性数据，在测绘、资源与环境、城市规划、水文、气象、林业、农业、交通、通信、军事等国民经济和国防建设领域有着广泛的用途。如在城市规划方面，DEM可用于城市规划三维仿真、重大项目选址等；在道路工程建设方面，可用于挖填土方量计算等；在林业方面，可用于森林防火可视域分析等。

B　网络模型

a　网络模型基本概念

现实世界中，拥有相当多的网络系统，如交通网、电力网、供水系统、排水系统、通信网、燃气管网等，在这些网络系统中，车辆、电流、水、通信信号、燃气等沿着网络线路流动。在地理信息系统中，网络（network）模型是这些可运输或移动资源的网络系统的抽象表示。网络模型是指表示地理网络和城市基础设施网络等网状事物以及它们的相互关系和内在联系的数据模型，主要包含可运输或移动资源的道路系统、电网、供排水系统等。其中，道路系统是应用最为广泛的网络模型。

网络模型是一种用于表征现实中的网络系统的、由链及结点组成的数据模型，如图 2-19 所示，链包括线 1、2、3、4，结点包括端点 A、B、C、D。其中，链是网络中的线状要素，构成了网络模型的框架。链代表用于实现运输和交流的相互连接的地理实体和现象，如运输网络的高速路、铁路，电网中的传输线和水文网络中的河流，等等。链在结点处相交。结点是指链的两个端点，即链的起始点和终止点。结点可以用来表示道路网络中道路交叉点、河网中的河流交汇点等。网络中的每个链和每个结点必须有一个唯一的标识符（ID），通过这些 ID，链和结点绑定，用以描述系统的连通性。

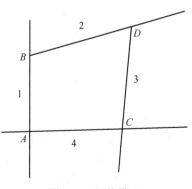

图 2-19　网络模型

b　道路网络模型

道路网络模型是网络模型最为重要的应用模型之一，下面以道路系统为例描述网络模型组成及应用等。

道路网络是由链（道路）和结点（交叉点）组成的，带有环路，并伴随着一系列支配网络中地物或资源流动的约束条件的线网图形。

在道路网络模型中，道路被抽象为链，而道路的连接交会点被抽象为结点，通过链与结点构成连通关系，形成有向图结构，如图 2-20 所示。道路网络模型主要用于处理地物或资源从一个地方流动到另一个地方，或者从中心或到中心的分配。

道路网络模型的链与结点包括图形与属性信息，其中，链的图形通过道路中心线表示，而链的属性可以包括阻碍强度、资源需求量、资源流动的约束条件等。记录链与结点的道路网络属性见表 2-2，网络中指定阻抗的属性可以是速度限制（限制）、通行时间成本（阻力）等。沿着道路系统中的一条线路可产生所有阻碍强度的累积，如从起始点到终止点的转移时间。

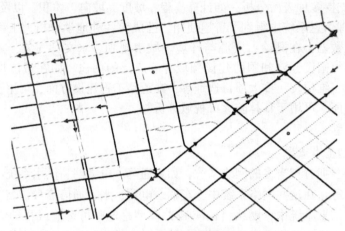

图 2-20　道路网络模型地图

表 2-2　记录链与结点的道路网络属性表

链	起结点	终结点	距离/km	限制/km·h⁻¹	阻力/min
1	A	B	4	30	1
2	B	D	3	55	2
3	D	C	3	45	2
4	C	A	6	40	1

c　网络分析

网络分析是指利用网络模型进行地理分析的方法，是 GIS 空间分析的重要功能，通过研究地理网络（如交通网络）、城市基础设施网络（如各种电力线、电话线、供水管、排水管等）等网络的状态及模拟和分析资源在网络上的流动和分配情况，解决网络结构及其资源等的优化问题。网络分析方法主要包括：最短路径分析、最近设施查询、服务区分析、资源分配等。

最短路径分析：计算两点间花费的最短时间或最短距离的路线。这是网络分析最重要的应用之一。例如，计算某高等院校新、老校区之间的最短驾车路线。

最近设施查询：给定搜索半径，基于网络阻抗和连通规则，计算与事件点最近的设施点。例如，哪个医院的救护车可以最快地响应一个地点发生的紧急救援事件。

服务区分析：计算中心点所覆盖的区域，例如，一个大型超市所覆盖的 10km 驾驶距离范围内的服务区域。

资源分配：按网络阻抗和连通规则，计算结点的最近中心（资源发散或汇集地）。例如，为城市中的每一条街道上的适龄儿童确定最近的学校。

C 三维模型

三维模型的表示方法从总体上可分为面模型与体模型两大类。面模型数据结构侧重于三维空间表面的表示，如地形表面、地质层面等，通过表面表示三维空间目标，其优点是便于显示和数据更新，不足之处是空间分析难以进行。体模型数据结构侧重于三维空间体的表示，如立交桥、建筑物等，通过对体的描述实现三维空间对象表示，其优点是适于空间操作和分析，但存储空间占用较大，计算速度也较慢。

【技能训练】

以校园为研究区域，分别从地理空间对象时空特征、地理空间对象尺度特征、空间数据模型以及关系建模等几方面，阐述其具体应用。

 复习题

（1）地球表面、大地水准面和地球椭球体面之间的关系是什么？

（2）简述大地测量中常用的空间坐标系种类。

（3）常见的 GIS 中地图投影的分类方法有几种，它们是如何进行分类的？

（4）简述地图投影与 GIS 的关系。

（5）什么是拓扑空间关系？举例说明拓扑空间关系应用。

（6）GIS 空间分析中，从信息获取到数据处理再到数据分析，经常涉及哪几种尺度？

项目 3 GIS 数据结构和空间数据库

【项目概述】

通常情况下，精心选择的数据结构可以带来更高运行速度或者存储效率的算法。GIS要对现实世界进行描述、表达和分析，首先要建立合理的数据模型以存储地理对象的位置、属性以及动态变化等信息，合理的数据模型是进行空间分析的基础。一旦数据模型确定，就必须选择与该模型相应的数据结构来组织地理实体的数据，并且选择适合于记录该数据结构的文件格式。数据的存储与组织是一个数据集成的过程，也是建立 GIS 数据库的关键步骤，涉及空间数据和属性数据的组织。本项目主要介绍 GIS 数据结构；GIS 在计算机中的表示方法，即数据模型；空间数据结构的建立，以及构建空间数据库等问题。

【教学目标】

(1) 掌握矢量数据结构、栅格数据结构和面向对象的数据结构之间的区别和联系。

(2) 掌握空间数据库的概念及主要特征。

(3) 掌握空间数据模型及空间数据库的设计。

(4) 能够进行空间数据库的建立与维护。

任务 3.1 空间数据结构

要将实际地理世界/现象过程在 GIS 概念世界中表达，需要建立一定的数据模型来描述地理实体及实体关系。在 GIS 领域，目前普遍采用了两种数据模型：基于目标的数据模型和基于场的数据模型。前者所描述单位与实体世界的目标实体相对应，强调实体的"整体性"，但在实体间的空间关系表达上缺乏便捷的策略，模型通常需要通过复杂的矢量运算；后者描述的对象遍布整个研究空间，模型描述的单位划分为极小的面元，强调实体的"相关性""连续性"，但实体的整体性描述不如前者，实体间的关系通过诸如栅格的扩展等"相关性运算"来获取。

数据结构是对数据模型具体的存储实现，通过特定的逻辑组织将地理实体、地理现象在 GIS 系统中记录下来。基于场的观点对应的数据结构通常为包括规则格网的栅格结构和不规则格网结构；基于目标的观点对应的数据结构通常为矢量结构。

从计算机存储角度而言，数据结构是数据的组织形式，是指在计算机存储、管理和处理的数据逻辑结构。空间数据是一种较复杂的数据类型，涉及空间特征、属性特征及它们之间关系的描述，非空间数据主要涉及属性数据。从研究数据的历史悠久程度来看，有传统数据结构（主要是关系、层次和网状数据结构）和现代数据结构（语义数据结构、面向对象数据结构）。人们在应用时，具体选择哪种数据结构，主要视 GIS 应用的目的来定。

3.1.1 矢量数据结构

矢量数据结构是通过记录坐标的方式尽可能精确地表示点、线和多边形等地理实体，坐标空间设为连续，允许任意位置、长度和面积的精确定义。矢量数据的显著特点是定位明显，属性隐含。它需用矢量结构模型来表达。

3.1.1.1 矢量数据模型

A 基于对象的矢量数据简单模型

矢量数据模型是以点为基本单位描述地理实体的分布特征，即每一个地理实体都看作是由点组成的，每一个点用一对 (x, y) 坐标表示。这里的 (x, y) 坐标可为地理坐标，也可为平面直角坐标。点状实体由一个单独的点表示；线状实体由一系列有序点串或集表示，点的记录顺序称为线的"方向"；面状实体由一系列首末同点的闭合环或有序点集表示。线状和面状实体在显示时分别以直线段将组成它们的点连接成弧段和多边形。

B 矢量数据的获取方式

矢量数据模型只需选取和记录反映地理实体分布形状特征的点，但点的数量对地理实体表示有影响。它非常适合表示线状实体和面状实体的范围边界。

矢量数据的获取方式主要有以下三种。

（1）由外业测量获得。可利用测量仪器自动记录测量结果（常称为"电子手簿"），然后转到地理数据库中。

（2）由栅格数据转换获得。利用栅格数据矢量化技术，把栅格数据转换为矢量数据（一般可由转换程序执行）。

（3）由跟踪数字化获得。用跟踪数字化的方法，把地图变成离散的矢量数据。

C 矢量数据的编码方法

（1）对于点实体和线实体，直接记录空间信息和属性信息。

（2）对于多边形（或面状）地物，有坐标序列法、树状索引编码法和拓扑结构编码法。

（3）坐标序列法是由多边形边界的 (x, y) 坐标对集合及说明信息组成。

三种编码方法评价比较如图 3-1 所示和见表 3-1。

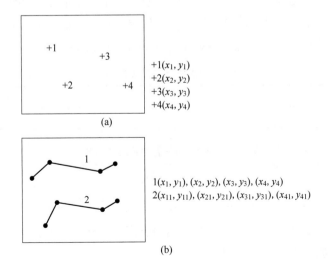

(a)

(b)

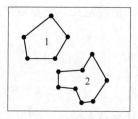

$1(x_1, y_1), (x_2, y_2), (x_3, y_3), \cdots, (x_1, y_1)$
$2(x_{11}, y_{11}), (x_{21}, y_{21}), (x_{31}, y_{31}), \cdots, (x_{11}, y_{11})$

(c)

图 3-1　基于对象的矢量数据简单模型

(a) 点；(b) 线；(c) 多边形

表 3-1　矢量数据的编码方法评价

方　法	评　价
(1)	简单，无拓扑
(2)	树状索引编码法是将所有边界点进行数字化，顺序存储坐标对，由点索引与边界线号相联系，以线索引与各多边形相联系，形成树状索引结构，消除了相邻多边形边界数据冗余问题；拓扑结构编码法是通过建立一个完整的拓扑关系结构，彻底解决邻域和岛状信息处理问题的方法，但增加了算法的复杂性和数据库的大小
(3)	最简单的一种多边形矢量编码法，文件结构简单，但多边形边界被存储两次产生数据冗余，而且缺少邻域信息

3.1.1.2　矢量数据结构

常用的矢量数据结构有 Spaghetti 结构（面条编码结构）、拓扑数据结构、不规则三角网（TIN）数据结构以及网络数据结构等。

A　Spaghetti 结构

空间数据按照基本的空间对象（点、线、面或多边形）为单位单独组织，并以地理实体（点、线、面）为单位，将地理实体特征点的坐标存储到一个数据文件中。每个实体由其编号或识别码标识，实体的属性数据（如等级、类型、大小等）设为属性码，以表的形式存储在另一个数据文件中，当需要查询、显示或分析某一实体的属性数据时，GIS 以实体编号为关键字从属性数据文件中将它们读取出来，如 (x, y) 坐标或坐标串表达，其特点是结构简单，存取便捷。数据结构见表 3-2 和表 3-3。

表 3-2　简单点的矢量数据结构文件

标识码	属性码	x, y 坐标
⋮	⋮	⋮

表 3-3　简单线的矢量数据结构文件

标识码	属性码	x, y 坐标串
⋮	⋮	⋮

多边形的矢量数据结构与线的矢量数据结构类似，但坐标串的首尾坐标相同。构成多边形边界的各个线段，以多边形为单元进行组织。

多边形矢量模型结构如图 3-2 所示，其中图 3-2（a）表达的多边形既不连通也无邻接关系，它是早期的矢量模型之一。边界坐标数据和多边形单元实体一一对应，各个多边形边界都单独编码和数字化，正是由于这种特性，表示两个面状实体共同边界的数据需数字化和存储两遍，从而导致数据冗余和表示上的不一致。不过在对同一条曲线重复数字化时，不太可能准确地选择相同点，因此，两个具有共同边界的面状实体在显示时会出现边界的交叉，导致出现许多狭小的多边形，这些狭小多边形的存在会给某些 GIS 应用带来麻烦。此外，这种结构由于没有反映地理实体的拓扑特性，寻找相邻或包含的地理实体、最佳路径分析等都不能被有效地执行。图 3-2（b）、（c）是后期改进的表达结构。图 3-2（b）、（c）的结构具有连通和邻接特性，图 3-2（d）除了连通和邻接性外，还有方向性和包含性特征。图 3-2（b）~（d）的模型结构可称为"面状矢量拓扑数据结构"。

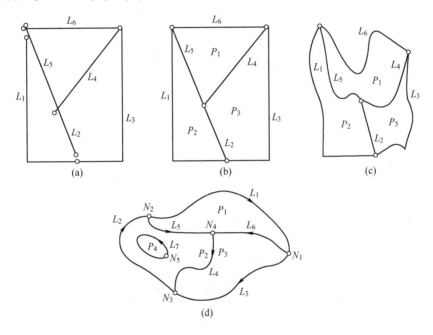

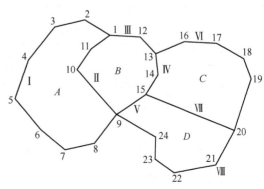

图 3-2　面的矢量数据结构

B　拓扑数据结构

在拓扑数据结构中，二维地理空间中每个多边形由一条或若干条弧段组成，每条弧段独立记录，由一串有序的坐标对组成，每条弧段的两端点称为结点，每个结点连接两条以上的弧段，见表 3-4c。一般需要记录连接性、面定义与邻近性等三个基本拓扑规则，例如，分别通过表 3-4a、b 与 c 表达图 3-3 中的多边形数据拓扑规则。第一个基本规则是连接性。连接性描述了每条弧段的起始结点，也称为弧段一

图 3-3　拓扑编码示意图

结点拓扑。在拓扑数据结构中，结点是两条以上弧段相遇的交点，弧段有起始结点（弧段开始）与终止结点（弧段结束）。此外，每个结点对之间是一条弧段。表 3-4a 中，由于拥有共同的结点 9，弧段 I、II、V、VIII连接（或邻接）。由此，可以确定沿着弧段 I 移动转入弧段 II 是可能的，而由于没有公共结点，从弧段 I 转入弧段IV是不可能的。

第二个基本拓扑规则是面定义。面定义描述了围成一个面的首尾相连的弧段构成一个多边形，也称为多边形—弧段拓扑。就多边形弧段拓扑而言，弧段用于建立多边形，并且每条弧段仅存储一次。这样存储的数据量减少，并且确保相邻多边形边界不重叠。表 3-4b 中，多边形—弧段拓扑清楚地表明多边形 C 由弧段VI、VI、IV构成。

第三个拓扑规则是邻近性。邻近性定义了每条弧段的左右多边形，也称为弧段—多边形拓扑。左右多边形信息显性地存储在拓扑数据结构的属性信息中。依据共享一条边界的多边形认为是相邻的概念，可以判断两个多边形是否相邻。表 3-4c 中，多边形 A 与 B 通过公共边 II 相邻。

表 3-4a （拓扑数据结构弧段—结点拓扑）

弧段	起始结点	终止结点
I	1	9
II	9	1
III	1	13
IV	13	15
V	15	9
VI	13	20
VII	20	15
VIII	20	9

表 3-4b （多边形—弧段拓扑）

多边形	弧段列表
A	I，II
B	II，III，IV，V
C	VI，VII，IV
D	VIII，V，VII

表 3-4c （弧段—多边形拓扑）

弧段	左多边形	右多边形
II	A	B
IV	B	V
V	C	D
VII	D	D

C 曲面数据结构

曲面数据结构是指对三维空间中连续分布现象的覆盖要素的一种数字表达形式，如地形、降水量、温度、磁场等。曲面数据不但需要存储覆盖要素每个观测点的位置和观测值，还需要存储这些观测点之间的关系信息。通常有两种表达曲面的方法：一种是不规则三角网（triangulated lrregular network，TIN）；另一种是规则格网（Grid）。

（1）规则格网数据结构。Grid 的曲面数据结构类似于矩阵形式的栅格数据，只是其属性值为地面的高程或其他连续分布现象的数值。数字高程模型（DEM）就是 Grid 的一种示例，DEM 来源于实测高程点的插值，并以栅格方式存储，由于栅格表面通常以栅格像元之间间隔均匀的格网格式存储，因此栅格像元越小，格网的位置精度就越高。

（2）不规则三角网数据结构。TIN 常用于数字地形的表示，或者按照曲面要素的实测点分布，将它们连成三角网，三角网中的每个三角形要求尽量接近等边形状，并保证有最邻近的点构成的三角形，即三角形的边长之和最小。利用 TIN 的曲面数据结构，可以方便地进行地形分析，如坡度和坡向信息提取、填挖方计算、阴影和地形通视分析、等高线生成。

3.1.1.3 矢量数据文件格式

各种矢量数据文件格式中，应用最广泛的是由 ESRI 公司开发的 Shapefile，几乎所有的商业与开源 GIS 软件都支持该文件格式。它是一种简单的非拓扑文件，基于条式矢量数据结构，用于存储地理要素的位置、形状和属性。

A Shapefile 概况

一个 Shapefile 文件（集）最少包括三个文件：主文件（＊.shp），用于存储地理要素的几何图形；索引文件（＊.shx），用于存储图形要素与属性信息索引；dBase 表文件（＊.dbf），用于存储要素属性信息的 dBase 表文件。除此之外，还包括如下可选的文件，即空间参考文件（＊.prj）、几何体的空间索引文件（＊.sbon 和＊.sbx）、只读 Shapefile 的几何体的空间索引文件（＊.fbn 和＊.fbx）、列表中活动字段的属性索引（＊.ain 和＊aih）、可读写 Shapefile 文件的地理编码索引（.ixs）、可读写 Shapefile 文件的地理编码索引（＊.mxs）、dBase 文件的属性索引（＊.atx）、保存元数据的 XML 格式文件（＊.shp.xml）、用于描述 dBase 文件的代码页、指明其使用的字符编码的描述文件（＊.cpg）。

B Shapefile 的主文件结构

a 主文件基本结构

主文件是 Shapefile 文件（集）中用于存储地理要素的核心文件，包含一个定长的文件头，之后是变长的记录，见表 3-5。每一条变长的记录用于记录一个地理要素的几何信息，由一个定长的记录头和变长的记录内容组成。主文件的内容分为两类：一是数据相关，包括记录内容和文件头的数据描述范围（形状类型、最小矩形外框等）；二是文件管理相关，包括文件和记录的长度等。

表 3-5 Shapefile 主文件结构

文件头	文件数据
记录头	记录内容
记录头	记录内容

文件头	文件数据
记录头	记录内容
⋮	⋮
记录头	记录内容

b　文件头结构

文件头包括 17 个字段，共 100 个字节，其中包括 9 个 4 字节（32 为有符号整数，Int32 整数字段，紧接着是 8 个 8 字节（双精度浮点数）有符号浮点数字段见表 3-6。

表 3-6　Shapefile 文件头结构

字节	类型	值	用　　途
0~3	Int32	9994	文件编号（永远是十六进制数 0x0000270a）
4~23	Int32	0	五个没有被使用的 32 位整数
24~27	Int32	文件长度	文件长度，包括文件头（用 16 位整数表示）
28~31	Int32	1000	版本
32~35	Int32	图形类型	图形类型
36~99	double	最小外接矩形	最小外接矩形（MBR），即一个包含 Shapefile 之中所有图形的最小矩形，以 8 个浮点数表示，分别是 X 坐标最小值、Y 坐标最小值、X 坐标最大值、Y 坐标最大值、Z 坐标的最小值与 Z 坐标的最大值、M 坐标的最小值与 M 坐标的最大值

c　记录结构

文件头之后是不定数目的变长数据记录，用于存储所有地理要素的几何信息。每条记录由两部分组成，即由 8 个字节记录头开始，随后是变长的记录内容。记录头由记录编号与记录长度组成，见表 3-7。记录头的后面就是实际的记录内容见表 3-8，包括图形类型与图形内容。

表 3-7　Shapefile 记录头结构

字节	类型	用　　途
0~3	Int32	记录编号（从 1 开始）
4~7	Int32	记录长度（以 32 位整数表示）

表 3-8　Shapefile 记录内容总体结构

字节	类型	用　　途
0~3	Int32	图形类型
4~7	—	图形内容

变长记录的内容由图形的类型决定。Shapefile 支持的图形类型见表 3-9。

表 3-9　Shapefile 图形类型

值	图形类型	值	图形类型
0	空图形	15	PolygonZ（带 Z 或 M 坐标的多边形）
1	Point（点）	18	MultipointZ（带 Z 或 M 坐标的多点）
3	Polyline（折线）	21	PointM（带 M 坐标的点）
5	Polygon（多边形）	23	PolylineM（带 M 坐标的折线）
8	Multipoint（多点）	25	PolygonM（带 M 坐标的多边形）
11	PointZ（带 Z 与 M 坐标的点）	28	MultipointM（带 M 坐标的多点）
13	PolylineZ（带 Z 或 M 坐标的折线）	31	Multipath

　　主文件的记录内容包含图形类型和图形内容。记录内容的长度取决于该图形对象的部分（即 Part）和顶点的数量，每一种几何类型有其相应的记录内容。例如，Polyline 图形是一个有序的顶点集合，包括一个或多个 Part。Part 是指连接两个或两个以上顶点的序列。Part 之间可能相连也可能不相连，可能相交也可能不相交。其图形内容包括 Box（边界盒）、NumParts（Part 数）、NumPoints（顶点数）、Parts（每个 Part 第一个顶点的索引序号）和 Points（各个顶点的坐标），见表 3-10。其中，Box 以 Xmin，Ymin，Xmax，Ymax 的顺序存储。NumPoints 是指该图形所有 Part 的总顶点数。NumParts 是指该图形的Part 数目。Parts 是长度为 NumParts 的数组，存储着每个 Part 起点在点数组中的索引，数组索引从 0 开始，X 的值为 44+4×NumParts。Points 是长度为 NumPoints 的数组，依次存储各个顶点的坐标，在 PolyLine 中的每一个 Part 的顶点首尾相连存储，各 Part 之间没有分隔符。图 3-4 和图 3-5 展示了 Polyline 图形内容中 Parts 与 Points 存储结构的关系。

表 3-10　Shapefile 的 Polyline 类型记录内容详细结构

字节起如位置	字段名称	字段值	数据类型	个　数
Byte0	图形类型	3	Integer	1
Byte4	Box	Box	Double	4
Byte36	NumParts	NumParts	Integer	1
Byte40	NumPoints	NumPoints	Integer	1
Byte44	Parts	Parts	Integer	NumParts
X	Points	Points	Point	NumPoints

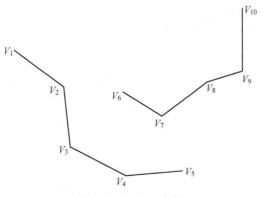

图 3-4　Polyline 实例

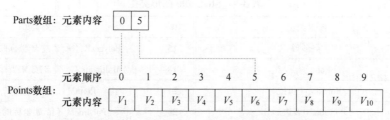

图 3-5　Polyline 图形内容的 Parts 与 Points 存储结构关系

通过 Shapefile 主文件的文件结构可以看出，主文件存储的数据由图形数据相关的数据与文件管理相关的数据两部分组成，前者实现地理要素数据的存储，而后者用于支持从文件中方便的读取数据记录。

3.1.2　栅格数据结构

栅格数据结构表示法以规则网格描述地理实体，记录和表示地理数据，具体说明如下。

3.1.2.1　栅格数据模型

栅格数据模型视地球表面为平面，将其分割为一定大小、形状规则的格网（Grid），以网格（Cell）为单位记录地理实体的分布位置和属性。

组成格网的网格可以是正方形、长方形、三角形或六边形，但通常使用正方形。使用这种栅格数据模型，一个点状地理实体表示为一个单一的网格或表示为单个像元；一个线状地理实体表示为一串相连的网格或在一定方向上连接成串的相邻像元的集合；一个面状地理实体则由一组聚集在一起且相互连接的网格或由聚集在一起的相邻像元的集合表示。每个地理实体的形状特征表现为由构成它的网格组成的形状特征。每个网格的位置由其所在的行列号表示，如图 3-6 所示，一般将格网定位为上北下南，行平行于东西向，列平行于南北向。在格网左上角的地面坐标、格网形状、格网大小以及比例尺已知的情况下，可以计算出每个网格中心所处的地理位置，从而确定地理实体分布的地面位置，计算地理实体的几何特征（如长度、面积等）。

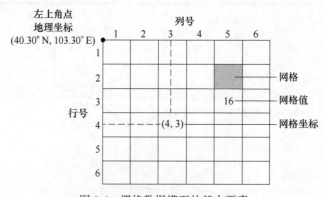

图 3-6　栅格数据模型的基本要素

如图 3-7 所示，栅格数据可以是一组数据矩阵，每个数据称为网格值，代表相应网格内地理实体的属性。根据属性值编码方案的不同，网格值可以为整数或浮点数，有些 GIS 还允许以文字作为网格值。在最简单的情况下，网格值为 0 或 1，表示某一地理实体的存在与否。

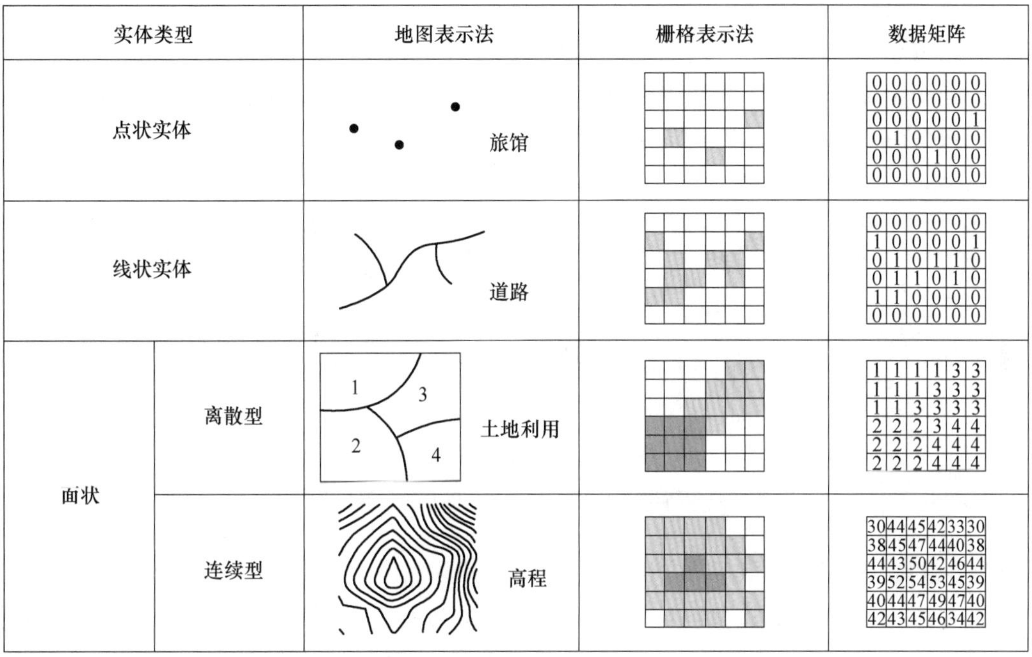

实体类型		地图表示法	栅格表示法	数据矩阵
点状实体		·　·　·　旅馆		0 0 0 0 0 0 0 0 0 0 0 0 0 0 0 0 0 1 0 1 0 0 0 0 0 0 0 1 0 0 0 0 0 0 0 0
线状实体		道路		0 0 0 0 0 0 1 0 0 0 0 1 0 1 0 1 1 0 0 1 1 0 1 0 1 1 0 0 1 0 0 0 0 0 0 0
面状	离散型	1　3 2　4　土地利用		1 1 1 1 3 3 1 1 1 3 3 3 1 1 3 3 3 3 2 2 2 3 4 4 2 2 2 4 4 4 2 2 2 4 4 4
	连续型	高程		30 44 45 42 33 30 38 45 47 44 40 38 44 43 50 42 46 44 39 52 54 53 45 39 40 44 47 49 47 40 42 43 45 46 34 42

图 3-7　地理实体表示法

一般栅格数据不明确地表示地理实体的拓扑特性，但有些特性可以通过计算获得。例如，若已知一个网格的行列坐标，就可以标注与它相邻的网格。类似地，根据网格的行列坐标和网格值，可以搜寻包含在一个面状实体内的另一个地理实体，以此类推。

栅格数据的精度在很大程度上取决于网格的大小。网格越大，精度越低；反之，网格越小，精度越高。栅格数据的精度对地理实体几何形状特征表示的详细性和精确性影响很大，一般地，实体特征越复杂，栅格尺寸越小，分辨率越高。但栅格数据量越大（按分辨率的平方指数增加），计算成本就越高，处理速度就越慢。不管网格有多小，由于每个网格只能拥有一个数值，因此，每个网格内有关地理实体属性变化的细节会全部丢失。而且，栅格数据总会在某种程度上歪曲地理实体的细部特征，所以，在表示线状地理实体时少用。

当一个网格包含两种或两种以上不同类型的地理实体时，只能将它表示为其中一种类型。通常使用的网格赋值规则如下。

（1）中心点法：选取位于栅格中心的属性值为该栅格的属性值。

（2）面积占优法：选取占据栅格单元属性值为面积最大者赋值。常用于分类较细、地理类别图斑较小的情景。

（3）重要性法：定义属性类型的重要级别，选取重要的属性值为栅格属性值，常用于有重要意义而面积较小的要素，特别适用于点、线地理要素的定义。

（4）长度占优法：定义每个栅格单元的值由该栅格中线段最长的实体的属性来确定。

3.1.2.2　栅格数据编码结构

A　直接栅格编码结构

直接栅格编码结构也可以理解为栅格矩阵结构，指对栅格数据不用压缩而采取的编码形式。步骤如下：栅格像元组成栅格矩阵，用像元所在的行列号来表示其位置，通常以矩阵左上角开始逐行逐列存储，记录代码。可以从左到右逐像元记录，也可以奇数行从左到右而偶数行由右到左来记录如图 3-8 所示。

A	A	A	A	A	A
A	A	A	A	A	A
A	A	A	A	A	C
A	A	B	B	C	C
B	B	B	B	C	C
B	B	B	C	C	C

(c)

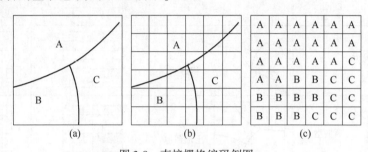

图 3-8　直接栅格编码例图

（a）原始地图；（b）栅格化；（c）栅格数据编码

B　游程编码结构

游程指相邻同值网格的数量，游程编码结构是逐行将相邻同值的网格合并，并记录合并后网格的值及合并网格的长度，其目的是压缩栅格数据量，消除数据间的冗余。游程编码结构的建立方法是：将栅格矩阵的数据序列 X_1，X_2，X_3，…，X_n，映射为相应的二元组序列（A_i，P_i），$i=1$，…，k，且 $k \leqslant n$。其中，A 为属性值，P 为游程，K 为游程序号。栅格矩阵结构转换为游程编码结构，如图 3-9 所示。

2	2	5	5
2	7	5	5
7	7	7	5
5	5	5	5

二元映射 →

序号	二元组序列
1	(2, 2)
2	(5, 2)
3	(2, 1)
4	(7, 1)
5	(5, 2)
6	(7, 3)
7	(5, 5)

图 3-9　游程编码表示栅格矩阵数据

这种数据结构特别适用于二值图像的表示，如图 3-10 所示。游程编码能否压缩数据量，主要决定于栅格数据的性质，通常可通过事先测试，计算图的数据冗余度 R_e：

$$R_e = 1 - Q/(m \times n)$$

式中，Q 为图层内相邻属性值变化次数的累加和；m 为图层网格的行数；n 为图层网格的列数。

当 R_e 的值大于 0.2 的情况下，表明栅格数据的压缩取得明显的效果。

2	2	2	2
2	0	0	0
0	1	1	1
1	0	0	0
0	0	1	1

二元映射 →

序号	二元组序列
1	(2, 5)
2	(0, 4)
3	(1, 4)
4	(0, 5)
5	(1, 2)

图 3-10　游程编码表示二值图像数据

游程长度压缩编码步骤：在同一行内先按列扫描，如果整行的单元值都相同，那么单元组、长度（一般取列数）、行号记下后，这一行就扫描完毕。若从第一列开始到某列单元值有变化，就将前面取值相同的列数和该值记下，即编码为单元值、长度（列数）、行号，专业上称作一个游程（或往程）。然后再扫描，随后把行内某一段取值相同的单元值组成一游程，直到该行结束，并逐行地将网格都扫描完毕。

C　链式编码结构

链编码（也称"弗里曼链码"）是用一系列按顺序排列的网格表示一个面状实体的分布界线，用以表示和存储面状实体的栅格数据。运用这种数据结构时，首先在面状实体的边界上选择一个起点，然后按逆时针或顺时针方向沿边界记录前进的方向以及在该方向上移动的网格数目直到最后回到起点，如图 3-11 所示。图 3-11（a）是原图，图 3-11（b）代表 8 个方位（N，EN，E，ES，…）的编码，图 3-11（c）为栅格模型网格的数据编码，图 3-11（d）为链编码。

D　四叉树编码结构

四叉树编码的基本思想是将二维网格按四个象限递归等分为四部分，每次逐块检查其格网单元值，如果某个子块的所有格网单元值都含有相同的值，则这个子块就不再往下继续分割，否则，还要将这个子块再分割成四个子块。这样依次递归分割，直到每个子块都只含有相同的值为止。图 3-12（a）、（b）分别展示了栅格数据的四叉树分块过程与四叉树分块的四叉树结构表示。

四叉树结构，是指把整个网格阵列作为树的根结点，树的高度为 n 级（最多为 n 级），每个结点有分别代表西南（SW）、东南（SE）、西北（NW）、东北（NE）四个象限的四个分支。四个分支或者是树叶，或者是树权。树叶不能继续划分，即该四分之一范围或者全属某个多边形，或者全不属多边形范围，该结点代表子象限具有单一的值；树权不只包含一种值，说明该四分之一范围内，一部分在某个多边形内，另一部分在该多边形外，因而必须继续划分，直到变成树叶为止。

【技能训练】

图 3-13 为一个四叉树栅格编码示例，其中，SW，SE，NW，NE 分别代表西南、东南、西北、东北四个象限的四个分支，1，2，3 分别为格网单元值，试根据四叉树编码原理，画出相应的直接编码栅格数据图。

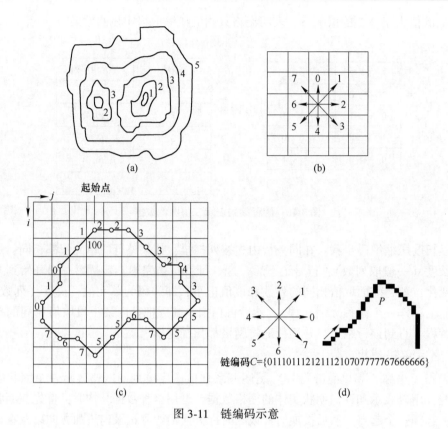

图 3-11　链编码示意

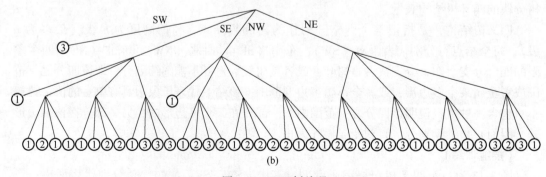

图 3-12　四叉树编码

（a）四叉树分块过程；（b）四叉树结构（自下而上）

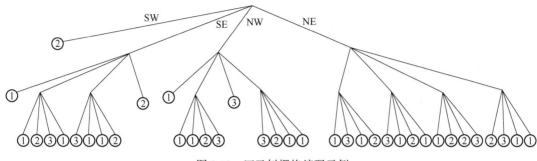

图 3-13　四叉树栅格编码示例

3.1.2.3　栅格数据文件格式

ESRI ASCII 格式栅格文件是 ESRI 公司提供的一种用于存储栅格数据的 ASCII 格式的文本文件，其基本结构包括文件开头部分的文件头信息以及后面的格网单元值数据部分。ESRI ASCII 栅格文件的格式示例如下：

ncols 800

nrows 1000

xllcormner 487932

yllcorner 743238

cellsize 10

nodata_value -9999

280 281 282 279 280 278 276 277 269 268 265 271 267 264

283 284 282 288 292 294 287 297 281 289 293 296 298 294

可以看出，ESRI ASCII 栅格文件中，文件头信息部分定义栅格属性（如行数、列数、栅格原点的坐标、格网单元大小，以及 Nodata 取值），文件头信息的语法是有配对值的关键字，关键字的定义见表3-11。文件头信息后跟着的是以空格分隔的、行主序指定的格网单元值信息，数据的第 1 行在栅格顶部，第 2 行在第 1 行下面，以此类推。

表 3-11　ESRI ASCII 格式文件头信息

参　　数	描　　述	要　　求
Ncols	像元列数	大于 0 的整数
Nrows	像元行数	大于 0 的整数
Xllcenter 或 xllcomer	原点的 X 坐标（取决于栅格文件左下角像元的中心或左下角）	
Yllcenter 或 yllcomer	原点 Y 坐标（取决于栅格文件左下角像元的中心或左下角）	
Cellsize	格网单元大小	大于 0
Nodata_value	作为格网单元中的 Nodata 的值	可选，默认值为 9999

3.1.3　矢栅一体化数据结构

3.1.3.1　矢/栅数据结构的比较

矢量数据和栅格数据两者各有优缺点，比较见表 3-12。从理论上，矢量结构与栅格结构是可以互相转换的，这是 GIS 的基本功能之一，目前已经有许多高效的转换算法。在 GIS 应用的许多方面，栅格数据和矢量数据相互补充，因而将两种数据相结合是 GIS 项目中可取的一个普通特色，具有矢量和栅格两种结构特征的一体化数据结构，即矢栅一体化数据结构。

表 3-12　矢量与栅格格式比较

数　据	优　点	缺　点
矢量数据	(1) 属于结构紧凑，冗余度低； (2) 有利于网络和检索分析； (3) 图形显示质量好，精度高； (4) 位置明显	(1) 数据结构复杂； (2) 多边形叠置分析比较困难； (3) 属性隐含
栅格数据	(1) 数据结构简单； (2) 便于空间分析和地表模拟； (3) 现势性较强； (4) 属性明显	(1) 数据量大； (2) 投影转换比较复杂； (3) 位置隐含

3.1.3.2　矢/栅数据结构的转换

A　矢量到栅格的转换

矢量数据转换为栅格数据称栅格化，其目的在于方便地进行空间定位分析，因为栅格数据对于多因素的叠置操作运算较矢量数据容易实现。通常，在矢量数据中，点的坐标用 (X, Y) 表示，而且栅格数据中，点的坐标用点的坐标所在栅格的行、列号 I、J 来表示。如图 3-14 所示，设 O 为矢量数据的坐标原点，$O'(X_0, Y_0)$ 为栅格数据的坐标原点。格网的行平行于 X 轴，格网的列平行于 Y 轴，P 为制图要素的任一点，则该点在矢量和栅格数据中可分别表示为 $P(X_P, Y_P)$ 和 (I, J)。

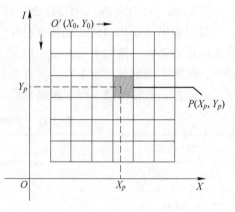

图 3-14　点的栅格化

(1) 点的栅格化。将点 P 的矢量坐标 (X_P, Y_P) 换算为栅格行、列号 I、J 的公式为

$$I = 1 + [(Y_0 - Y_P)/D_Y] \quad J = 1 + [(X_P - X_0)/D_X] \quad (3\text{-}1)$$

式中，D_X、D_Y 为一个栅格的宽和高；$[\ ]$ 为取整。

(2) 线段的栅格化。由于在矢量数据中，曲线是由折线来逼近的，所以在此只说明一条线段如何被栅格化，根据矢量的倾角情况，在每行或每列上，只有一个像元被"涂黑"（即赋予不同背景的灰度值）。如图 3-15 所示，假定 1 和 2 为一条直线段的两个端点，其坐标为 (X_1, Y_1)，(X_2, Y_2)。步骤如下。1）直线两端点格式化。首先按上述点的栅格化方法，确定端点 1 和 2 所在行，列 (I_1, J_1)，(I_2, J_2)，并将它们涂黑。2）求出这两个端点位置的行数差和列数差，行数差 $=I_2-I_1$，列数差 $=J_2-J_1$。

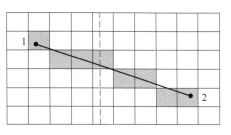

图 3-15　矢量线段的栅格化

3）计算直线与栅格中心的交点坐标，若行数差>列数差，则逐行求出本行中心线与已知直线的交点坐标：$Y=Y_{中心线}$、$X=(Y-Y_1)\times b+X_1$，其中 $b=(X_2-X_1)/(Y_2-Y_1)$，将求得的交点栅格化，并将其所在栅格涂黑。若行数差≤列数差，则逐列求出本列中心线与已知直线的交点坐标：$X=X_{中心线}$、$Y=(X-X_1)\times b'+Y_1$，其中 $b'=(Y_2-Y_1)/(X_2-X_1)$，将求得的交点栅格化，并将其所在栅格涂黑。

（3）面域的栅格化。步骤如下。1）将面域的边界栅格化。用前面介绍的线段栅格化的方法对组成面域的每条边进行栅格化，如图 3-16（b）所示。2）对各个像元加标记。对各个栅格像元加上标记，对于上升处的像元标上"L"，处于下降处的像元标上"R"，处于平坦处或升降变化处的像元被标上"N"。为了反映面域的拓扑关系，可约定面域的外廓按顺时针方向组织数据，内廓按逆时针方向组织数据，如图 3-16（c）所示。3）配对填充。逐行扫描栅格数据，从左到右，将每行中的 L 和 R 配对，并在每对 L-R 之间（包括带"L"或"R"灰度值的像元）填上代表该多边形面域的特定灰度值。在配对填充时，可不顾"N"的存在，但在配对填充结束后，应将剩余的"N"均置换成该面域特定的灰度值，如图 3-16（d）所示。

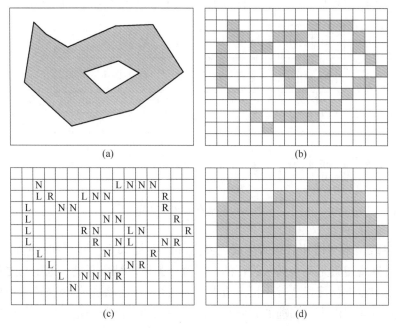

图 3-16　面域的栅格化

（a）原始地图；（b）面域边界栅格化；（c）栅格像元作标记；（d）配对填充

B　栅格到矢量的转换

栅格数据向矢量数据的转换实际上就是将具有相同属性代码的栅格像元集合表示为以边界弧段以及边界的拓扑信息所确定的多边形区域，而每个边界弧段又是由一系列小直线所组成的矢量格式边界线。上述步骤是为了使栅格数据中包含的空间实体之间的拓扑关系和固定的属性代码在转换过程中仍保持原有关系和原代码，保证数据转换的真实性和一致性。所谓多边形边界提取，实际上是通过确定边界点和结点来实现的；边界线跟踪则是根据已经提取的结，点或边界点，判断跟踪搜索方向后，逐个边界弧段地进行跟踪；拓扑关系生成则是原栅格数据含有的边界拓扑关系转换为矢量拓扑数据结构并建立与属性数据的联系；去除冗余点以及曲线光滑是为了减少数据冗余，将因逐点搜索边界点造成的多余点去掉，并采用一定的插补算法对因栅格精度限制造成的边界曲线不圆满进行处理。

为了对栅格数据到矢量数据给以更好地阐释，下面介绍双边界搜索方法。此法的思路是通过边界提取边界弧段左右多边形的拓扑信息保存在边界点或节点上，在对边界跟踪搜索时采用了 2×2 栅格阵列作为窗口，顺序沿行（或列）方向对整个栅格阵列进行全图搜索，根据当前窗口内的 4 个栅格代码值的结构模式可以确定下一个窗口的搜索方向以及被搜索边界的拓扑关系。具体步骤如下。

（1）边界点和结点的提取对于一个 $m×n$ 栅格图像阵列，采用 2×2 栅格阵列作为窗口顺序沿行、列方向对全图进行扫描。若当前窗口内的 4 个栅格像元的代码值相同，则表示它们属于同一区域，不是边界点。若当前窗口内的 4 个栅格值有且仅有两个不同的值，则该窗口内的 4 个栅格可确定出边界点。这说明该点位于以这两个值为编号的多边形边界上，为此可以将这 4 个栅格作为确定边界点的标识，并保留各栅格的原属性代码值。若窗口内 4 个栅格出现对角线上两两相同的情况，说明该处多边形不连通，此时仍将这 4 个栅格确定的点当作结点处理。图 3-17、图 3-18 分别表示结点和边界点的几种结构模式。

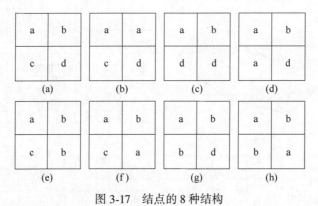

图 3-17　结点的 8 种结构

（2）边界线搜索与拓扑信息的生成边界点和结点提取后，即可在此基础上进行边界线的搜索。边界线搜索是逐个弧段进行的，对每一弧段出结点开始，选定与之相邻的任意一个边界点或结点进行搜索。首先记录边界点的两个多边形编号作为被搜索边界的左右多边形，而搜索方向则由进入当前的方向和当前下一点的方向来确定。因此每个边界点只能有两个走向：一个是前点的进入方向；另一个是要搜索的后续点方向。边界点只能有两个走向，即向下方和右方。若该边界点是由搜索下方搜索得到的，也就是说，若前点位于它

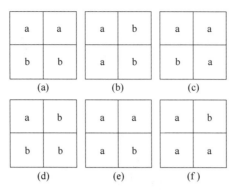

图 3-18　边界点的 6 种结构

的下方，则该点的搜索方向只能是右方，该边界弧段的左右多边形编号应分别为 a 和 b；反之，如果该点是被其右方的点搜索到的，即右点是该点的前点，则后续搜索方向应确定为下方，此时该边界弧段的左右多边形编号应分别为 b 和 a。其他情况以此类推。由此可见，这种结构可以唯一地确定搜索方向，从而大大减短搜索时间，同时形成的矢量结构带有左右多边形编号的拓扑信息，容易建立拓扑结构与属性数据的联系，有利于提高转换效率。

（3）去除冗余点和曲线光滑在进行边界搜索时，由于是沿边界逐点搜索，当遇到边界弧段是直线的情况时，就会产生多余点，从而造成数据冗余。为此，需要除去这些多余点记录，去除多余点的基本思想是根据解析几何中的直线方程来确定需要去除的点。在一个边界弧段上的连续三个点 (X_1, Y_1)，(X_2, Y_2)，(X_3, Y_3)，如果在一定的精度范围内可以认为它们是处于一条直线上，即满足直线方程，则三个中间的一点可以被认为是多余的，应予以去除。有直线方程

$$(X_1 - X_2)/(Y_1 - Y_2) = (X_1 - X_3)/(Y_1 - Y_3) \tag{3-2}$$

或

$$(X_1 - X_3)/(Y_1 - Y_3) = (X_2 - X_3)/(Y_2 - Y_3) \tag{3-3}$$

由于在算法中要尽量避免出现零的情形，上式可转化为

$$(X_1 - X_2)/(Y_1 - Y_3) = (X_1 - X_3)/(Y_1 - Y_2) \tag{3-4}$$

或

$$(X_1 - X_3)/(Y_2 - Y_3) = (X_2 - X_3)/(Y_1 - Y_3) \tag{3-5}$$

只要上式成立，则 (X_2, Y_2) 为多余点，可予以去除。

3.1.3.3　矢栅一体化的概念

对于面状地物，矢量数据用边界表达的方法将其定义为多边形的边界和一内部点，多边形的中间区域是空洞。而在基于栅格的 GIS 中，一般用元子空间充填表达的方法将多边形内任一点都直接与某一个或某一类地物联系。显然，后者是一种数据直接表达目标的理想方式。对线状目标，以往人们仅用矢量方法表示。

事实上，如果将矢量方法表示的线状地物也用元子空间充填表达的话，就能将矢量和栅格的概念辩证统一起来，进而发展矢量栅格一体化的数据结构。假设在对一个线状目标

数字化采集时，恰好在路径所经过的栅格内部获得了取样点，这样的取样数据就具有矢量和栅格双重性质。一方面，它保留了矢量的全部性质，以目标为单元直接聚集所有的位置信息，并能建立拓扑关系；另一方面，它建立了栅格与地物的关系，即路径上的任一点都直接与目标建立了联系。

因此，可采用填满线状目标路径和充填面状目标空间的表达方法作为一体化数据结构的基础。每个线状目标除记录原始取样点外，还记录路径所通过的栅格；每个面状地物除记录它的多边形周边以外，还包括中间的面域栅格。

无论是点状地物、线状地物，还是面状地物均采用面向目标的描述方法，因而它可以完全保持矢量的特性，而元子空间充填表达建立了位置与地物的联系，使之具有栅格的性质。这就是一体化数据结构的基本概念如图 3-19 所示。从原理上说，这是一种以矢量的方式来组织栅格数据的数据结构。

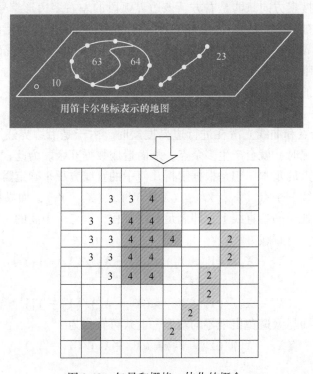

图 3-19　矢量和栅格一体化的概念

任务 3.2　GIS 空间数据库

GIS 空间数据主要有定位和属性两种。常规的数据库管理系统（DBMS）主要适用于属性数据的组织和管理，不能有效地用于存储、查询检索和管理定位数据。而一些 GIS 软件是通过计算机操作系统的文件来管理定位数据，依赖常规数据库管理系统存储和管理属性数据。还有一些 GIS 软件系统嫁接了常规数据库管理系统，使之成为该 GIS 软件系统的一个组成部分；有的则提供了常规数据库管理系统的基本原理以及地理数据库设计的基本原则，并能成功用这些基本原理建立地理数据库，但大型 GIS 都是建立在空间（地理）

数据库基础上的，系统既能管理定位数据，又能管理属性数据，因此，设计有效的 GIS 空间数据库是极其重要的。

GIS 空间数据存储结构主要有文件和数据库两种形式。文件是数据组织形式的较高层次，指数据记录以某种结构方式在外存储设备上的组织，它们的方式有顺序文件、索引文件、直接存取文件、索引连接文件、多关键字文件。典型 GIS 空间数据文件存储形式见表 3-13。数据库是由若干相关文件构成的系统，构建数据库将在本章下面内容专门介绍。

表 3-13　典型 GIS 空间数据文件存储形式

典型 GIS 空间数据文件	包 括 文 件	备 注
MapInfo 数据文件	＊.tab：头文件，软件版本号、存储坐标投影、地图边界、属性项名等，是 ASCII 码文件	包括文件系统和文件组织
	＊.map：图形文件，存储所有 GIS 图形	
	＊.id：索引文件，存储图形与属性的关联关系	
	＊.dat：属性文件，存储所有属性项值	
ArcView 数据文件	＊.shp：图形文件	包括文件系统和文件组织
	＊.dbf：属性文件	
	＊.shx：索引文件	

3.2.1　空间数据库简介

虽然目前没有统一的数据库的定义，但一般认为数据库（database，DB）是一个存储在计算机内的、有组织的有共享的、统一管理的数据集合。也就是说为了一定的目的，以特定的结构组织、存储和应用的相关联的数据集合体。它是一个按数据结构来存储和管理数据的计算机软件系统。数据库的概念实际包括两层意思：（1）数据库是一个实体，它是能够合理保管数据的"仓库"，用户在该"仓库"中存放要管理的事务数据，"数据"和"库"两个概念结合成为数据库；（2）数据库是数据管理的一种方法和技术，它能更合适地组织数据、更方便地维护数据、更严密地控制数据和更有效地利用数据。数据库指的是按照数据结构来组织、存储和管理数据的仓库。在计算机中，数据组织的最基本单位为数据项（dataItem）。数据库由所有相关文件的总和构成。它是最高一层的数据组织，是信息系统的信息资源，是信息系统的一个重要组成部分。数据库管理系统是处理数据存储、进行各种管理的软件系统；对数据库的操作全部通过数据库管理系统进行，这些操作也称为数据库应用程序。目前常用的数据库管理系统主要有 Access、SQLServer、Oracle 等。

3.2.1.1　空间数据库的概念

空间数据库（SDB）是 GIS 中空间数据的存储场所。空间数据库系统（SDBS）一般包括空间数据库、空间数据库管理系统和空间数据库应用系统三个部分。

（1）空间数据库：按照一定的结构组织在一起的相关数据的集合，是 GIS 在计算机物理存储介质上存储的与应用相关的地理空间数据的总和，一般是以一系列特定结构的文件形式组织在存储介质之上的。数据的组织包括数据项、记录、文件和数据库见表3-14。

表3-14　数据库中数据组织级别

级　别	特　征　描　述
数据项	描述一个对象的某一属性的数据，称为数据项，它有型和值之分。数据项的型定义了它的数据类型。数据项的值为一个具体对象的属性值，可以数字、字母、字符串等表示。一个对象可具有若干属性，一个对象可由若干数据项描述
记录	若干个数据项组成的一个序列称为描述该对象的记录。记录类型是数据项型的一个有序组，记录值则是数据项值的同一有序组。通常，将记录值简称为记录
文件	记录型和记录的总和称为文件。能够唯一标识记录的数据项称为文件的关键字。用于组织文件的关键字则称为主关键字
数据库	以一定的结构集中存储在一起的相关数据文件的集合称为数据库。数据库中的数据是结构化的；对数据采取集中控制，统一管理；数据的存储独立于应用程序；具有一套标准的、可控制的方法用于数据输入、修改、更新、检索，以确保数据的完整性和有效性；具有一定的数据保护能力

（2）空间数据库管理系统：该系统的实现是建立在常规的数据库管理系统之上的。常规数据库管理系统是提供数据库建立、使用和管理工具的软件系统；而空间数据库管理系统是指能够对物理介质上存储的地理空间数据进行语义和逻辑上的定义，提供必需的空间数据查询检索和存取功能，以及能够对空间数据进行有效的维护和更新的一套软件系统。

空间数据库管理系统除了需要完成常规数据库管理系统所必备的功能外，还需要提供特定的针对空间数据的管理功能。实现方法为：1）直接对常规数据库管理系统进行功能扩展，加入一定数量的空间数据存储与管理功能，如 Oracle 系统；2）在常规数据库管理系统上添加一层空间数据库引擎，以获得常规数据库管理系统功能之外的空间数据存储和管理的能力，如 ESRI 的 SDE（spatial database engine）等。

3.2.1.2　数据库系统结构

数据库系统的基本结构：一般可分为三个层次，即内模式、概念模式和外模式，进一步介绍如下。

（1）内模式：数据库最内的一层，也称存储模式。它是对数据库在物理存储器上具体实现的描述，也就是对数据物理结构和存储方式的描述。

（2）概念模式：数据库的逻辑表示，也称模式。它是对数据库中全体数据的逻辑结构和特征的描述，包括每个数据的逻辑定义以及数据间的逻辑关系，是所有用户的公共数据视图。

（3）外模式：也称子模式或用户模式。它是数据库用户（包括应用程序员和最终用户）能够看见和使用的数据逻辑结构和特征的描述，是概念模式的子集，是数据库用户的数据视面（view）。

为了表达信息的内容，数据应按一定的方式进行组织和存储。根据数据组织方式和数据间逻辑关系，一般可分为数据项、记录、文件和数据库，见表3-15。

数据间的逻辑联系主要是指记录与记录之间的联系。记录用来表示现实世界中的实体，实体之间存在一种或多种联系，反映这种逻辑关系主要有一对一、一对多和多对多的联系。表达这些数据结构的模型有关系模型、层状模型、网络模型、面向对象模型和时态模型等。其中关系模型、层状模型、网状模型可合称传统数据模型。

表 3-15　土地利用现状关系表格

id	一级类	二级类	面积/hm²
1	耕地	水田	3427
2	耕地	旱地	7631
3	耕地	旱地	4429
4	园地	果园	6521
5	园地	茶园	553
6	园地	茶园	8748
7	住宅用地	城镇住宅用地	9866
8	住宅用地	城镇住宅用地	365
9	住宅用地	农村宅基地	1287

3.2.1.3　数据模型

数据库的数据结构、操作集合和完整性约束规则集合组成了数据库的数据模型。传统的数据模型有层次模型、网状模型和关系模型。

A　层次模型

层次模型用树形结构表示实体数据之间的联系，其数据结构为一棵"有向树"，根节点位于树的最上端，层次最高，子节点在下，逐层排列。节点之间的对应关系是一种 1：n 的关系。例如，图 3-20 表示某土地利用现状图层由耕地、园地、住宅用地三大类地类组成，其中，耕地地类包括水田和旱地两个子类，而旱地子类包括两个面状对象。

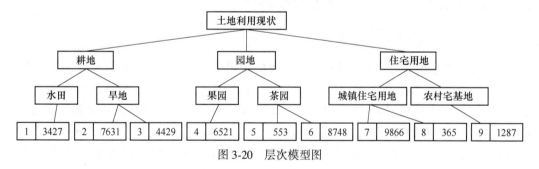

图 3-20　层次模型图

层次模型特征如下：

（1）有且仅有一个节点无父节点，该节点为树的根节点；

（2）根以外的其他节点有且仅有一个父节点。

B　网状模型

网状模型是指用有向图网络结构表示实体和实体之间的联系的数据结构模型。网状模型中所有的节点允许脱离父节点而存在，即在整个模型中允许存在两个或多个没有根节点的节点，同时也允许一个节点存在一个或者多个父节点，构成一种网状的有向图。节点之间的对应关系是一种 m：n 的关系。例如，图 3-21 表示某土地利用现状图层中包括水田、旱地、果园等多个（多级）地类，与面状对象之间构成网状关系，其中，面状对象（2，7631）分别连接旱地与耕地地类，表示其分别属于旱地地类（二级类）与耕地（一级类）。

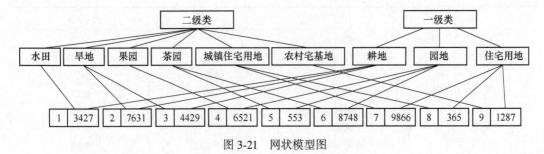

图 3-21　网状模型图

C　关 系 模 型

关系模型是指使用表格表示实体和实体之间关系的数据模型，是存储在计算机上的、可共享的、有组织的关系型数据的集合。关系型数据是指以关系数学模型来表示的数据，关系型模型中以二维表的形式来描述数据，例如，表 3-15 记录了某土地利用现状数据中地块的基本信息，其中，第一条记录分别记录了某地块的 id 值、一级类值、二级类值，以及面积值。关系型数据库中的关系模型通常由关系数据结构、关系操作集合、关系完整性约束三部分组成。

3.2.2　空间数据库的设计

空间数据库的设计问题实质是将地理空间实体以一定组织形式在数据库系统中加以表达的过程，也就是 GIS 中空间实体数据模型化问题。

3.2.2.1　空间数据库设计过程

GIS 是人类认识客观世界、改造客观世界的实用工具。GIS 的开发和应用需要经历一个由现实世界到概念世界，再到计算机信息世界的转化过程。然而，概念世界的建立是通过对错综复杂的现实世界的认识与抽象，即需要对各种不同专业领域的研究和系统分析，最终形成 GIS 的空间数据库系统和应用系统所需的概念化模型。进一步的逻辑模型设计，其任务就是把概念模型结构转换为计算机数据库系统所能够支持的数据模型。设计逻辑模型时首先应选择对某个概念模型结构设计得比较好的数据模型，其次再选定合适的、能支持这种数据模型的数据库管理系统，最后的存储模型则是指概念模型反映到计算机物理存储介质中的数据组织形式。

GIS 的概念模型是人们从计算机环境的角度出发和思考，对现实世界中各种地理现象、它们彼此的联系及其发展过程的认识及抽象的产物。具体地说，主要包括对地理现象和过程等客体的特征描述、关系分析和过程模拟等内容。这些内容在 GIS 的软件工具、数据库系统和应用系统研究中往往被抽象、概括为数据结构的定义、数据模型的建立及专业应用模型的构建等主要理论与技术问题。它们共同构成 GIS 基础研究的主要内容。

GIS 的空间数据结构是对地理空间实体所具有的特性的一些最基本描述。表现为四个最基本的类型，即点、线、面和体等。这些类型的关系既复杂又相互联系。一方面，线可以视为由点组成，面可由作为边界的线所包围而形成，体又可以由面所包围而形成；另一方面，随着观察这些实体的坐标系统的维数、视角及比例尺的变化，它们之间的关系和内容可以按照一定的规律相互转化（例如，由三维坐标系统变为二维坐标系统后，通过地图投影变化，空间体可变成面，面可以部分地变成线，线可以部分地变成点；通过视角变化，也可将某些实体由面变点等变化；通过比例尺改变，如坐标系统的比例尺缩小时，部分的体、面、线可能均变为点）。同时，所有地理现象和地理过程中的要素并非孤立存在，而是具有各种复杂的联系。这些联系可以从空间、时间和属性三个方面加以考察。

（1）实体间的空间联系可以分解为空间位置、空间分布、空间形态、空间关系、空间相关、空间统计、空间趋势、空间对比和空间运动等联系形式。空间位置描述的是实体个体的定位信息；空间分布是描述空间实体的群体定位信息，且通常能够从空间概率、空间结构、空间聚类、离散度和空间延展等方面予以描述；空间形态反映空间实体的形状和结构；空间关系是基于位置和形态的实体关系；空间相关是空间实体基于属性数据上的关系；空间统计是描述空间实体的数量、质量信息，又称为空间计量；空间趋势反映实体空间分布的总体变化规律；空间对比可以体现在数量、质量、形态三个方面；空间运动反映空间客体随时间的迁移或变化。以上种种空间信息基本上反映了空间分析所能揭示的信息内涵，彼此互有区别又有联系。

（2）实体间的时间联系一般可以通过实体变化过程来反映。有些实体数据的变化周期很长，如地质地貌等数据随时间的变化。而有些空间数据则变化很快，需要及时更新，如土地利用数据等。实体时间信息的表达和处理构成了空间事态 GIS 及数据库的基本内容。

（3）实体间的属性联系主要体现为属性多级分类体系中的从属关系、聚类关系和相关关系。从属关系主要反映各实体之间的上下级或包含关系；聚类关系是反映实体之间的相似程度及并行关系；相关关系则反映不同类实体之间的某种直接或间接的并发或共生关系。属性联系可以通过 GIS 属性数据库的设计加以实现。

3.2.2.2　空间数据库数据模型

对于上述地理空间实体及其联系的数学描述，可以用数据模型这个概念进行概括。建立空间数据库系统数据模型的目的，是揭示空间实体的本质特征，并对其进行抽象化，使之转化为计算机能够接受和处理的数据形式。在 GIS 研究中，空间数据模型就是对空间实体进行描述和表达的数学手段，使之能反映实体的某些结构特征和行为功能。按数据模型组织的空间数据使得数据库管理系统能够对空间数据进行统一的管理，帮助用户查询、检索、增删和修改数据，保障空间数据的独立性、完整性和安全性，以利于改善对空间数据资源的使用和管理。空间数据模型是衡量 GIS 功能强弱与优劣的主要因素之一。数据组织得好坏直接影响到空间数据库中数据查询检索的方式、速度和效率。从这一意义上看，空间数据库的设计最终可以归结为空间数据模型设计。

数据库系统中通常采用的数据模型有层次模型、网络模型、关系模型，语义模型、面向对象的数据模型等。这是从数据的逻辑组织基于计算机存储表达角度的分类，在实际应用中 GIS 软件多采用关系模型，该模型有严格的理论基础——关系代数，后来该模型与面向对象模型结合，又发展了面向对象的关系模型。由于空间定位数据具有多维、多态、不定长等特性，很难纳入关系表格存储管理，如早期的 GIS 数据库管理系统是把属性与空间定位数据分开。面向对象技术发展后，空间定位数据才真正纳入数据库管理体系与属性数据管理融为一体，典型的代表便是 Oracle 公司推出的 Oracle Spatial，以及 ArcGIS 的 SDE Geodatabase 模块。

从空间数据组织来看，数据模型的设计有两种选择，即基于目标的和基于场的数据模型。两种模型对空间的表达各有特点，但建模的侧重点不同。在 GIS 发展历史上，有关数据模型构建问题的争议，有人认为类似 18 世纪初物理学中对光是"波"还是"粒子"的争论。

使用不同的数据系统分别存储空间数据和属性数据，通常称为地理相关模型，而基于对象数据模型则将空间数据和属性数据存储在统一的数据库中。空间数据和属性数据要通过要素 ID 连接起来。ESRI 公司的产品 Arc View 对应 Shape_file，Arc/Info 对应 Coverage，就是地理关系数据模型的代表。ArcGIS 对于 Geodatabase 是面向对象数据模型的代表。

3.2.2.3　空间数据库设计原则、技术方法和步骤

A　设计原则

随着 GIS 空间数据库技术的发展，空间数据库所能表达的空间对象日益复杂，数据库和用户功能日益集成化，从而对空间数据库的设计过程提出了更高的要求。许多早期的空间数据库设计过程着重强调的是数据库的物理实现，注重于数据记录的存储和存取方法。设计人员往往只需要考虑系统各个单项独立功能的实现，从而也只考虑少数几个数据库文件的组织，然后选择适当的索引技术，以满足实现这个功能的性能要求。而现在，对空间数据库的设计已提出许笺准则，其中包括：（1）尽量减少空间数据库的冗余量；（2）提供稳定的空间数据结构，在用户需要改变时，该数据结构能迅速做相应的变化；（3）满足用户对空间数据及时访问的需求，并能高效地提供用户所需的空间数据查询结果；（4）在数据元素间维持复杂的联系，以反映空间数据的复杂性；（5）支持多种多样的决策需要，具有较强的应用适应性。

B　技术方法

GIS 数据库设计往往是一件相当复杂的任务，为了有效地完成这一任务，特别需要一些合适的技术，同时还要求将这些设计技术有效地组织起来，构成一个有序的设计过程。设计技术和设计过程是有区别的。设计技术是指数据库设计者所使用的设计工具，其中包括各种算法、文本化方法、用户组织的图形表示法、各种转化规则、数据库定义的方法及编程技术；而设计过程则确定了这些技术的使用顺序。例如，在一个规范的设计过程中，可能要求设计人员首先用图形表示用户数据，再使用转换规则生成数据库结构，下一步再用某些确定的算法优化这一结构，这些工作完成后，就可进行数据库定义工作和程序开发工作。

一般来说，数据库设论技术分为下列两类：（1）数据分析技术是用于分析用户数据语义的技术手段；（2）技术设计技术是用于将数据分析结果转化为数据库的技术实现。

上述两类技术所处理的是两类不同的问题：第一类问题考虑的是正确的结构数据，这些问题通过使用诸如消除数据冗余技术、保证数据库稳定性技术、结构数据技术来解决，

其目的是使用户易于存取数据，从而满足用户对数据的各种需求；第二类问题是保证所实现的数据库能有效地使用数据资源，解决这个问题要用到一些技术设计技术，如选择合适的存储结构以及采用有效的存取方法等。

数据库设计的内容包括数据模型的三方面，即数据结构、数据操作和完整性约束。具体区分为如下。（1）静态特性设计，又称结构特性设计，也就是根据给定的应用环境，设计数据库的数据模型（即数据结构）或数据库模式。它包括概念结构设计和逻辑结构设计两个方面。（2）动态特性设计又称数据库的行为特性设计。设计数据库的查询、静态事务处理和报表处理等应用程序。（3）物理设计。根据动态特性，即应用处理要求，在选定的数据库管理系统环境之下，把静态特性设计中得到的数据库模式加以物理实现，即设计数据库的存储模式和存取方法。

C　步骤

数据库设计的整个过程包括以下几个典型步骤，在设计的不同阶段要考虑不同的问题，每类问题有其不同的自然论域。在每个设计阶段必须选择适当的论述方法及与其相应的设计技术。这种方法强调的是，首先将确定用户需求与完成技术设计相互独立开来，而对其中每一个大的设计阶段再划分为若干更细的设计步骤。

（1）需求分析。根据 GIS 的应用领域和服务对象，把来自用户的信息加以分析、提炼，最后从功能、性能上加以描述，是用户需求分析阶段的任务。系统分析员从逻辑上定义系统功能，解决"系统干什么"，抛开具体的物理实现过程，暂不解决"系统如何干"。面向空间管理的业务部门，其业务运作是基于大量的图形资料、图表资料、表格数据和文字资料的，这些数据的流程反映了其管理作业程序。通过结构化分析把业务过程细化，对每个细化的业务子过程中的数据处理是通过数据流程图来描述，由数据流向、加工、文件、源点和终点四种成分，得到数据操作的逻辑模型。

（2）概念设计。把用户的需求加以解释，并用概念模型表达出来。概念模型是现实世界到信息世界的抽象，具有独立于具体的数据库实现的优点，因此是用户和数据库设计人员之间进行交流的语言。数据库需求分析和概念设计阶段需要建立数据库的数据模型，可采用的建模技术方法主要有三类：1）面向记录的传统数据模型，包括层次模型、网络模型和关系模型；2）注重描述数据及其之间语义关系的语义数据模型，如实体联系模型等；3）面向对象的数据模型，它是在前两类数据模型的基础上发展起来的面向对象的数据库建模技术。本章将依次论述这些模型在空间数据库设计中的应用，并将数据库实现模型中的一些存储方法及查询技术一并加以阐述。

（3）逻辑设计。数据库逻辑设计的任务是：把信息世界中的概念模型利用数据库管理系统所提供的工具映射为计算机世界中为数据库管理系统所支持的数据模型，并用数据描述表达出来。逻辑设计又称为数据模型映射。所以，逻辑设计是根据概念模型和数据库管理系统来选择的。例如，将上述概念设计所获得的实体-联系模型转换成关系数据库模型。

（4）物理设计。数据库的物理设计指数据库存储结构和存储路径的设计，即将数据库的逻辑模型在实际的物理存储设备上加以实现，从而建立一个具有较好性能的物理数据库。该过程依赖于给定的计算机系统。在这一阶段，设计人员需要考虑数据库的存储问题：所有数据在硬件设备上的存储方式，管理和存取数据的软件系统，数据库存储结构以保证用户以其所熟悉的方式存取数据，以及数据在各个位置的分布方式等。

【技能训练】

土地资源是人类赖以生存和发展的最重要的自然资源，全面、及时地掌握土地资源利用状况对全国各级政府都是至关重要的。早在 20 世纪初，我国就在全国范围内开展了第一次土地详查，初步掌握了全国土地资源的利用状况。2007 年开展了第二次全国土地调查。2017 年 10 月，根据《中华人民共和国土地管理法》《土地调查条例》有关规定，国务院决定开展第三次全国土地调查。建立农村土地利用数据库是全国土地调查的一项重要内容。

（1）通过对比分析，选取一款适合农村土地利用数据库建设的 GIS 平台。

（2）绘制农村土地利用数据库的建库流程，并编写一份空间数据库设计的说明书。

3.2.3　数据库的实现和维护

3.2.3.1　数据库的实现

根据空间数据库逻辑设计和物理设计的结果，可以在计算机上创建实际的空间数据库结构，装入空间数据，并测试和运行，这个过程是空间数据库的实现过程，它包括：（1）建立实际的空间数据库结构；（2）装入试验性的空间数据对应用程序进行测试，以确立其功能和性能是否满足设计要求，并检查对数据库存储空间的占有情况；（3）装入实际的空间数据，即数据库的加载，建立实际运行的空间数据库。

3.2.3.2　相关的其他设计

其他设计的工作包括加强空间数据库的安全性、完整性控制，以及保证一致性、可恢复性等，总之是以牺牲数据库运行效率为代价的。设计人员的任务就是要在实现代价和尽可能多的功能之间进行合理的平衡。这一设计过程包括如下几方面。

（1）空间数据库的再组织设计。对空间数据库的概念、逻辑和物理结构的改变称为再组织，其中改变概念或逻辑结构又称为再构造，改变物理结构称为再格式化。再组织通常是由于环境需求的变化或性能原因而引起的。一般数据库管理系统，特别是关系型数据库管理系统都提供数据库再组织的实用程序。

（2）故障恢复方案设计。在空间数据库设计中考虑的故障恢复方案，一般是基于数据库管理系统提供的故障恢复手段，如果数据库管理系统已经提供了完善的软硬件故障恢复和存储介质的故障恢复手段，那么设计阶段的任务就简化为确定系统登录的物理参数，如缓冲区个数和大小、逻辑块的长度、物理设备等，否则就要定制人工备份方案。

（3）安全性考虑。许多数据库管理系统都有描述各种对象（记录、数据项）的存取权限的成分。在设计时根据用户需求分析，规定相应的存取权限。子模式是实现安全性要求的一个重要手段，也可在应用程序中设置密码，对不同的使用者给予一定的密码，以密码控制使用级别。

（4）事务控制。大多数数据库管理系统都支持事务概念，以保证多用户环境下的数据完整性和一致性。事务控制有人工和系统两种控制办法，系统控制以数据操作语句为单位，人工控制则以事务的开始和结束语句显示。大多数数据库管理系统也提供封锁粒度的选择，封锁粒度一般有库级、记录级和数据项级。粒度越大控制越简单，但并发性能差。这些在相关的设计中都要统筹考虑。

3.2.3.3 数据库的维护

空间数据库正式投入运行，标志着数据库设计和应用开发工作的结束和运行维护阶段的开始。本阶段的主要工作是：（1）维护空间数据库的安全性和完整性。需要及时调整授权和密码，转储及恢复数据库。（2）监测并改善数据库性能。分析评估存储空间和响应时间，必要时进行数据库的再组织。（3）增加新的功能。对现有功能按用户需要进行扩充。（4）修改错误，包括程序和数据。

3.2.4 空间数据存储和管理

数据存储与管理是建立 GIS 数据库的关键步骤，涉及空间数据和属性数据的组织。栅格模型、矢量模型或栅格/矢量混合模型是常用的空间数据组织方法。空间数据结构的选择在一定程度上决定了系统所能执行的数据分析的功能，在地理数据组织与管理中，最为关键的是如何将空间数据与属性数据融为一体。目前，GIS 大多数系统都是将二者分开存储，通过共同项（一般定义为地物标识码或 ID）来连接。这种组织方式的缺点是数据的定义与数据操作分离，无法有效地记录地物在时间域上的变化属性。

 复习题

（1）什么是空间数据结构？简要说明其基本形式。
（2）比较矢量、栅格数据结构特点。
（3）举例说明常用的矢量数据和栅格数据的转换方法。
（4）对空间数据库进行维护有什么意义？
（5）简要说明层次模型、网状模型和关系模型的结构特点。
（6）空间数据库的建设需要注意哪些问题？

项目 4　GIS 空间数据采集

【项目概述】

数据采集是指将现有的地图、外业观测成果、航空相片、遥感图像、文本资料等转成计算机可以处理与接收的数字形式。数据采集分为属性数据采集和图形数据采集。属性数据采集经常是通过键盘直接输入；图形数据采集实际上就是图形数字化的过程。数据采集过程中难免会存在错误，所以对所采集的数据要进行必要的检查和编辑，从而减小数据误差，提高数据质量。数据组织就是按照一定的方式和规则对数据进行归并、存储、处理的过程。数据组织的好坏直接影响到 GIS 系统的性能。空间数据采集是 GIS 的核心功能。本项目主要介绍空间数据及其基本特征、空间数据测量尺度、空间数据类型、空间数据采集方法和数据质量控制。通过本项目的学习，为学生从事 GIS 数据处理岗位工作打下基础。

【教学目标】

（1）了解 GIS 的数据源、空间数据采集的任务及研究 GIS 数据质量的目的和意义。

（2）理解空间数据的地理参照系和控制基础。

（3）掌握空间数据的分类和编码和空间数据的采集

（4）能够熟练地应用 GIS 软件进行数据采集，并进行分类和编码。

任务 4.1　地理空间数据源

数据采集是指把现有数据（资料）转换为计算机可以处理的形式，并保证这些数据的完整性与逻辑性的一致。数据采集与输入状况影响 GIS 用户，影响 GIS 数据库中的数据，为保证 GIS 数据在内容与空间上的完整性、数值逻辑一致性与正确性等，GIS 数据来源、数据转换成功与否、数据共享程度以及数据的质量状况等非常重要。GIS 数据源自地图数据、遥感数据、文本资料、统计资料（电子和非电子数据）、地表实测数据、野外测量或 GPS 数据、多媒体数据和已有系统的数据等。其中，遥感数据（RSData）和全球定位系统数据（GPSData）是 GIS 的重要数据源。各类数据输入如图 4-1 所示。

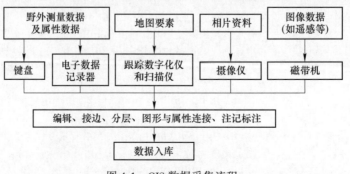

图 4-1　GIS 数据采集流程

4.1.1　纸质地图数据

地图是空间数据存储和表达的传统方式，具有数据丰富、精度高的特点。各种类型的地图是地理信息系统最常见的数据源，尤其是纸质和数字形式的国家基本比例尺系列地形图以及各类专题地图。地图是经过系列制图综合的产物，具有内容丰富、可靠与完整等优点，在地理信息系统趋势分析、模式分析等方面具有非常重要的作用。但纸质地图作为数据源时，存在以下不足。

（1）纸质存储介质的缺陷。由于纸质地图在不同的存放条件下存在不同程度的变形，在实际应用中需要对其进行纠正。

（2）地图现势性较差。传统地图更新周期较长，造成现存地图的现势性不能完全满足实时的应用需要。

（3）地图投影的转换。不同投影的地图数据在集成时必须先进行投影类型的转换。

（4）可得性不足。地图，尤其是大比例尺地图往往不容易获取。

（5）易用性不够。纸质媒介的地图数据转换为地理信息系统能用的数字化编码数据需要经过人工数字化操作，这一过程费时费力，且容易带来定位误差。

4.1.2　遥感数据

4.1.2.1　遥感影像

遥感影像包括航空相片和卫星影像。

A　航空相片

航空相片指安装在飞机上的照相机，沿着预定的航向，按照一定的飞行高度和重叠度摄取的地表影像。与地图比较，航空相片所包含的信息内容丰富、客观真实，它不加选择地、详细地记录了在拍摄时刻被摄地区的地表现象，而不像地图内容是经过了地图制图人员的选取和概括的产物。通过对航空相片的解译和野外调绘，可以获取有关地区生态环境各要素数据。航空相片解译或调绘的成果通常转绘成地图，以地图的形式经数字化输入GIS，成为 GIS 的一个重要数据源。所以航空相片为显示专题要素提供背景，为地理数据更新提供依据。

B　卫星影像

利用安装在卫星上的传感器接收由地面物体反射或发射的电磁波能量，经模数转换和计算机处理而获得的地表影像数据。如 TM 数据、SPOT 数据、IKONOS 数据、NOAA 数据、MODIS 数据等，成为 GIS 另一个重要的数据源。

卫星影像为数字影像，由像元矩阵组成。每一个像元有一个亮度值，代表卫星传感器接收的来自该像元覆盖地区物体在特定波段范围内的电磁波辐射能量。亮度值通常以一个8 字节数值（0~255）、10 字节数值（0~1023）或 12 字节数值（0~4095）表示。以亮度值作为灰度等级，可将卫星影像显示为黑白影像。像元的大小决定了卫星影像的空间分辨率，像元越小，影像的空间分辨率就越高。影像的空间分辨率决定了它们的使用性。不同卫星使用不同的遥感传感器，它们的空间分辨率和影像覆盖面也各不相同。

4.1.2.2　遥感技术的类型

A　根据工作平台层面分类

（1）地面遥感，即把传感器设置在地面平台上，如车载船载手提、固定或活动高架平台等。

（2）航空遥感，即把传感器设置在航空器上，如气球、航模、飞机及其他航空器和遥感平台等。

（3）航天遥感，即把传感器设置在航天器上，如人造卫星、航天飞机、宇宙飞船、空间实验室等。

B　根据遥感探测的工作方式分类

（1）主动式遥感，即由传感器主动地向被探测的目标物发射一定波长的电磁波，然后接收并记录从目标物反射回来的电磁波。

（2）被动式遥感，即传感器不向被探测的目标物发射电磁波，而是直接接收并记录目标物反射太阳辐射或目标物自身发射的电磁波。

C　根据记录方式层面分类

遥感分为成像遥感、非成像遥感。

D　根据应用领域分类

遥感分为环境遥感、大气遥感、资源遥感、海洋遥感、地质遥感、农业遥感、林业遥感等。

E　根据遥感器的探测范围波段分类

遥感分为紫外遥感（探测波段在 $0.3 \sim 0.38 \mu m$）、可见光遥感（探测波段在 $0.38 \sim 0.76 \mu m$）、红外遥感（$0.76 \sim 1400 \mu m$）、微波遥感（$1mm \sim 1m$）、多波段遥感。

4.1.3　野外测量和 GPS 数据

在没有所需的地图或遥感影像数据的情况下，就需要通过野外测量（如使用激光测距仪、GNSS、摄影测量、三维激光扫描仪、全站仪等）志或使用 GPS 采集数据作为 GIS 的输入。目的在于确定测量区域内地理实体或地面各点的平面位置和高程。

一般野外试验、实地测量等获取的数据可以通过转换直接进入 GIS 的地理数据库，以便于进行实时的分析和进一步的应用。

GPS 是一种采用距离交会法的卫星导航定位系统。通过测定测距信号的传播时间来间接测定距离，将无线电信号发射机从地面站搬到卫星上，组成一个卫星导航定位系统，较好地解决覆盖面与定位精度之间的矛盾。GPS 由空间部分、控制部分和用户设备三部分组成。

近年来，GPS 已越来越多地应用于 GIS 数据的野外采集。GPS 地面接收器根据来自 GPS 卫星的信号计算地面点的位置。普通 GPS 接收器的精度在 $10 \sim 25m$，目前最高可达厘米级的精度。大多数 GPS 接收器将采集的坐标数据和相关的专题属性数据存储在内存中，可以下载到计算机并利用相关程序做进一步的处理，或直接下载到 GIS 数据库中，许多还可以将计算机里的坐标数据直接转换成另一地图坐标系统或大地坐标系统。使用 GPS，可以在行走或驾车时采集地面点的坐标数据,为 GIS 的野外数据采集提供了灵活和简便的工具。

4.1.4 共享空间数据

地理信息系统在发展过程中,积累了大量的空间数据,包括利用采集的空间数据通过再次加工、分析、输出的数据。这些经过格式转换等处理的数据,能在不同系统、不同应用、不同时期重用和共享,从而降低系统成本和减少资源浪费。此外,大量历史数据往往是难以重新采集和恢复的,因而其共享在历史回放、时态分析和预测预报中具有重要价值。

共享空间数据指能被不同地理信息系统访问或处理的空间数据。数据共享就是让数据不同地方、不同计算机、不同软件的用户能够读取、操作、运算和分析。通过数据共享,可以使更多用户充分地使用已有数据资源,减少资料收集、数据采集等重复劳动和相应费用,而把精力重点放在开发新的应用程序及系统集成上。由于不同用户提供的数据可能来自不同的途径,其数据内容、数据格式和数据质量千差万别,因而给数据共享带来了很大困难,有时甚至会遇到数据格式不能转换或数据转换格式后丢失信息的棘手问题,严重地阻碍了数据在各部门和各软件系统中的流动与共享。为了便于共享,通常要求空间数据具有开放格式、元数据、可得性和可用性等特征。

目前,互联网上出现了大量可供用户免费下载、在线共享的空间数据,虽其现势性、完整性、可靠性得不到保障,但并不妨碍人们的广泛应用。

4.1.5 统计数据

统计数据是表示某一地理区域中自然经济要素的特征、规模、结构、水平等指标的数据,是定性、定位和定量统计分析的基础数据,如统计年鉴。统计数据是统计工作活动过程中所取得的反映国民经济和社会现象的数字资料以及与之相联系的其他资料的总称,是对现象进行测量的结果。例如,对省级区域的人口总量的测量可以得到人口统计数据见表 4-1。数据是地理信息系统的数据源,尤其是属性数据方面。

表 4-1 部分省份人口统计数据

指 标	地 区	数据时间	数值	所属栏目
年末常住人口/万人	河北省	2021 年	7448	分省年度数据
年末常住人口/万人	山西省	2021 年	3480	分省年度数据
年末常住人口/万人	辽宁省	2021 年	4229	分省年度数据
年末常住人口/万人	吉林省	2021 年	2375	分省年度数据
年末常住人口/万人	江苏省	2021 年	8505	分省年度数据

统计数据通常以表格(如报表)的形式出现。官方发布的统计数据具有可靠、可得(公开)和易用(以表格形式呈现)等优点,但难以兼顾不同空间尺度,也不能覆盖空间对象的全部属性。

4.1.6　多媒体数据

多媒体数据是指数据的成分涉及多种媒体，如文本、图形、图像、声音、视频和动画。多媒体数据具有数据量巨大、数据类型多、差异大、数据输入输出复杂等特点。多媒体数据的主要功能是辅助地理信息系统进行分析和查询，如智慧城市监控系统提供的实时监控音像能用于动态目标（如汽车、行人）的轨迹跟踪。视频数据具有可靠性、现势性，但由于涉及个人隐私，其可得性较差。

4.1.7　文本资料数据

文本资料数据指的是文本型的数据，如各种文字报告、立法文件等。随着网络应用的不断发展，Web 页面的泛在文本资料数据越来越丰富，已经成为地理信息系统的重要数据来源。文本资料在地理信息系统中的作用可分为三类：（1）地理数据的一部分，如在土地资源管理、灾害监测、水质和森林资源管理等专题信息系统中，各种文字说明资料对确定专题内容的属性特征起着重要的作用；（2）元数据的一部分，用于研究各种类型地理信息系统的权威性、可靠程度和内容的完整性；（3）地理信息系统建立的主要依据。

上述不同的空间数据源存在各自的优缺点。例如，遥感影像适用于可见地物，而实测和统计数据则涵盖可见和不可见地物；多媒体数据在数据类型和表达效果上优于文本数据，但文本数据的数据量小、传输速度快；地图数据具有完整性和高质量特点，而互联网上的共享数据大多是待确认的，但内容更加广泛且可得性更强。

4.1.8　基于互联网的社交媒体数据

社交媒体（social media）指互联网上基于用户关系的内容生产与交换平台。

社交媒体是人们彼此之间用来分享意见、见解、经验和观点的工具和平台，现阶段主要包括社交网站、微博、微信、博客、论坛、播客等。此外，公交刷卡、手机银行、指纹及人像识别签到等系统也产生大量的社交媒体数据流。这一类型数据往往包含大量的文本、图片、XML、HTML、各类报表、图像、音频和视频等信息，数据结构通常不规则、不完整，不方便用数据库二维表来表现，因此是非结构化的数据。非结构化数据其格式多样，标准也是多样性的，而且在技术上非结构化信息比结构化信息更难标准化和理解，所以存储、检索、发布以及利用需要更加智能化的 IT 技术，比如海量存储、智能检索、知识挖掘、内容保护、信息的增值开发利用等。

社交媒体在互联网的沃土上蓬勃发展，爆发出令人炫目的能量，其传播的信息已成为人们浏览互联网的重要内容。社交媒体数据与 GIS 相融合可以对当今人类经济生活和社会生活的特征进行充分分析和概括，发现人群活动的差异性，并揭示潜在的规律，并已然成为现阶段 GIS 重要的数据来源之一。

任务 4.2　地理数据分类和编码

地理数据或信息种类繁多、内容丰富，只有将"现实世界"按一定的规律进行分类和编码，才能使其在"信息世界"中有序地存储、检索，以满足各种应用分析需求，因此，基础地理数据的分类和编码是 GIS 空间数据库建立的重要基础。

地理数据源庞大且复杂，若根据数、模方式与否可概括为两种不同的形式，即数字数据和模拟数据。前者可直接或经转换输入 GIS 中，后者必须转换成数字形式才能输入计算机为 GIS 所用。一旦地理数据输入系统后，就可创建 GIS 空间数据库。但值得注意的是，在 GIS 中，地理数据的采集和输入都要根据一定的分类标准和编码体系进行组织的。

4.2.1　地理数据分类

4.2.1.1　分类的概念及原则

分类是指根据属性或特性将地理实体划分为各种类型，表示同一类型地理实体的数据可以采集在一起，构成一个图层。也就是说，GIS 是根据地理实体的类型通过数字化采集和组织地理数据的。分类是将具有共同的属性或特征的事物或现象归并在一起，而把不同属性或特征的事物或现象分开的过程。拟定分类体系是进行空间数据编码的工作基础，其目的是识别要素和提供要素的地理含义。

地理数据的分类体系由两部分组成，即类型名称和描述。类型名称可以根据地理实体的形态或功能而定，但究竟是形态分类还是功能分类，主要取决于地理数据的应用。分类体系的描述部分则是描述各类地理实体的基本功能和性质。例如，八大土地类型是"类型名称"，各地类的特性如何则属于"描述"。

由于分类系统是一个分级系统，因此使用的特征码必须采用统一拟定的编码系统，并符合各行各业的分类分级体系，拟定的特征码要能为多用途数据库提供足够的实用信息，便于计算机处理与信息交换，易于识别和记忆，并使冗余数据最少，代码长度适宜。此外还要坚持：（1）标准性和通用性；（2）唯一性和代表性；（3）清晰性和明确性；（4）可扩充性和稳定性；（5）完整性和易读性等基本原则。

目前，有关地理基础信息数据分类体系的中国国家标准主要包括 1992 年发表的《国土基础信息数据分类与代码》（GB/T 13923—1992）、1993 年的《1∶500，1∶1000，1∶2000 地形图要素分类与代码》（GB/T 14804—1993）、1995 年的《1∶5000 1∶10000 1∶25000 1∶500000 1∶100000 地形图要素分类与代码》（GB/T 15660—1995）和 2001 年颁布的《专题地图信息分类与代码》（GB/T 18317—2001）。不同的专业部门也有相应的分类系统。例如，中国农业区划委员会根据土地的用途、经营特点、利用方式和覆盖特点等因素，20 世纪 80 年代中期将土地划分为八大地类见表 4-2，现在将土地利用现状划分为三大类。

表 4-2　中国农业区划委员会的土地利用分类体系中的八个一级类型

类型名称	描　　述
1. 耕地	种植农作物的土地，包括新开荒地、休闲地、轮歇地、草田轮作地；以种植农作物为主，间有零星果树、桑树或其他林木的土地；耕种三年以上的滩地和海涂。耕地中包括南方宽<1.0m，北方宽>2.0m 的沟、渠、路、田埂，但不包括地面坡度>6°的梯田坎
2. 园地	种植以采集果、叶、根茎等为主的集约经营的多年生木本和草本作物、覆盖度>50%，或每亩株数大于合理株数 70%的土地，包括果树苗圃等用地

类型名称	描 述
3. 林地	生成乔树、竹类、灌木、沿海红树林等林木的土地，不包括居民绿化用地，以及铁路、公园、河流、沟渠的护路、护岸林
4. 牧草地	生成草本植物为主，用于畜牧业的土地
5. 城镇、村庄、工矿用地	城市、建制镇、村民及居民点以外的工矿、国防、名胜古迹等企业单位用地，包括其内在交通、绿化用地
6. 交通用地	居民点以外的各种道路及其附属设施和民用机场、港口码头用地，包括护路林
7. 水域	陆地水域和水利设施用地及表层被冰雪常年覆盖的土地，不包括滞洪区和垦殖三年以上的滩地、滩涂中的耕地、林地、居民点、道路等
8. 未利用土地	目前还未利用的土地，包括盐碱地、沼泽地、沙地、裸岩石砾地、梯田坎等难以利用的土地

4.2.1.2 分类码和标识码

分类码是直接利用信息分类的结果制定的分类代码，用于标记不同类别信息的数据。分类码一般由数字或字符或数字字符混合构成。例如，美国地质调查局（USGS）制定的《数字线划图形标准》中的七位代码结构如图 4-2 所示，图 4-2 中：（1）A1、A2、A3 为主码，B1、B2、B3、B4 为子码；（2）A1、A2 又称层次码，A3 是子码的解释位，如果 A3 为 0，则表示子码是要素的分类码，如果非 0，则表示子码是要素的参数值或称参数属性代码，例如，高程、道路长度等；（3）子码中，B1 通常为 0（作为备用码，便于扩充），其余三位数字标识要素的图形类型（点、线或面）、分类分级（计曲线、间曲线或助曲线）和其他特征（如洼地，河流的左、右岸等）。

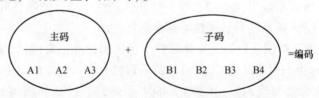

图 4-2 USGS《数字线划图形标准》采用的代码结构

我国国土基础信息数据分为九大类，后再细分，即门类码、大类码、中类码、小类码、识别码。其代码结构及识别码如图 4-3 所示，其中门类一位数；大类一位数或者两位数；中类一位数或两位数；小类一位数或两位数；识别码一位数或两位数，用于扩充代码。

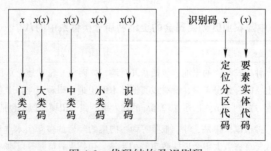

图 4-3 代码结构及识别码

门类码、大类码、中类码、小类码分别用数字顺序排列，识别码由用户自行定义，以便于扩充。分类代码见表4-3。

表 4-3　分类代码

代码	名称	代码	名称
1	测量控制点	11032	二等
11000	平面控制点	11033	三等
11010	大地原点	11034	四等
11020	三角点	12000	高程控制点
11021	一等	12010	水准原点
11022	二等	12020	水准点
11023	三等	12021	一等
11024	四等	12022	二等
11030	导线点	⋮	
11031	一等		

例如，我国 1∶1000000 地形数据库的数据分类体系采用三级结构，即代码由三段码组成：归属码、分类码和标识码。归属码说明数据来源，包括提供数据的单位、系统名称和数据库名称等，它除在不同系统之间交换或转换数据外，一般不使用；分类码说明实体所属的类别，它完全按照《国土基础信息数据库分类与代码》的国家标准；标识码也称识别码，用于标识主要的要素实体，如县级以上居民地及其行政界线、铁路、主要公路、主要河流和湖泊等，用于对实体界线检索，标识码由六位字符和数字混合构成。

分类码是直接利用信息分类的结果制定的分类代码，用于标记不同类别信息的数据。分类码一般由数字、字符、数字字符混合构成。标识码是间接利用信息分类的结果，在分类的基础上，对某一类数据中各个实体进行标识，以便能按实体进行存储和逐个进行查询检索。标识码通常由定位分区和各要素实体代码两个码段构成。

4.2.2　地理数据编码和代码

地理数据的编码是在数据分类的基础上，以易于计算机和人识别的代码唯一地标识地理实体的类型。代码由字符（数字或字母或数字和字母混合）构成，由于代码简单，计算机易于准确操作和管理，在地理数据库中，地理实体的类别大多以代码表示。编码是指确定属性数据的代码的方法和过程。代码是一个或一组有序的易于被计算机或人识别与处理的符号，是计算机鉴别和查找信息的主要依据和手段。编码的直接产物就是代码，而分类分级则是编码的基础。在属性数据中，有一部分是与几何数据的表示密切相关的。例如，道路的等级（如一级、二级）、类型（如国道、省道）等。在 GIS 中，通常把这部分属性数据用编码的形式表示，并与几何数据一起管理。在地理数据采集过程中，要以代码标识地理实体的类型和属性，是 GIS 设计中最重要的技术步骤——地理编码，它是现实世界与信息世界之间的转换接口（实际就是一个应用程序连接）。

通用地理编码的基本要求包括：（1）要素识别（即地方名称、实体类型、地址等）；（2）要素位置（用于唯一地识别实体在地表上的位置）；（3）要素特征（属性）；（4）作用范围描述；（5）提供地理定义。根据这些原则设计的代码主要用于控制地理数据数字化采集和输入，用于在地理数据库中系统地表示地理实体以及它们的属性。代码以及相应的描述通常也存储在地理数据库中作为元数据的一部分，以帮助用户理解、分析、管理和显示地理数据。

通过编码建立统一的经济信息语言，有利于提高通用化水平，使资源共享，达到统一化；有利于采用集中化措施以节约人力，加快处理速度，便于检索。

代码（code）是给予被处理对象（事物、概念）的符号，是用来代表事物某种属性的一组有序的字母，具体地讲，代码可用来代替某一名词、术语，甚至某一个特殊的描述短语。它是人机的共同语言，是进行信息分类、校对统计和检索的关键。由于当前计算机只能识别以二进制为基础的数字、英文、汉字及少数特殊符号，因此，代码设计就是如何合理地把被处理对象数字化、字符化的过程。代码设计是一项复杂的工作，需要多方面的知识和经验。涉及面广的代码，一般要由几方面人员在标准化部门组织下进行，制定后要正式颁布，统一贯彻。

任务 4.3　地理信息系统数据采集

根据空间数据的特征，数据采集工作包括两方面：空间数据的采集和属性数据的采集。它们在过程上有很多不同，但也有一些具体方法是相通的。空间数据采集的方法主要包括野外数据采集、现有地图数字化、摄影测量方法、遥感图像处理方法等。属性数据采集主要是从观测与测量数据、各类统计数据、专题调查数据、文献资料数据等渠道获取属性数据并对这些数据实施分类和编码。此外，遥感图像解译也是获取属性数据的重要渠道。

4.3.1　野外数据采集

野外数据采集是地理信息系统数据采集的基本手段，对于大比例尺城市地理信息系统而言则是主要手段。下面介绍三种基本的野外采集方式：平板测量、全野外数字测图和空间定位测量。

4.3.1.1　平板测量

平板测量获取的是非数字化数据。虽然现在已不是地理信息系统野外数据获取的主要手段，但由于它的成本低、技术容易掌握，少数部门和单位仍然在使用。平板测量的产品是纸质地图。在传统的大比例尺地形图生产过程中，一般在野外测量绘制铅笔草图，然后用小笔尖转绘在聚酯薄膜上，之后可以晒成蓝图提供给用户使用。当然也可以对铅笔草图进行手扶跟踪或扫描数字化使平板测量结果转变为数字数据。

4.3.1.2　全野外数字测图

全野外数据采集设备是全站仪加电子手簿或电子平板配以相应的采集和编辑软件。采用全站仪进行观测，用电子手簿记录观测数据或经计算后的测点坐标。全野外空间数据采集与成图分为三个阶段：（1）数据采集阶段，在野外利用全站仪等仪器测量特征点，并计算其坐标，赋予代码，明确点的连接关系和符号化信息；（2）数据处理阶段，对采集的数据进行编辑、符号化、整饰等成图处理；（3）地图数据输出阶段，生成的地图数据通过绘图仪输出或直接存储成电子数据。数据采集和编码是计算机成图的基础，这一工作主要在外业完成。内业进行数据的图形处理，在人机交互方式下进行图形编辑，生成绘图文件，由绘图仪绘制地图。

4.3.1.3　空间定位测量

空间定位测量也是地理信息系统空间数据的主要数据源。卫星导航定位系统自其建立以来，因其方便快捷和较高的精度，迅速在各个行业和部门得到了广泛应用。它从一定程度上改变了传统野外测绘的实施方式，并成为地理信息系统数据采集的重要手段，在许多应用型地理信息系统中都得到了应用，如车载导航系统。目前，常用的空间定位系统主要有美国的 GPS，俄罗斯的格洛纳斯（global navigation satellite system，GLONASS）全球卫星导航系统，欧洲的伽利略（GALILEO）卫星导航系统和我国自主发展的北斗卫星导航系统。这些由卫星提供全球定位服务的系统统称全球导航卫星系统（GNSS）。它们为用户提供快速、高精度的定位服务，也必将给地理信息系统空间数据提供更为丰富、高效的空间定位数据。

4.3.2　地图数字化

4.3.2.1　地图手扶跟踪数字化

数字化仪（digitizer）是地图手扶跟踪数字化的常用仪器。由电磁感应板和坐标输入控制器组成，电磁感应板的内部排列着十分细密的电路格网，如图 4-4 所示。地图可固定在感应板上，当控制器放到感应板上时，控制器在感应板上的相对位置就转变成相对坐标传输给计算机。应用合适的软件，传输给计算机的坐标可以光标的形式显示在图形显示器上，操作者按动控制器上的按键，坐标数据就记录在计算机中，这种操作方式称为手扶跟踪数字化（digitizing）。

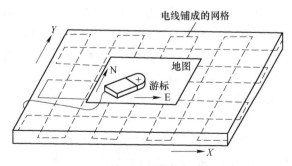

图 4-4　手扶跟踪数字化仪原理示意

跟踪数字化是目前应用最广泛的一种地图数字化方式，是通过记录数字化板上点的平面坐标来获取矢量数据的。其基本过程是：将需数字化的地图固定在数字化板上，然后设定数字化范围，输入有关参数，设置特征码清单，选择数字化方式（点方式和流方式等），就可以按地图要素的类别分别实施图形数字化了。

地图跟踪数字化时数据的可靠性和质量主要取决于操作员的技术熟练程度和操作员的情绪。操作员的经验和技能主要表现在能否选择最佳点位来数字化地图上的点、线、面要素，判断跟踪仪的十字丝与目标重合的程度等能力。为了保持一致的精度，每天的数字化工作时间最好不要超过 6h。

4.3.2.2　地图扫描矢量化

纸质地图是以往空间数据的主要载体，因而对纸质地图进行数字化是历史空间数据最快捷、最有效的来源。地图数字化是指根据现有纸质地图通过手扶跟踪数字化或扫描矢量化，生产出可在计算机上进行存储、处理和分析的空间数据的方法。

A　手扶跟踪数字化

早期，地图数字化所采用的工具是手扶跟踪数字化仪，它由电磁感应板、游标和相应的电子电路组成。手扶跟踪数字化是利用手扶跟踪数字化仪将地图图形或图像的模拟量转换成离散的数字量的过程。它可以直接获取矢量数据，即用数字化仪跟踪纸介质图形中的点、线等信息，通过数字化软件实现图形信息向数字化信息的转换。

B　扫描矢量化

目前，地图数字化一般采用扫描矢量化的方法。其工作流程可分为扫描和矢量化两个部分如图 4-5 所示。

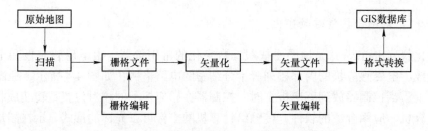

图 4-5　地图扫描矢量化的工作流程

第一，根据地图幅面大小，选择合适规格的扫描仪，对纸质地图扫描生成栅格图像。扫描获得的是栅格数据，数据量比较大，也存在噪声和中间色调像元的处理问题。噪声是指不属于地图内容的斑点污渍和其他模糊不清的东西形成的像元灰度值。噪声范围很广，没有简单有效的方法能完全消除，有的软件能去除一些小的脏点，但有些地图内容（如小数点）和小的脏点很难区分。对于中间色调像元，则可以通过选择合适的阈值选用一些软件（如 Photoshop）来处理。

第二，在经过几何纠正之后即可进行矢量化。对栅格图像的矢量化有软件自动矢量化和屏幕鼠标跟踪矢量化两种方式。软件自动矢量化工作速度较快、效率较高，但是由于软件智能化水平有限，其结果仍然需要再进行人工检查和编辑。屏幕鼠标跟踪矢量化的作业方式与数字化仪基本相同，仍然是手动跟踪，但是数字化的精度和工作效率得到了显著提高。

4.3.3　摄影测量

摄影测量是利用摄影机或其他遥感器采集地物的图像信息，经过加工处理和分析，获取有价值的可靠信息的理论和技术。它在大比例尺（如 1∶10000 和 1∶50000）地形图生产过程中扮演着重要角色，在地理信息系统空间数据采集中，也起着越来越重要的作用。摄影测量，根据摄影时摄影机所处的平台可分为航天摄影测量、航空摄影测量和地面摄影测量。

4.3.3.1　航天摄影测量

航天摄影测量指的是在航天运载工具（如气象卫星、侦察卫星、地球资源卫星、航天飞机和宇宙飞船，以及测图卫星等）上用摄影机或其他遥感探测器获取地球或其他星体的图像资料和有关数据，经过图像处理、像片量测、地形测绘、地物判读和解析计算等，确定地面（或其他行星）点坐标和完成测图。

4.3.3.2　航空摄影测量

航空摄影测量指的是在飞机上用航摄仪器对地面连续摄取像片，结合地面控制点测量、调绘和立体测绘等步骤，绘制出地形图的作业，其目的是将地面的中心投影（航摄像片）变换为正射投影（地形图）。航空摄影根据像片倾斜角（摄影机主光轴与通过透镜中心的地面铅垂线间的夹角）可分为垂直摄影（倾斜角一般不超过 3°，所获得的像片称为垂直影像）和倾斜摄影（倾斜角大于 3°，所获得的像片称为倾斜影像）。航空摄影也是三维地形数据的主要采集方式，其方法有立体像对影像、激光点云测量、倾斜摄影等。

A　立体像对影像

立体像对影像指的是在同一时间对同一地区从不同角度拍摄的影像。利用像对的视差，立体像对影像数据可以构建出三维地形数据，其原理如图 4-6 所示。

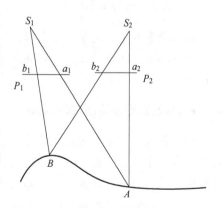

这里，P_1 和 P_2 是左、右像平面，代表立体像对；点 A、B 代表地面上的控制点；a_1 和 a_2 分别为点 A 在左、右像平面上对应的同名像点；b_1 和 b_2 分别为点 B 的同名像点；S_1 和 S_2 分别是两幅影像的投影中心（即相机的投影中心位置）。$S_1 a_1$ 和 $S_2 a_2$ 是一对同名光线，它们的交点就是对应的地面点 A；类似地，一对同名光线 $S_1 b_1$ 和 $S_2 b_2$ 的交点对应于地面点 B。如果确定立体像对的内、外方位元素，就能够根据共线条件（即摄影中心、像点和地面点位于同一直线）和两幅影像上的像点坐标计算出对应地面点的三维坐标，这就是基于立体像对三维重建的原理。如果仅有一幅影像，就只能确定地面点（如 A）位于像点（如 a_1）和投影中心（如 S_1）所在的直线 $S_1 a_1$ 上，无法得到准确位置。

图 4-6　航空摄影获取
三维数据原理示意图

　　B　激光点云测量

　　三维激光扫描测距技术（light detection and ranging，LiDAR）是 20 世纪 90 年代中期开始出现的一种快速直接获取地物表面高分辨率航空影像数据的高新技术，是发射激光束探测目标的位置、速度等特征量的雷达系统。LiDAR 通过高速激光扫描测量的方法，大面积高分辨率的快速获取被测对象表面点的三维坐标数据、强度数据等，具有快速、实时、主动、不接触被测目标、穿透能力强、高密度、高精度、数字化、自动化等特性。相对于传统的单点测量，LiDAR 可以密集大量地获取目标对象的数据点，这推动了测量技术从单点测量到面测量的进化。LiDAR 与传统的摄影测量方法有很多相同方面，如属于遥感测绘技术；有相似的处理流程；要经过一系列的处理才能得到有用信息；使用时要结合通信、信号分析、数据压缩、图像处理、计算机视觉等多种专业技术。

　　C　倾斜摄影

　　以双目立体视觉为基础的倾斜摄影技术是国际测绘领域近些年发展起来的一项新技术，它颠覆了以往正射影像只能从垂直角度拍摄的局限，通过在同一飞行平台上搭载多台传感器，同时从一个垂直、四个倾斜等五个不同的角度采集影像，将用户引入符合人眼视觉的真实直观世界。

　　航空倾斜影像有如下功能：（1）通过低空云下摄影，从一个垂直和四个 45°以上倾斜的方向获取高清晰度的地物影像，能获取建筑物顶面及侧视的高分辨率纹理，可供多角度观察；（2）在高精度定位定姿（POS）系统的辅助下，影像上每个点都具有三维坐标，基于影像可进行任意点线面的量测，获得厘米级到分米级的量测精度。相比正射影像，倾斜影像有三方面优势：（1）可以获得更精确的高程精度，对建筑物等地物的高度可以直接量测；（2）包含真实的环境信息，信息量丰富，可进行影像信息的数据挖掘；（3）通过专门软件处理能较高效率地完成城市三维建模。

4.3.3.3　地面摄影测量

　　地面摄影测量指的是利用安置在地面上基线两端点处的摄影机向目标拍摄立体像对，对所摄目标进行测绘的技术。它能用于险阻高山区、小范围山区和丘陵地区测图，还能用于地质、冶金、采矿、水利、铁道等方面的勘察。

4.3.4　属性数据采集和文件组织

　　属性数据一般是经过抽象的概念，通过分类、命名、量算、统计得到的。任何地理实体至少有一个属性，而 GIS 的分析、检索和表示主要是通过对属性的操作运算实现的。属性数据的分类系统、量算指标对系统的功能有较大影响。

4.3.4.1　属性数据的采集

　　在数字化过程中，输入地理实体的定位数据的同时，可以采集和输入它们的属性数据，但通常属性数据是分开输入的。这主要是因为属性数据输入相对简单，不需要特殊的输入设备。

　　（1）键盘输入方式：属性数据可以从键盘输入计算机数据文件中，或直接输入数据库（如 Access. SQL 等）中。某些 GIS 项目还设计特定形式的、具有数据类型约束的数据输入表，用于输入属性数据（如 MapInfo 软件设计的是 Table 表等）。属性数据大多以二维表的形式输入，表的行表示地理实体，列表示属性。但属性数据表必须有一个能与定位数据相关联的关键字（如地理实体的唯一标识码）。

（2）人机交互输入方式：用程序批量输入或辅助于字符识别软件进行输入。

（3）注记识别转换输入方式：地图上的某些注记往往是对实体目标数量、质量特性描述的属性信息，通过扫描后，能自动识别获得这些信息，并将它们转储到属性表中，完成注记识别转换输入。

4.3.4.2　属性数据的文件组织

属性数据的组织有文件系统、层次结构、网络结构与关系数据库管理系统等。目前已被广泛采用的主要是关系数据库系统。在关系表中存储管理属性数据，首先要定义表头，即对字段的名称、数据类型、表达长度规定好，应用 SQL 操作语言创建表格（Create Table），通过数据插入、批量导入等操作接受属性数据的输入。一旦属性表建立后，还要指定关键字的字段、对于复杂的大容量属性表还要建立索引。

4.3.5　互联网数据采集

互联网作为现代社会最重要的信息发布、传播和交流的载体，蕴含着丰富的地理空间信息，已成为 GIS 领域重要的数据源和传统地理信息采集方式的有效补充。在互联网数据中，部分数据可以直接共享，如通过地图服务或 API；部分数据则具有大数据特点，需要对空间位置信息进行感知和提取。

4.3.5.1　地图 API

地图应用程序编程接口（application programming interface，API）是一种通过 JavaScript（或其他语言）将地图嵌入网页的 API，它提供了大量实用工具用以处理地图，并通过各种服务向地图添加内容，从而使用户能够在网站上创建功能全面的地图应用程序。例如，OSM（open street map）API 允许原始地理数据被检索和/或被存储到 OSM 的数据库。地图 API 不仅仅可以获得地图数据，还可以获得地图上的属性数据，如地图标注点或 POI。通过地图 API，可以快速简便地获取地理数据，包括矢量数据（如 OSM）、栅格数据、遥感影像数据，同时还可以完成数据的预处理功能。

4.3.5.2　网络抓取

随着网络的迅速发展，万维网成为大量信息的载体，如何有效地提取并利用这些信息成为一个巨大的挑战。搜索引擎（search engine），如百度，作为一个辅助人们检索信息的工具成为用户访问万维网的入口和指南。但是，这些通用性搜索引擎也存在着一定的局限性，主要有以下几点。

（1）不同领域、不同背景的用户往往具有不同的检索目的和需求，通用搜索引擎所返回的结果包含大量用户不关心的网页。

（2）通用搜索引擎的目标是尽可能大的网络覆盖率，有限的搜索引擎服务器资源与无限的网络数据资源之间的矛盾将进一步加深。

（3）万维网数据形式的丰富和网络技术的不断发展，图片、数据库、音频、视频多媒体等不同数据大量出现，通用搜索引擎往往对这些信息含量密集且具有一定结构的数据无能为力，不能很好地发现和获取。

（4）通用搜索引擎大多提供基于关键字的检索，难以支持根据语义信息提出的查询。为了解决上述问题，定向抓取相关网页资源的"聚焦爬虫"应运而生。聚焦爬虫是一个自动下载网页的程序，它根据既定的抓取目标，有选择地访问万维网上的网页与相关的链接，获取所需要的信息。聚焦爬虫并不追求大的覆盖，而将目标定为抓取与某一特定主题内容相关的网页，为面向主题的用户查询准备数据资源。当前，开源的网络爬虫软件很多，如 Crawlzilla、Ex-Crawler、ItSucks 等。

网络爬取的数据蕴含着丰富的地名地址空间信息，但因其描述的随机性、多样性，信息很难被快速、准确地识别出来。文本地名识别技术涉及文本分词、地名感知、地名消歧等，识别后的地名地址还可以通过地理编码技术实现到经纬度的映射。

【技能训练】

利用开源的网络爬虫软件爬取北京市近一天发布的微博数据，或者爬取最近一天含有"北京市"关键字的微博。

任务 4.4　地理信息系统数据质量评价和控制

4.4.1　空间数据质量的相关概念

4.4.1.1　空间数据质量的定义

A　狭义定义

由于现实世界的复杂性和模糊性，以及人类认识和表达能力的局限性，空间数据在抽象表达地理世界时总是不可能完全达到真值，而只能在一定程度上接近真值。从这种意义上讲，数据质量发生问题是不可避免的；另外，对空间数据的处理（如化简）也会导致一定的质量问题。空间数据质量是空间数据在表达空间实体时所能够达到的准确性、一致性、完整性，以及它们三者之间统一性的程度。

B　广义定义

空间数据质量是指数据适用于特定应用的能力。在很长一段时间内，数据质量的概念主要是指在数据生产过程中形成的质量指标，如精度、一致性、完整性等，也称本征质量。随着数据资源的积累与广泛应用，数据质量的概念有所扩展。用户使用数据时的满意程度成为衡量数据质量的重要指标。从这种意义上讲，数据质量可以说是满足使用要求的相对状态，也称为广义数据质量，强调用户评价或数据共享的视角。因此，除本征质量外，可得性（即获取的难易程度）、满足用户要求的程度、表达得是否清晰易懂以及动态质量等也成为衡量数据质量的重要方面。

与应用相关，是空间数据质量的广义区别于狭义的重要方面。例如，适合于小比例尺制图的空间数据，不一定适合于大比例尺制图或应用，如导航；对于小比例尺制图，过高精度的空间数据会增加数据购买、计算和分析的成本，从而会降低制图的效率及用户对数据的满意度。这样，空间数据质量侧重于两个方面：数据的可信度，是在数据生产过程中形成的质量，为本征质量；数据的可用度，是从用户或数据共享的角度出发所形成的质量。可用度包括三个子类：（1）与应用有关的质量，即与具体任务的环境有关的数据质量，包括增值、关联、适时、完整、合适的数据量；（2）表达方面的质量，即计算机系统存储与表达信息的质量，包括可解释性、易懂性、一致性、简明性；（3）可访问方面的质量，即强调计算机系统必须可访问且安全，包括可访问性及访问的安全性。

4.4.1.2　数据误差和不确定性

A　数据误差

衡量 GIS 空间数据（几何数据和属性数据）的可靠性，通常用空间数据的误差来度量。误差是指数据与真值的偏离。

空间数据质量在很大程度上可以看作数据误差的问题。空间数据是通过对现实世界中空间实体所进行的解译和量测及其结果数据的输入、处理和表示来完成的。其中每一个环节均可能产生误差，并传给下一个环节。围绕空间数据库，空间数据误差的来源可分为三个阶段：入库前的数据误差、入库过程中引入的误差和空间数据库的应用所引入的误差。表 4-4 是地图及其在数字化采集、处理和数据应用等方面的误差类型。

表 4-4　地图数字化误差

误　差　类　型	具　体　内　容
地形图本身的误差	地形图的位置误差 地形图的属性误差 时间误差 逻辑不一致性误差 不完整性误差
数据采集和处理的误差	数字化误差 格式转换误差 投影变换误差 数据抽象误差
应用分析时的误差	数据叠加操作与更新 数据应用时由应用模型引进的误差

a　入库前的数据误差

原始数据的误差可分为三部分：（1）数据源误差，即地理信息系统的各类空间数据源本身存在的误差，如航片和卫片的误差、地图变形引起的误差；（2）数据采集误差，即在数据采集时会存在因采样方法、仪器设备等引起的系统误差（如地图数字化精度）以及一些无法避免的偶然误差；（3）数据处理误差，即在数据编辑、数学基础变换、数据重构、空间插值、图形拼接、图形化简（数据压缩和曲线光滑）等过程中产生的误差，如同一空间对象在不同投影下的位置、面积和方向会有差异。

b　入库过程中引入的误差

采集与处理过的空间数据入库过程中还会引入新的误差，主要是由计算机字长引起的舍入误差。计算机在字长不够的情况下，不能按需要的精度存储和处理数据，从而会出现较大的舍入误差。

　　c　空间数据库的应用所引入的误差

　　空间数据库在应用过程中也会引入新的误差。（1）由拓扑叠加分析引起的误差：通过同一地区不同内容的多幅地图的叠加组合，可以产生新的图形和属性信息，也会带来拓扑匹配、位置和属性方面的数据质量问题。由于叠加时多边形的边界可能不完全重合，从而新多边形的边界线不同于原多边形；新多边形的属性值的确定也可能存在属性组合带来的误差。（2）由数据抽象引起的误差：在数据发生比例尺度变换时，对数据进行的聚类、归并、合并等操作所产生的误差。（3）地理信息系统空间操作中的误差传播问题：因为误差是累积和扩散的，所以前一过程的累积误差可能成为下一个阶段的误差起源，从而导致新误差的产生。

　　总之，空间数据的误差源蕴涵在整个地理信息系统运行的每个环节，并且往往会随系统的运行不断传播，从而导致相当数量的误差累积。因此，空间数据的误差来源是多方面的，又是累积的。

　　B　不确定性

　　GIS 的不确定性包括空间位置的不确定性、属性不确定性、时域不确定性、逻辑上的不一致性及数据的不完整性。

　　空间位置的不确定性：指 GIS 中某一被描述物体与其地面上真实物体位置上的差别。

　　属性不确定性：指某一物体在 GIS 中被描述的属性与其真实的属性之差别。

　　时域不确定性：指在描述地理现象时，时间描述上的差错。

　　逻辑上的不一致性：指数据结构内部的不一致性，尤其是指拓扑逻辑上的不一致性。

　　数据的不完整性：指对于给定的目标，GIS 没有尽可能完全地表达该物体。

4.4.2　空间数据质量的评价

4.4.2.1　评价指标

　　为了评价空间数据质量，许多国际组织和国家制定了相应的空间数据质量标准和指标。我国也制定了相应的标准见表 4-5，其中《数字测绘成果质量检查与验收》（GB/T 18316—2008）提出了质量元素、质量子元素、检查项三级质量模型，其中质量元素包括空间参考系、位置精度、属性精度、完备性、逻辑一致性、时间精度、影像/栅格质量、表征质量和附件质量见表 4-6。

表 4-5　地理信息质量评价的相关标准

标准侧重点	标准名称	标准编号
质量元素	地理信息，质量评价过程	GB/T 21336—2008
	地理信息，质量原则	GB/T 21337—2008
	数字测绘成果质量要求	GB/T 17941—2008
成果与产品检验	测绘成果质量检查与验收	GB/T 24356—2009
	公开版纸质地图质量评定	GB/T 19996—2017
	数字测绘成果质量检查与验收	GB/T 18316—2008

标准侧重点	标准名称	标准编号
成果与产品检验	1：500、1：1000、1：2000 地形图质量检验技术规程	CH/T 1020—2010
	1：5000、1：10000、1：25000、1：50000、1：100000 地形图质量检验技术规程	CH/T 1023—2011
	高程控制测量成果质量检验技术规程	CH/T 1021—2010
	平面控制测量成果质量检验技术规程	CH/T 1022—2010
	影像控制测量成果质量检验技术规程	CH/T 1024—2011
	数字线划图（DLG）质量检验技术规程	CH/T 1025—2011
	数字高程模型质量检验技术规程	CH/T 1026—2012
	数字正射影像图质量检验技术规程	CH/T 1027—2012
	变形测量成果质量检验技术规程	CH/T 1028—2012
	航空摄影成果质量检验技术规程	CH/T 1029—2012
	测绘产品检查验收规定	CH 1002—1995
	测绘产品质量评定标准	CH 1003—1995
	导航电子地图检测规范	CH 1019—2010
一致性测试	地理信息　一致性与测试	GB/T 19333.5—2003/ ISO19105：2000

表 4-6　不同标准中的质量指标和质量参数

STDS（1992）	ICA（1996）	CEN/TC287（1997）	ISO/TC211（1997）
数据渊源	数据渊源	数据渊源（潜在的）用途	数据总览（数据渊源、数据目的、数据用途）
分辨率	分辨率		分辨率
几何精度	几何精度	几何精度	数据精度
属性精度	属性精度	属性精度	专题精度
完整性	完整性	完整性	完整性
逻辑一致性	逻辑一致性	逻辑一致性	逻辑一致性
	语义精度	元数据质量	
	时态精度	时态精度	时态精度
		数据同质性	
			数据测试和一致性

（1）空间参考系。空间参考系使用的正确性，包括大地基准、高程基准、地图投影三个子元素。

（2）位置精度。要素位置的准确程度，包括平面精度、高程精度两个子元素。

（3）属性精度。要素属性值的准确程度、正确性，包括分类正确性、属性正确性两个子元素。

（4）完备性。包括要素的多余和遗漏等两个子元素。

（5）逻辑一致性。对数据结构、属性及关系的逻辑规则的遵循程度，包括概念一致性、格式一致性、拓扑一致性三个子元素。

（6）时间精度。要素时间属性和时间关系的准确程度，包括现势性一个子元素。

（7）影像/栅格质量。影像、栅格数据与要求的符合程度，包括分辨率、格网参数、影像特性三个子元素。

（8）表征质量。对几何形态、地理形态、图式及设计的符合程度，包括几何表达、地理表达、符号、注记、整饰五个子元素。

（9）附件质量。各类附件的完整性、准确程度，包括元数据、图历簿、附属文档三个子元素。

4.4.2.2　评价方法

空间数据质量评价方法，是依据空间数据质量模型的各检查项逐一对空间数据进行评价的方法。评价方法可分为两种：

（1）直接评价，即通过对数据集进行全面检测或抽样检测来评价数据集质量的方法，又称验收度量；

（2）间接评价，即通过外部知识或信息进行推理来确定空间数据质量的方法，又称预估度量。用于推理的外部知识或信息包括用途、数据历史记录、数据源的质量、数据生产的方法、误差传递模型等。

4.4.3　空间数据质量控制

空间数据质量控制是指在分析空间数据误差来源、性质和类型的基础上，寻找控制或削弱误差的数据处理技术，以确保空间数据成果符合质量指标要求。在进行空间数据质量控制时，必须明确数据质量是一个相对的概念，除了可度量的空间和属性误差外，许多质量指标是难以确定的。因此空间数据质量控制主要是针对其中可度量和可控制的质量指标而言的。数据质量控制是个复杂的过程，要从数据质量产生和扩散的所有过程和环节入手，分别采取一定的方法和措施来减少误差。

4.4.3.1　控制方法

空间数据质量控制常见的方法有以下几种。

（1）传统手工方法：主要是将数字化数据与数据源进行比较，图形部分的检查包括目视方法、绘制到透明图上与原图叠加比较，属性部分的检查采用与原属性逐个对比或其他比较方法。

（2）元数据方法：数据集的元数据中包含了大量的有关数据质量的信息，通过它可以检查数据质量。同时元数据也记录了数据处理过程中质量的变化，通过跟踪元数据可以了解数据质量的状况和变化。

（3）地理相关法：用空间数据的地理特征要素自身的相关性来分析数据的质量。例如，从地表自然特征的空间分布着手分析，山区河流应位于微地形的最低点，因此，叠加河流和等高线两层数据时，若河流的位置不在等高线的汇水线上且不垂直相交，则说明两层数据中必有一层数据有质量问题，如不能确定哪层数据有问题，可以通过将它们分别与其他质量可靠的数据层叠加来进一步分析。因此，可以建立一个有关地理特征要素相关关系的知识库，以备各空间数据层之间地理特征要素的相关分析之用。

4.4.3.2　控制策略

空间数据采集和处理过程中，可以采用以下数据质量控制策略。

（1）完善质量保证体系。完善质量责任制，制定良好的质量工作计划，明确各部门与各个岗位的任务、责任、权限，使各项工作系统化、标准化、程序化和制度化。

（2）建立并健全"二级检查、一级验收"制度。一级检查由数据生产单位内的质量检查人员承担的过程检查。二级检查由数据生产单位内质量管理机构负责实施。数据验收由权威部门组织专家对数据质量进行抽样检验、评价和验收。

（3）恰当设置质量控制点。有效选择和管理质量控制点，是实行质量控制的前提。

（4）制定适合地理信息产品的抽样检验方案。我国国家标准《数字测绘成果质量检查与验收》（GB/T 18316—2008）规定了对 DLG、DRG、DOM 和 DEM 几种基础地理信息数据检查验收工作的要求、内容、验收比例尺、抽样样本量及质量检测和评定方法。

4.4.3.3　控制技术

GIS 数据质量控制的重点是对采集过程和结果进行控制，因此质量控制可分为过程控制和结果控制。过程控制包括数据采集前期和采集过程中的质量控制，结果控制则为数据采集完成后即将，入库时的质量控制。数据质量控制的基本手段有数据的检验、测试和质量评价，其环节包括数据采集计划、使用资料、采集手段、处理过程、加工过程到数据产品生产等。

（1）设计阶段的质量控制。是在系统调查、了解数据产品目的、用途和用户需求的前提下，确定数据质量应达到的指标，制定详细的数据获取、采集、处理技术设计方案；以质量为目标，在对技术方案进行论证、评议和审查的基础上，才能付诸实施。

（2）对基础质量的质量控制。应根据数据产品的设计要求，选择质量能满足要求的数据源，通常数据源本身的误差至少不能大于最终数据产品的误差。

（3）对数据采集手段的选择。需要根据数据产品的应用目标，合理地选择不同的数据采集手段，满足数据质量及经济性的双重需求。

（4）对软、硬件配置的需求。用于内外业数据采集的各种软、硬件，其性能和技术指标必须满足数据采集的质量标准和技术设计方案的要求，作业前后必须对其进行检校，定期检修使其符合数据采集的技术要求。

（5）数据采集前的准备工作。包括让所有数据采集人员学习和理解相关技术文件，如技术设计方案、数据质量标准、数据分类编码方案、设备和软件操作技术规程等。

（6）数据采集过程中的监控。在数据采集的整个过程中，采取必要措施，实时地检验并预防和纠正误差及错误。该项质量控制是在建立数据精度文件和各项档案文件的制度下，按规定的各项质量指标全面检验采集的数据；利用各种统计图表工具经常而准确地掌据质量动态，以便发现问题，采取措施，防止或减少废次品的产生。

（7）数据产品质量控制。对数据生产完成后的产品进行数据质量抽样检验和评价，对评价为不合格的数据退回给数据生产者，再对其全面整改后的结果进行抽样检验和评价，直到达到合格要求，才能将这些数据纳入空间数据库。

 复习题

（1）GIS 的数据源有哪些，通过哪些手段能获取这些数据源？

（2）纸上的地图如何进入计算机系统？

（3）对扫描仪输出的数据需要进行哪些处理？

（4）以野外测量为例，分析数据误差的来源。

（5）如何控制数据质量？

项目 5　GIS 空间数据处理

【项目概述】

针对地理信息系统的具体应用，原始空间数据往往由于来源广、范围大、时间跨度大等特点而呈现出较大的差异，包括多时空性（同一空间在不同时间采集的数据）、多尺度性（同一地理对象采集时的空间尺度不同）、获取手段多源性（如遥感手段、GNSS 手段、统计调查、实地勘测等）、存储格式多样性（如栅格、矢量）、地域分布性、自治性及异构性（如平台异构性、系统异构性和语义异构性），以及与用户已有数据和系统的不一致性。这在客观上要求在地理信息系统进一步分析和应用之前对原始空间数据进行规范化处理。空间数据处理涉及的内容很广泛，主要取决于原始数据的特点和应用的具体要求。本项目主要介绍数据编辑、数学基础变换、数据转换、空间插值、图形拼接、拓扑生成。通过本项目的学习，为学生从事 GIS 书籍处理岗位工作打下基础。

【教学目标】

（1）掌握地理实体要素编辑与处理，建立矢量数据拓扑关系的方法。

（2）掌握空间数据误差校正的内容和方法。

（3）了解并能熟练运用各种空间数据处理的方法。

任务 5.1　数 据 编 辑

由于各种空间数据源本身的误差，以及数据采集过程中不可避免的错误，原始空间数据不可避免地存在错误。为了"净化"数据，满足地理信息系统的应用需要，必须对外来采集的数据进行必要的校验和检查，包括空间实体是否遗漏、是否重复录入、图形定位是否错误、属性数据是否准确、与图形数据的关联是否正确等，以及随之而来的数据修改、重新编排、组织等操作。数据编辑（data edit）是数据处理的主要环节，并贯穿于整个数据采集与处理过程。

5.1.1　图形数据编辑

空间数据采集过程中，人为因素是造成图形数据错误的主要原因。例如，在数字化过程中，手的抖动，两次录入之间图纸的移动，都会导致位置不准确。常见的数字化错误类型如图 5-1 所示。

（1）伪结点，当一条线没有一次录入完毕时，就会产生伪结点。伪结点使一条完整的线变成两段。

（2）悬挂结点，当一个结点只与一条线相连接，那么该结点称为悬挂结点。悬挂结点有过头和不及、多边形不封闭、结点不重合等几种情形。

（3）碎屑多边形，也称条带多边形，产生的原因是前后两次录入同一条线的位置不完全一致，或者采用不同比例尺的地图进行数据更新。

（4）不正规多边形，在输入线的过程中，点的次序倒置或者位置不准确会产生不正规多边形，如图 5-1 所示。

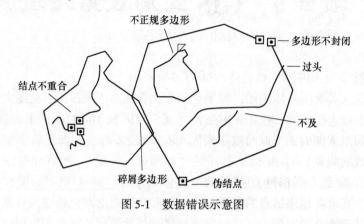

图 5-1　数据错误示意图

上述错误一般会在建立空间拓扑的过程中被发现，其他图形数据错误（包括某些实体的遗漏或重复录入、图形定位错误等）的检查一般可采用方法如下。

（1）目视检查法，指在屏幕上用目视检查的方法，检查一些明显的数字化误差与错误，包括线段过长或过短，多边形的重叠和裂口，线段的断裂等。

（2）逻辑检查法，如根据数据拓扑一致性进行检验，将弧段连成多边形，进行数字化误差的检查。有许多软件已能自动进行多边形结点的自动平差。另外，对属性数据的检查一般也最先用这种方法，检查属性数据的值是否超过其取值范围。属性数据之间或属性数据与地理实体之间是否有荒谬的组合。

（3）叠合比较法，是空间数据数字化正确与否的最佳检核方法，按与原图相同的比例尺把数字化的内容绘在透明材料上，然后与原图叠合在一起，在透光桌上仔细地观察和比较。一般地，空间数据的比例尺不准确和空间数据的变形马上就可以被观察出来，对于空间数据的位置不完整和不准确，则须用粗笔把遗漏、位置错误的地方明显地标注出来。如果数字化的范围比较大，分块数字化时，除检核一幅（块）图内的差错外还应检核已存入计算机的其他图幅的接边情况。

对于空间数据的不完整或位置的误差，主要是利用 GIS 的图形编辑功能，如删除（目标、属性、坐标）、修改（平移、拷贝、连接、分裂、合并、整饰）、插入等进行处理。对空间数据比例尺的不准确和变形，可以通过比例变换和纠正来处理。

5.1.2　属性数据编辑

对属性数据进行校核很难，因为其不准确性可能归结于许多因素，如观察错误、数据过时和数据输入错误等。属性数据校核包括：（1）属性数据与空间数据是否正确关联，标识码是否唯一，不含空值；（2）属性数据是否准确，属性数据的值是否超过其取值范围等。属性数据错误检查可通过以下方法完成。

（1）利用数据本身的逻辑性检查属性数据的值是否超过其取值范围，属性数据之间或属性数据与地理实体之间是否有荒谬的组合。在许多数字化软件中，这种检查通常使用程序来自动完成。例如，有些软件可以自动进行多边形结点的自动平差、属性编码的自动查错等。

（2）把属性数据打印出来进行人工校对，这和用校核图来检查空间数据准确性相似。为了便于检查实体属性与其几何图形的关系，通常在图形编辑系统中设计属性数据的编辑功能，将一个实体的属性数据关联到相应的几何目标上，从而进行交叉检查。一个功能强大的图形编辑系统可提供删除、修改、拷贝属性等功能。

任务5.2 数学基础变换

数学基础，作为定位和定向地物的框架，是空间数据进行量算、转换和空间分析的基准。多源空间数据往往具有差异化的数学基础，因而只有通过数学基础变换才能充分发挥多源空间数据各自的价值，并正确应用地理信息系统完成各种空间分析与应用。数学基础变换涉及几何纠正、坐标变换等。扫描得到的图像数据和遥感影像数据往往会有变形，与标准地形图不符，这时需要进行几何纠正。不同空间参考系统（投影方式和坐标系统）数据的融合需要进行坐标变换。其中，坐标系转换主要解决地理信息系统中设备坐标同用户坐标不一致、设备坐标之间不一致问题；投影变换主要解决地理坐标到平面坐标之间的转换问题。

5.2.1 几何纠正

造成扫描获得的地形图数据和遥感数据发生变形的原因，涉及如下因素：（1）地形图的实际尺寸发生变形；（2）扫描时地形图或遥感影像没被压紧、产生斜置或扫描参数的设置不恰当等；（3）遥感影像本身就存在着几何变形；（4）地图图幅的投影与其他资料的投影不同，或需将遥感影像的中心投影或多中心投影转换为正射投影等；（5）一幅地形图或遥感影像被分成几块扫描，不同块之间的拼接难以保证精度。对扫描得到的图像进行纠正，主要是建立要纠正的图像与标准的地形图（或地形图的理论数值或纠正过的正射影像）之间的变换关系，消减图，形变形误差。目前，主要的变换函数有：仿射变换、双线性变换、平方变换、双平方变换、立方变换、四阶多项式变换等，具体采用哪一种，则要根据纠正图像的变形情况、所在区域的地理特征及所选样点数目决定。

5.2.1.1 地形图的纠正

对地形图的纠正，一般采用四点纠正法或逐网格纠正法。

（1）四点纠正法，一般是根据选定的数学变换函数，输入需要纠正地形图的图幅行列号、地形图的比例尺、图幅名称等，生成标准图廓，分别采集四个图廓控制点坐标来完成。

（2）逐网格纠正法，是在四点纠正法不能满足精度要求的情况下采用的。这种方法和四点纠正法的不同点就在于采样点数目不同，它是逐方里网进行的，也就是说，对每一个方里网，都要采点。具体采点时，一般要先采源点（需纠正的地形图），后采目标点（标准图廓）；先采图廓点和控制点，后采方里网点。

5.2.1.2 遥感影像的纠正

遥感影像的几何纠正，一般是指通过一系列的数学模型来改正和消除遥感影像成像时因摄影材料变形、物镜畸变、大气折光、地球曲率、地球自转、地形起伏等因素导致的原始图像上各地物的几何位置、形状、尺寸、方位等特征与在参照系统中的表达要求不一致时产生的变形如图 5-2 所示。

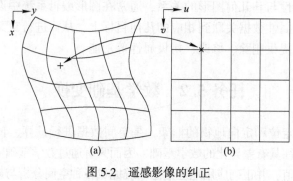

图 5-2　遥感影像的纠正
（a）校正前；（b）校正后

在遥感影像几何纠正时，一般选用和遥感影像比例尺相近的地形图或正射影像图作为变换标准，选用合适的变换函数，分别在要纠正的遥感影像和标准地形图或正射影像图上采集同名地物点。具体采点时，要先采源点（影像），后采目标点（地形图）。选点时，要注意点的均匀分布，点不能太多；点位应选由人工建筑构成的且不会移动的地物点，如渠或道路交叉点、桥梁等，尽量不要选河床、易变动的河流交叉点，以免点的移位影响配准精度。

【技能训练】

GIS 的数据精度是一个关系到数据可靠性和系统可信度的重要问题，与系统的成败密切相关。利用 MapGIS 创建三个文件（实际线文件、理论控制点线文件、实际控制点线文件），进行误差校正。

5.2.2　坐标变换

坐标转换是空间实体的位置从一种坐标系统变换到另一种坐标系统的过程，其实质是建立两个空间参考系之间点的一一对应关系，是各种比例尺地图测量和编绘中建立地图数学基础必不可少的步骤。在地理信息系统中坐标转换可分为两类：一类是地图投影变换，即从一种地图投影转换到另一种地图投影，地图上各点坐标均发生变化；另一类是量测系统坐标转换，即从大地坐标系到地图坐标系、数字化仪坐标系、绘图仪坐标系或显示器坐标系之间的坐标转换。

5.2.2.1　投影变换

投影变换必须已知变换前后的两个空间参考的投影参数，然后利用投影公式推算两个空间参考系之间点的一一对应函数关系。投影变换是坐标变换中精度最高的变换方法。但是，有时在一些特殊情况下，即便知道变换前后的两个空间参考的投影参数、投影方式，投影变换仍难以直接推求，此时往往采用投影变换的综合算法。

假定原图上点的坐标为 (x, y)，投影变换后的新坐标为 (x', y')，则坐标变换公

式为

$$\begin{cases} x' = f_1(x, y) \\ y' = f_2(x, y) \end{cases} \tag{5-1}$$

式中，f_1、f_2 为定义域内的单值、连续函数。投影变换实质就是找出 f_1、f_2 所表示的数学模型。常用的投影变换方法有解析变换、数值变换等。

（1）解析变换，是找出两投影进行变换时的解析式。根据计算方法的不同，解析变换又可分为正解变换与反解变换。其中，正解变换是将坐标 (x, y) 转换为 (x', y')，即 $(x, y) \rightarrow (x', y')$；反解变换是将坐标 (x, y) 通过经纬度坐标 (ψ, λ) 转换为 (x', y')，即 $(x, y) \rightarrow (\psi, \lambda) \rightarrow (x', y')$。解析变换适用于原图投影已知的情况。

（2）数值变换。在资料图投影方程式未知，或不易求得资料图与新编图两投影间解析关系式的情况下，可以采用多项式来建立它们之间的联系，用数值逼近的理论和方法来建立两投影间的关系。以三次多项式为例：

$$\begin{cases} x' = a_{00} + a_{10}x + a_{20}x^2 + a_{01}y + a_{11}xy + a_{02}y^2 + a_{30}x^3 + a_{21}x^2y + a_{12}xy^2 + a_{03}y^3 \\ y' = b_{00} + b_{10}x + b_{20}x^2 + b_{01}y + b_{11}xy + b_{02}y^2 + b_{30}x^3 + b_{21}x^2y + b_{12}xy^2 + b_{03}y^3 \end{cases}$$

$$\tag{5-2}$$

为了确定多项式系数，要分别在两种投影上，确定 10 个以上特征点的平面直角坐标，然后将其代入多项式。系数确定后，便可用多项式进行投影变换。

5.2.2.2 仿射变换

仿射变换只考虑地理实体在平面上的变形如图 5-3 所示，是在不同的方向上进行不同的压缩和扩张，可以将球变为椭球，将正方形变为平行四边形。其公式为

$$\begin{cases} X' = AX + BY + C \\ Y' = DX + EY + F \end{cases} \tag{5-3}$$

式中，X、Y 为当前坐标；X'、Y' 为理论值；A、B、C、D、E、F 为待定系数。

因此，只需要知道不在同一直线上的三个控制点在当前坐标系统中的坐标及其实际的理论值，即可求得待定系数。这样，其他地理实体纠正后的坐标值即可求得。不在同一直线上，是保证所列方程组有解。仿射变换适用于图件存在线性变形的情况，其主要特征是：直线变换后仍为直线；平行线变换后仍为平行线；不同方向上，线段长度比发生改变。

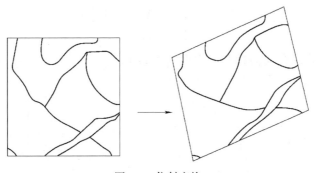

图 5-3 仿射变换

5.2.2.3　相似变换

相似变换是由一个图形变换为另一个图形，在改变的过程中保持形状不变（大小可以改变）。在二维坐标变换过程中，经常遇到的是平移、旋转和缩放三种基本的相似变换操作。

A　平移

平移是将图形的一部分或者整体移动到笛卡尔坐标系中另外的位置如图 5-4 所示，其变换公式为

$$\begin{cases} X' = X + T_x \\ Y' = Y + T_y \end{cases} \tag{5-4}$$

式中，X、Y 为原坐标；X'、Y' 为变换后的坐标；T_x、T_y 分别为点在 X 方向和 Y 方向的偏移量。

B　旋转

在地图投影变换中，经常要应用旋转操作如图 5-5 所示。实现旋转操作要用到三角函数，假定顺时针旋转角度为 θ，其公式为

$$\begin{cases} X' = X\cos\theta + Y\sin\theta \\ Y' = -X\sin\theta + Y\cos\theta \end{cases} \tag{5-5}$$

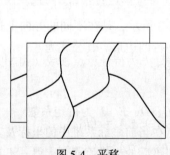

图 5-4　平移

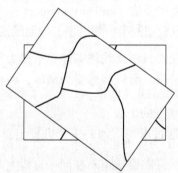

图 5-5　旋转

C　缩放

可用于输出大小不同的图形如图 5-6 所示，其公式为

$$\begin{cases} X' = XS_x \\ Y' = YS_y \end{cases} \tag{5-6}$$

式中，S_x、S_y 分别为点在 X 方向和 Y 方向的缩放量。

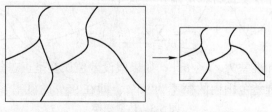

图 5-6　缩放

D 橡皮拉伸

橡皮拉伸是通过坐标几何纠正来修正原图的几
何变形缺陷。这些变形产生的原因包括地图编绘中
的配准缺陷、缺乏大地控制等。在图 5-7 中，原图
层（实心线）被纠正成更精确的目标（虚线）。类
似于变换，位移关联点在橡皮伸缩中被用于确定要
素移动的位置。

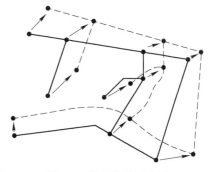

目前，大多数地理信息系统软件采用正解变换
法来完成不同投影之间的转换，并直接在地理信息
系统软件中提供常见投影之间的转换。

图 5-7 橡皮拉伸示意图

任务 5.3 数 据 转 换

多源性使得空间数据之间存在数据结构、格式、类型等方面的差异，数据转换是解决
这一差异的主要方法。广义上，数据转换是指如何通过观测得到的部分数据来表示、恢复
或重构完整数据的操作。狭义上，数据转换是指数据从一种几何形态到另一种几何形态或
从一种格式到另一种格式的转换，包括结构转换、格式转换、类型替换等（数据拼接、
数据裁剪、数据压缩等），以实现空间数据在结构、格式、类型上的统一和多源异构数据
的连接与融合，有助于消除"信息孤岛"，减小数据重复采集，提高经济效益和社会
效益。

5.3.1 数据转换的模式

实现数据转换的模式大致有四种，即外部数据转换模式、直接数据访问模式、数据互
操作模式和空间数据共享平台模式。后三种模式提供了较为理想的数据共享方式，但是对
大多数普通用户而言，外部数据转换模式在具体应用中更具可操作性和现实性，与现实的
技术、资金条件更相符。数据转换可直接利用软件商提供的交换文件（如 DXF、MIF、
E00 等），也可以采用中介文件转换方式，即在数据加工平台软件支持下，把空间数据连
同属性数据按自定义的格式输出为文本文件；作为中介文件，该数据文件的要素和结构符
合相应的数据转换标准，然后在地理信息系统平台下开发数据接口程序，读入该文件，自
动生成基础地理信息系统支持的数据格式。

5.3.1.1 基于交换格式的数据格式转换

外部数据转换方式是目前空间数据转换的主要方式。大部分商用地理信息系统软件定
义了外部数据交换文件格式，一般为 ASCII 码文件，如 ArcInfo 的 E00，MapInfo 的 MID，
AutoCAD 的 DXF 等。一个系统（如 A）的内部数据转换到另一系统（如 B）的内部数据，
一般要通过 2~3 次转换如图 5-8 所示。如果 B 系统能够直接读 A 系统的交换文件，则从 A
的内部文件转换到 A 的交换文件再到 B 的内部文件，即转换 2 次；否则从 A 的内部文件
转换到 A 的交换文件再到 B 的外部文件、B 的内部文件，即转换 3 次。

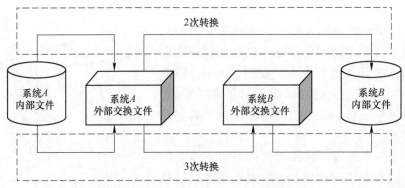

图 5-8　通过外部交换文件的数据转换方式

5.3.1.2　基于标准格式的数据格式转换

如果系统 *A*、*B* 的外部交换格式共同遵循同一空间数据交换标准，则格式转换只需要两步：*A* 的内部文件经过空间数据交换标准格式转换为 *B* 的内部文件。这种方式减少了转换的次数，从而减小了空间数据格式交换造成的信息损失。我国国家标准化管理委员会发布了《地理空间数据交换格式》（GB/T 17798—2007）、《导航地理数据模型与交换格式》（GB/T 19711—2005）。有了空间数据交换的标准格式后，每个系统都提供读写这一标准格式的接口，避免了大量的编程工作，而且数据转换只需两次如图 5-9 所示。

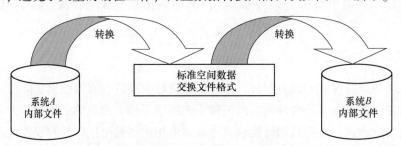

图 5-9　通过标准格式完成不同系统的数据转换

5.3.1.3　基于 XML 的数据格式转换

开放地理空间信息联盟（open geospatial consortium，OGC）制定了基于 XML 的地理标记语言 GML（geography markup language），能用于地理空间数据的网络共享和交换如图 5-10 所示。这样，一个系统只需要将内部格式转换到 GML，其他系统再将 GML 转换为自己的内部格式即可。此外，由于 XML 具有自定义功能，因而一个系统能自定义私有格式，并能通过对应的模式定义让另一系统理解该格式及获取基于该格式的数据。

上述三种转换模式存在一定的联系：标准格式属于交换格式，是交换格式的标准化定义；GML 是一种标准格式，又较标准格式灵活，主要是能自定义格式和语义。

5.3.2　空间数据的重分类

存储在空间数据库中的数据，是为多种目标服务的（黄杏元和马劲松，2008）。当需

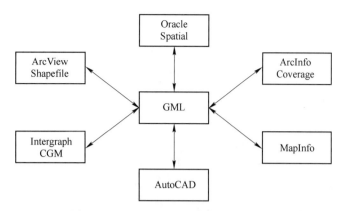

图 5-10 基于 GML 的空间数据格式交换

要进行特定的数据分析时，常常需要对空间数据做属性的重新分类和空间图形的化简，以构成数据新的使用形式如图 5-11 所示。

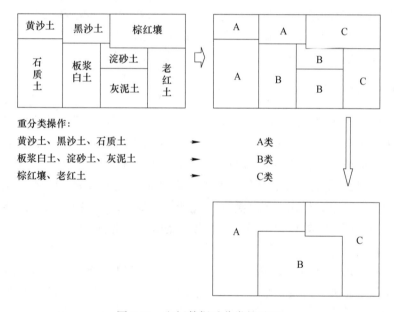

图 5-11 空间数据重分类的过程

经过属性的重新分类，具有相同某一属性的相邻多边形的共同边界需要删除。

5.3.3 栅格数据重采样

当将不同栅格分辨率（或不同尺寸栅格单元）的栅格数据统一到栅格分辨率一致的栅格结构数据时，因其栅格单元尺寸和栅格中心的改变，需要对栅格数据进行重采样操作。引起栅格数据分辨率差异的原因包括图像的几何纠正或坐标变换。重采样是栅格数据空间分析中处理栅格分辨率匹配问题常用的数据处理方法，它将栅格调整为新的分辨率如图 5-12 所示；本质上，栅格重采样是将输入图像的像元值或推导值赋予输出图像中的像元的过程。

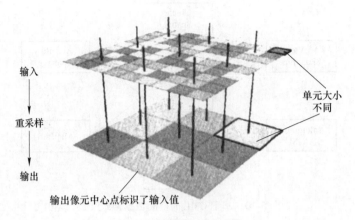

图 5-12　栅格数据重采样

栅格重采样主要包括最邻近法、双线性插值法和三次卷积插值法三种方法。最邻近法是把原始图像中距离最近的像元值填充到新图像中；双线性插值法和三次卷积插值法都是把原始图像附近的像元值通过距离加权平均填充到新图像中。通常情况下，最邻近法同时适用于离散和连续值类型，而其他重采样方法只适用于连续数据。

5.3.3.1　最邻近插值法

将输出栅格数据集中单元中心的位置定位到输入栅格后，最邻近法将确定输入栅格上最近的单元中心位置并将该单元的值分配给输出栅格上的单元。最邻近法不会更改输入栅格数据集中单元的任何值。输入栅格中的值 2 在输出栅格中仍将为 2，绝不会为 2.2 或2.3。因为输出单元值保持不变，所以最邻近法应该用于定名数据或顺序数据，其中每个值都表示一个类、一个成员或一个分类（分类数据，如土地利用、土壤或森林类型）。该方法的优点是方法简单，处理速度快，且不会改变原始栅格值，但该方法会产生最大至半个像元大小的位移。

考虑到根据输入栅格创建的输出栅格会在操作中平移和旋转 45°，因此需要进行重采样。对于每个输出单元，都要从输入栅格中获取值。在图 5-13 中，输入栅格的单元为线框图，输出单元为填充图。在最邻近法中，确定与输出单元中心最邻近的输入栅格单元中心，并将其指定为输出单元的值。对输出栅格中的每个单元都重复此过程。

5.3.3.2　双线性插值法

双线性插值法使用四个最邻近输入单元中心的值来确定输出栅格上的值。输出单元的新值是这四个值的加权平均值，将根据它们与输出单元中心的距离进行调整。与最邻近法相比，此插值法可生成更平滑的表面，但会改变原来的栅格值，丢失一些微小的特征。这种方法适用于表示某种现象分布、地形表面的连续数据，如 DEM、气温、降水量分布、坡度等。图 5-14 与最邻近法的图例一样，输入栅格的单元为线框图，输出单元为填充图。对于双线性插值法，先确定与输出单元中心最邻近的四个输入单元中心，然后计算其加权平均值，再将所得的值指定为输出单元的值。

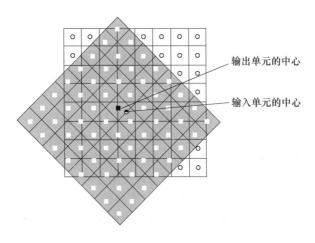

图 5-13 最邻近法示意图

5.3.3.3 三次卷积插值法

三次卷积插值法与双线性插值法类似，通过 16 个最邻近输入单元中心及其值来计算加权平均值。该方法会加强栅格的细节表现，但是算法复杂，计算量大，同样会改变原来的栅格值，且有可能会超出输入栅格的值域范围。三次卷积插值法适用于航片和遥感影像的重采样，其基本思路：先确定与输出单元中心最邻近的 16 个输入单元中心，然后计算其加权平均值，再将所得的值指定为输出单元的值如图 5-15 所示。

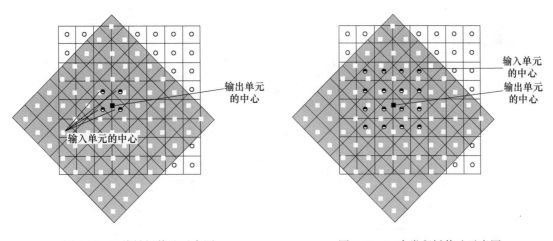

图 5-14 双线性插值法示意图   图 5-15 三次卷积插值法示意图

任务 5.4 空 间 插 值

空间插值是指根据一组已知的离散数据，按照某种数学关系推求其他未知点或未知区域的数据的方法。内插的理论基础是地理要素的空间分布往往具有连续性或者存在空间自相关，是基于"地理学第一定律"的基本假设，即假设空间位置上越靠近的点越可能具有相似的特征值。常见的插值方法有很多，分类并没有统一的标准。从插值点的分布范围来看，插值方法分为整体插值法、分块插值法和逐点插值法。其中，整体插值法、分块插值法（线性插值法、双线性多项式插值法）和逐点插值法（移动拟合法）基于空间分布的连续性假设，而逐点插值法（加权平均法、克里金插值法）基于空间自相关性。

　　空间插值通常应用于如下几种情况：（1）现有的离散曲面的分辨率、像元大小或方向与所要求的不符，需要重新插值（或栅格数据重采样），如将一个扫描影像从一种分辨率或方向转换到另一种分辨率或方向；（2）现有的连续曲面的数据模型与所需的数据模型不符，需要重新插值，如将一个连续的曲面从 TIN 到栅格、从栅格到 TIN 等；（3）现有的数据不能完全覆盖所要求的区域范围，需要通过插值来估计缺损值，如将离散的采样点数据内插为连续的数据表面；（4）把非规则分布的空间数据插值为规则分布形式，如将野外测量所获得的在空间分布上通常为散乱、无规则的数据转换为均匀网格的 DEM 数据。

5.4.1　最小二乘法

　　最小二乘法是一种广泛的内插方法。在测量中，某一个观测值常常包含着三部分：（1）与某些参数有关的值，由于它是这些参数的函数，而这个函数在空间中是一个曲面，故被称为趋势面；（2）不能简单地用某个函数表达的值，称为系统的信号部分；（3）观测值的偶然误差，或称为随机噪声。

　　在数字地面模型中，若将某一个子区域内数据点的高程观测值 Z 用一个多项式曲面 z（趋势面）拟合后如图 5-16 所示，各个点上的余差 I 就包含两部分：一类是系统误差 S；另一类是观测误差 Δ（称为噪声）。

$$\begin{cases} Z = z + l \\ l = S + \Delta \end{cases} \tag{5-7}$$

且应满足

$$E(l) = E(S) = E(\Delta) = 0 \tag{5-8}$$

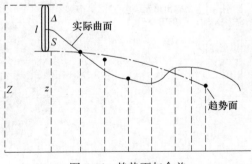

图 5-16　趋势面与余差

　　若一个子区域内共有 n 个数据点，用一个一般二次曲面拟合地形，则每个数据点都能列出一个观测值方程式，对于 n 个数据点，观测值方程的矩阵形式为

$$Z = BX + S + \Delta \tag{5-9}$$

式中，Z 为观测值列向量；B 为二次曲面系数矩阵；X 为二次曲面参数列向量；S 为数据点上系统误差列向量；Δ 为数据点上观测误差列向量。

　　更一般的形式是在上述观测方程中引入 m 个待定点的信号 S'：

$$Z + BX + S + OS' + \Delta \tag{5-10}$$

式中，矩阵 O 是一个 $n{\times}m$ 阶的零矩阵。

解算趋势面参数 X 与数据点上的信号 S 和待定点上的信号 S'，需应用广义平差的方法，这种方法称为配置法。

在实际应用中，通常可以用一个多项式作为趋势面，先拟合 n 个数据点（一般的间接观测平差），再根据 n 个数据上的余差 l 内插出待定点的信号，这叫推估法（内插或预测）；或者求出数据点上的信号值，这叫滤波。

5.4.2　趋势面分析

趋势面分析法也称为全局多项式插值法，即用数学公式表达感兴趣区域上一种渐变的趋势。其实质是通过回归分析原理，运用最小二乘法拟合一个二维非线性函数，模拟地理要素在空间上的分布规律，展示地理要素在地域空间上的变化趋势。先用已知采样点数据拟合出一个平滑的数学平面方程，再根据平面方程计算未知点上的数据。从数学理论角度来说，趋势面法实际上就是曲面拟合，首先对数据的空间分布特征要有一定的认识，然后，对于在空间域上具有周期性变化特征的空间分布现象，用一个多项式函数（一阶或二阶，甚至更高阶）作为数学表达式；再根据空间抽样数据和这个多项函数，拟合一个数学曲面，模拟地理要素在空间上的分布规律，展示地理要素在地域空间上的变化趋势。

趋势面分析法原理如图 5-17 所示。趋势面是一种抽象的数学曲面，它抽象并过滤掉一些局域随机因素的影响，使地理要素的空间分布规律明显化。空间趋势面并不是地理要素的实际分布面，而是一个模拟地理要素空间分布的近似曲面。剩余面反映局部性变化的特点，它受局部因素和随机因素的影响（局部异常、随机干扰和模型本身的误差）。观测值等于趋势值与剩余值的和。趋势面分析的基本要求是使剩余值最小、趋势值最大，这样拟合度精度才能达到足够的准确性。空间趋势面分析，正是从地理要素分布

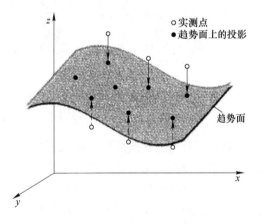

图 5-17　趋势面分析法原理

的实际数据中分解出趋势值和剩余值，从而揭示地理要素空间分布的趋势与规律。

趋势面模型的建立方法如下：设某地理要素的实际观测数据为 $z_i(x_i, y_i)(i = 1, 2, \cdots, n)$，趋势面拟合值为 $\hat{z}_i(x_i, y_i)$，则有

$$z_i(z_i, y_i)(i = 1, 2, \cdots, n) = \hat{z}_i(z_i, y_i) + \varepsilon_i \tag{5-11}$$

式中，ε_i 即为剩余值（残差值）。

趋势面分析的核心是从实际观测值出发推算趋势面，采用回归分析方法，使得残差平方和趋于最小，即

$$Q = \sum_{i=1}^{n} \varepsilon^2 = \sum_{i=1}^{n} \left[z_i(x_i, y_i) - \hat{z}_i(x_i, y_i) \right]^2 \to \min \tag{5-12}$$

以此来估计趋势面参数。这就是在最小二乘法意义下的趋势面拟合。

用来计算趋势面的数学方程式有多项式函数和傅里叶级数，其中最为常用的是多项式函数形式。因为任何一个函数都可以在一个适当的范围内用多项式来逼近，而且调整多项式的次数，可使所求的回归方程适合实际问题的需要。不同次数的多项式模型表达方式如下。

一次趋势面模型：

$$z = a_0 + a_1 x + a_2 y \tag{5-13}$$

二次趋势面模型：

$$z = a_0 + a_1 x + a_2 y + a_3 x^2 + a_4 xy + a_5 y^2 \tag{5-14}$$

三次趋势面模型：

$$z = a_0 + a_1 x + a_2 y + z_3 x^2 + a_4 xy + a_5 y^2 + a_6 x^3 + a_7 x^2 y + a_8 xy^2 + a_9 y^3 \tag{5-15}$$

图 5-18 是不同多项式拟合相同采样点的趋势面剖面图，可见随着趋势面次数的增加，拟合的趋势面逐渐接近采样点，接近于实际表面。一般来说，多项式次数越高，趋势面与实测数据之间的偏差越小，拟合精度就越高，但趋势面方程也就越复杂，越难以用它来解释自然现象或过程的物理意义。估计趋势面模型的适度检验方法有 R^2 检验、显著性 F 检验和逐次检验三种。

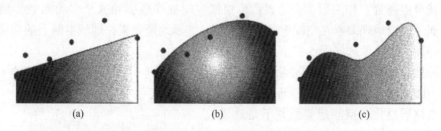

图 5-18　不同多项式拟合的趋势面剖面图
（a）一次多项式；（b）二次多项式；（c）三次多项式

趋势面分析法常被用来模拟大范围资源、环境、人口及经济要素在空间上的分布规律，在空间分析方面具有重要的应用价值。需要注意的是，在实际应用中，往往用次数低的趋势面逼近变化较小的地理要素数据，用次数高的趋势面逼近变化较复杂的地理要素数据。次数低的趋势面使用起来比较方便，但具体到某点拟合较差；次数高的趋势面只在观测点附近效果较好，而在外推和内插时效果较差。

5.4.3　距离倒数加权法

距离倒数加权法（inverse distance weighting，IDW）假设某一未知点的数值是其一定大小的邻域内所有观测点数据的按距离加权平均。设待计算点的值为 z_0，s 为与其最邻近的或在其邻域中的、将用于插值的观测点数目，这些观测点的值分别为 z_1，z_2，$\cdots$，z_s，它们到待计算点的距离分别为 d_1，d_2，$\cdots$，d_s，表达式如下：

$$z_0 = \frac{\sum\limits_{i=1}^{s} z_i / d_i^r}{\sum\limits_{i=1}^{s} 1 / d_i^r} \tag{5-16}$$

式中，r 为幂方。当 $r=1$ 时，式（5-16）为线性插值（linear interpolation），随着 r 的增大，距离对 z_0 的影响也相应地增大。

按距离加权插值法通常也以栅格数据输出，并可由此产生等值线用于结果的表示。

由于"按距离加权插值法"计算较简单，在估值方面应用较多，但要注意以下几个问题。

（1）插值结果受 r 值的影响很大。若根据不同 r 值估算的同一未知点的值会有很大的差别。

（2）由于当任何一个 $d_i=0(1\leqslant i\leqslant s)$ 时，式（4-21）无意义，因此，在内插一点时，如果该点与某一已知观测点同点，必须以同点的观测点数作为该点的输出值，否则可能导致输出数据在这一点上的不连续。

（3）按距离加权插值的结果一般都会产生许多围绕某些观测点的封闭等值线，像坐落在丘陵地带的一个个圆形小山包或圆形洼地。由于公式使用的距离都为正值，插值结果必然在观测点数据极值范围内，既不可能大于观测点数据的最大值，也不可能小于观测点数据的最小值。因此，如果已知的观测点数据中不包含某个局部地区的峰值时，在出现峰值的地方获得的内插值将会低于附近周围其他点的值，从而在输出的结果中，应该表示为山峰的地方却被表示为一块低洼盆地。因此，用户应认真评价使用该方法产生的插值结果，以避免做出不合理的判断。目前尚无数学方法用于检验这种插值方法的效果。

5.4.4　样条函数法

样条函数（Spline）是模仿手工样条经过一系列数据点绘制光滑曲线的数学方法，也可用于根据一系列观测点内插出一个光滑曲面表示连续分布的面状实体。在 GIS 软件中，常用曲面内插的样条函数为薄板样条（Thin-Plate Spline）。薄板样条以一个最小曲率的光滑曲面拟合观测点数据，即曲面各处的梯度变化达到最小。薄板样条函数的数学表达见式（5-17）。

$$z_0 = \sum_{i=1}^{n} A_i d_i^2 \log d_i + a + bx + cy \tag{5-17}$$

式中，z_0 为待计算点的值；(x, y) 为待计算点的平面坐标；n 为用于计算 z_0 的一个局部区域内观测点数目；d_i 为待计算点到第 i 个观测点之间的距离；A_i、a、b 和 c 为待定系数。

它们可以通过求解下面 $n+3$ 个线性方程组获得

$$\sum_{i=1}^{n} A_i d_{1,i}^2 \log d_{1,i} + a + bx + cy = z_1$$

$$\sum_{i=1}^{n} A_i d_{2,i}^2 \log d_{2,i} + a + bx + cy = z_2$$

$$\vdots$$

$$\sum_{i=1}^{n} A_i d_{n,i}^2 \log d_{n,i} + a + bx + cy = z_n$$

$$\sum_{i=1}^{n} A_i = 0$$

$$\sum_{i=1}^{n} A_i x_i = 0$$

$$\sum_{i=1}^{n} A_i y_i = 0$$

式中，$d_{j,i}$ 表示第 j 个观测点到第 i 个观测点的距离；z_1，z_2，$\cdots$，z_n 为 n 个观测点的已知值，公式中 log 表示 ln、lg、$\log_2$ 三种情况均适用。

　　薄板样条函数的主要问题是在数据点或观测点稀少的地区会产生很大的梯度变化。为了纠正这一问题，人们已提出几种改进的样条丽数，包括规则化样条函数（regularized spline）和张力薄板样条函数（thinplate spline with tension）。图 5-19 显示的是由规则化样条函数内插出来的气温。由样条函数产生的等值线显得非常平滑。样条函数比较适合于呈连续平滑曲面状分布的面状实体，如地势、雨量等。在某些情况下，则可能会产生不切合实际的平滑效果。

图 5-19　使用规则化样条函数内插的气温值

5.4.5　局部内插

　　在 GIS 中，实际的连续空间表面很难用一种数学多项式来描述，因此往往使用局部内插技术，即利用局部范围内的已知采样点的数据内插出未知点的数据。常用的有线性内插、双线性多项式内插、双三次多项式（样条函数）内插和趋势面内插。

（1）线性内插。线性内插的多项式函数为

$$Z = a_0 + a_1 X + a_2 Y \qquad (5-18)$$

只要将内插点周围的 3 个点的数据值代入多项式，即可解算出系数 a_0、a_1 和 a_2。

（2）双线性多项式内插。双线性内插的多项式函数为

$$Z = z_0 + a_1 X + z_2 Y + a_3 XY \qquad (5-19)$$

只要将内插点周围的 4 个点的数据值代入多项式，即可解算出系数 a_0、a_1、a_2 和 a_3。

如果数据是按正方形格网点布置的（图 5-20），则可用简单的公式计算出内插点的数据值。

设正方形的四个角点为 A、B、C、D，其相应的特征值为 Z_A、Z_B、Z_C、Z_D，P 点相对于 A 点的坐标为 (d_x, d_y)，则插值点的特征值 Z 为

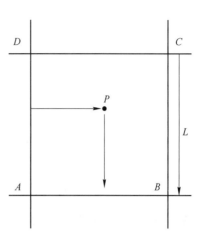

图 5-20 双线性内插示意

$$Z = \left(1 - \frac{d_X}{L}\right) \times \left(1 - \frac{d_Y}{L}\right) \times Z_A + \left(1 - \frac{d_Y}{L}\right) \times \frac{d_X}{L} \times Z_B + \frac{d_X}{L} \times \frac{d_Y}{L} \times Z_C + \left(1 - \frac{d_X}{L}\right) \times \frac{d_Y}{L} \times Z_D$$

$$(5-20)$$

（3）双三次多项式内插。双三次多项式是一种样条函数。样条函数是一种分段函数，对 n 次多项式，在边界处其 $n-1$ 阶导数连续。因此，样条函数每次只用少量的数据点，故内插速度很快；样条函数通过所有的数据点，故可用于精确的内插，可以保留微地貌特征；样条函数的 $n-1$ 阶导数连续，故可用于平滑处理。

双三次多项式内插的多项式函数为

$$Z = a_0 + a_1 X + a_2 Y + a_3 X^2 + a_4 XY + a_5 Y^2 + a_6 X^3 + a_7 XY^2 + a_8 X^2 Y + a_9 Y^3 +$$
$$a_{10} X^2 Y^2 + a_{11} XY^3 + a_{12} X^3 Y + a_{13} X^2 Y^3 + a_{14} X^3 Y^2 + a_{15} X^3 Y^3 \qquad (5-21)$$

将内插点周围的 16 个点的数据代入多项式，可计算出所有的系数。

5.4.6 移动拟合法

任意一种内插方法都是基于原始函数的连续光滑性或者说邻近的数据点之间存在很大的相关性，移动拟合法的基本原理就是在内插点附近寻找若干个采样参考点，拟合一个局部函数，内插出该点的值。移动拟合法的过程如下。

第一步：为了选择邻近的数据点，以待定点 P 为圆心，以 R 为半径画圆如图 5-21 所示，凡落在圆内的数据点即被选用。所选择的点数根据所采用的局部拟合函数来确定，在二次曲面内插时，要求选用的数据点个数 $n > 6$。当数据点 $P_i(X_i, Y_i)$ 到待定点 $P(X_P, Y_P)$ 的距离小于 R 时，该点即被选用。若选择的点数不够时，则应增大 R 的数值，直至数据点的个数 n 满足要求。

第二步：列出误差方程式。若选择二次曲面作为拟合曲面，则

$$Z = AX^2 + BXY + CY^2 + DX + EY + F \qquad (5-22)$$

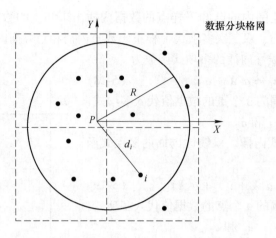

图 5-21　选取 P 为圆心 R 为半径的圆内数据点

数据点 P_i 对应的误差方程式为

$$v_i = X_i^2 A + X_i Y_i B + Y_i^2 C + X_i D + Y_i E + F - Z_i \tag{5-23}$$

由 n 个数据点列出的误差方程式为

$$v = MX - Z \tag{5-24}$$

其中：

$$v = \begin{bmatrix} v_1 \\ v_2 \\ \vdots \\ v_n \end{bmatrix},\ M = \begin{bmatrix} \overline{X}_1^2 & \overline{X}_1\,\overline{Y}_1 & \overline{Y}_1^2 & \overline{X}_1 & \overline{Y}_1 & 1 \\ \overline{X}_2^2 & \overline{X}_2\,\overline{Y}_2 & \overline{Y}_2^2 & \overline{X}_2 & \overline{Y}_2 & 1 \\ \vdots & \vdots & \vdots & \vdots & \vdots & \vdots \\ \overline{X}_n^2 & \overline{X}_n\,\overline{Y}_n & \overline{Y}_n^2 & \overline{X}_n & \overline{Y}_n & 1 \end{bmatrix} \tag{5-25}$$

$$X = \begin{bmatrix} A \\ B \\ C \\ \vdots \\ F \end{bmatrix},\ Z = \begin{bmatrix} Z_1 \\ Z_2 \\ \vdots \\ Z_n \end{bmatrix} \tag{5-26}$$

　　第三步：计算每一数据点的权。这里的权 P_i 并不代表数据点 P_i 的观测精度，而是反映了该点与待定点相关的程度。因此，对于 P_i 确定的原则应与该数据点与待定点的距离 d_i 有关，d_i 越小，它对待定点的影响应越大，则权应越大；反之，当 d_i 越大，权应越小。常用的权有如下几种形式：

$$P_i = \frac{1}{d_i^2},\ P_i = \left(\frac{R - d_i}{d_i}\right)^2,\ P_i = e^{\frac{d_i^2}{K^2}} \tag{5-27}$$

式中，R 为选点半径；d_i 为待定点到数据点的距离；K 为一个供选择的常数；e 为自然对数的底。

　　这三种权的形式都符合上述选择权的原则，但是它们与距离的关系有所不同如图 5-22

所示。具体选用何种形式的权，需根据地形进行试验选取。

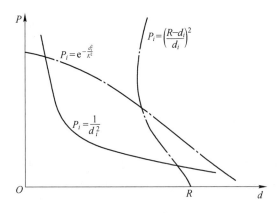

图 5-22 三种权函数图像

第四步：法化求解。根据平差理论，二次曲面系数的解为

$$X = (M^T P M)^{-1} M^T P Z \tag{5-28}$$

由于 $\overline{X}_P = 0$，$\overline{Y}_P = 0$，所以系数 F 就是待定点的内插值 Z_P。

利用二次曲面移动拟合法内插时，对点的选择除了满足 $n>6$ 外，还应保证各个象限都有数据点，而且当地形起伏较大时，半径 R 不能取得很大。当数据点较稀或分布不均匀时，利用二次曲面移动拟合可能产生很大的误差，这是因为解的稳定性取决于法方程的状态，而法方程的状态与点位分布有关，此时可考虑采用平面移动拟合或其他方法。

5.4.7 加权平均法

在上述移动拟合法中，往往需要求解复杂的误差方程组来求取曲面函数的待定系数（最小二乘法中的误差方程）。在实际应用中，更为常用的是加权平均法，它可以看作移动拟合法的特例。加权平均法在使用搜索圆寻找附近数据点的方法上和移动拟合法相同，但加权平均法在计算待插值点的高程时，使用加权平均值代替误差方程求解出的曲面函数：

$$z = \sum_{i=1}^{n} p_i z_i \Big/ \sum_{i=1}^{n} p_i \tag{5-29}$$

式中，n 为落在搜索圆中的数据点的数目；z_i 为落在搜索圆中的第 i 个数据点的高程值；p_i 为第 i 个数据点的权重。

权重的计算一般采用与距离相关的权函数：

$$p_i = \frac{1}{d_i^2} \quad \text{或} \quad p_i = \left(\frac{R - d_i}{d_i}\right)^2 \tag{5-30}$$

式中，R 为搜索圆半径；d_i 为数据点 i 与待插值点间的距离。

所以，这种加权平均法又被称为反比距离加权（inverse distance weighing，IDW）。例如，给定围绕未知数值的 0 号点的 5 个已知数据见表 5-1，利用 IDW 求 0 号点的未知值。

首先，计算 0 号点分别到周围 1、2、3、4 和 5 号点的距离 $\{d_1 = 18.000,$ $d_2 = 20.880$，$d_3 = 32.310$，$d_4 = 36.056$，$d_5 = 47.202\}$。

表 5-1　空间数据列表

站点	x	y	z 值	站点	x	y	z 值
1	69	76	20.820	4	86	73	14.600
2	59	64	10.910	5	88	53	10.560
3	75	52	10.380	0	69	67	？

然后，根据公式 $z = \sum_{i=1}^{n} \frac{z_i}{d_i^2} \bigg/ \sum_{i=1}^{n} \frac{1}{d_i^2}$ 计算如下：

分子 $= (20.820)\ (1/18.000)^2 + (10.910)\ (1/20.880)^2 + (10.380)\ (1/32.310)^2 +$
　　　$(14.600)\ (1/36.056)^2 + (10.560)\ (1/47.202)^2$
　　$= 0.1152$

分母 $=\ (1/18.000)^2 + (1/20.880)^2 + (1/32.310)^2 + (1/36.056)^2 + (1/47.202)^2$
　　$= 0.0076$

$$z = 0.1152/0.0076 = 15.158$$

5.4.8　克里金法

克里金法（Kriging）是根据该方法的创始人，南非采矿工程师 Danie Krige 命名的，是一种用于空间插值的地统计方法（geostatistical method）。克里金法使用区域化变量（regionalized variable）的概念，这种变量的值随着地点而变化，具有一定的连续性，但不能以一个单一的平滑数学方程来模拟，许多地形表面、土壤质量的区域变化等都具有这种特性。这类现象的空间变化既不是随机的，也不是确定的，而是由三个部分组成。（1）变化的总体趋势（drift），即现象成连续面状分布的总体结构。（2）空间自相关（spatial autocorrelation）变化，即偏离总体变化趋势的一些小的变化，这些变化虽然是随机的，但在空间上是相互关联的。例如，在地形表面出现的一些小峰谷，它们的高程与周围地点的高程是呈连续变化的，即相关的。（3）随机误差或随机噪声（randomnoise），它们既与总体变化趋势无关，又没有空间上的相互关系。例如，地面上突然出现的巨大砾石。克里金法对区域化变量的这三个成分分别采用不同的方法进行模拟和估算。总体趋势以模拟变量区域性变化的数学方程表达和计算，如趋势面方程；空间自相关变化和随机噪声通过使用称为半方差图（semivariogram）的统计方法估算。

半方差（semivariance）是衡量观测点或样本点数据之间空间依赖性的一个统计量，它的大小取决于观测点之间的距离。观测点数据在距离为 h 的半方差 $r(h)$ 定义为所有相距 h 距离的观测点数据的方差除以 2，可用数学公式表达：

$$r(h) = \frac{1}{2n} \sum_{i=1}^{n} \left[z(x_i) - z(x_i + h) \right]^2 \tag{5-31}$$

式中，h 为观测点之间的距离；n 为相距 h 距离的观测点的个数；$z(x_i)$ 为观测点 x_i 的数据值；$z(x_i + h)$ 为与观测点 x_i 相距 h 距离的另一观测点的数据值。

半方差应随着距离的增大而增大。利用此曲线可以估算任何距离的半方差。利用这条拟合曲线可以模拟区域变量的自相关变化。

半方差图中的拟合曲线通常采用以下五种数学曲线模型之一，即球形曲线模型

（spherical）、圆环曲线模型（circular）、指数模型（exponential）、高斯模型（gaussian）和线性模型（linear）。

当 h 很小时，半方差很小，这说明两个距离很近的点，它们的值很相近，因此它们在空间上高度相关。随着 h 的增大，半方差迅速增大，即数据点之间值的差异快速增大，相应的，它们之间的空间相关性迅速减小。当 h 增大到一个临界值时，半方差开始趋于平稳，也即当 h 超过这个临界值时，随着 h 的继续增大，半方差变化很小，拟合曲线几乎近乎水平，这表明两点之间的距离超过 h 临界值以后它们互不相关，它们之间的值没有任何联系。h 的这一临界值称为相关范围（range），以 a 表示，在空间插值中，它可以用于确定待计算点邻域的大小，以选择邻域内所有的与其相关的观测点来估算该点的值。

此外，当 $h=0$ 时，半方差应当为 0，从半方差图可以注意到，拟合曲线与 y 轴有一个交点，即当 $h=0$ 时，根据拟合曲线估算的半方差是一个正值，并非 0。这个半方差值为残差，是由区域化变量中的随机噪声引起的不相关方差，称为矿块方差（nugget variance），以 c_0 表示。h 等于相关范围时的半方差与矿块方差之差，以 c 表示。

克里金法使用半方差图来估算插值过程中所需要的已知点权重值，以使插值结果的方差达到最小，并运用半方差图估算出插值结果的方差值。根据对区域化变量分布特性的假设不同，克里金法可划分为好几类，GIS 中常用的有两类：普通克里金法和泛克里金法。

5.4.8.1 普通克里金法（ordinary kriging）

普通克里金法（ordinary kriging），该方法假设区域化变量值的空间变化没有一定的趋势，观测点数据的半方差可用五种曲线模型之一拟合，待计算点的值 z_0。可按线性加权计算

$$z_0 = \sum_{i=1}^{k} z_i \omega_i \tag{5-32}$$

式中，z_i 为观测点 i 的值，ω_i 为赋予观测点 i 的权重值，k 为待计算点领域（由相关范围定义）内观测点的个数。

ω_i 可通过求解下列 $k+1$ 个方程组获得

$$\begin{aligned} \omega_1 r(h_{11}) + \omega_2 r(h_{12}) + \cdots + \omega_k r(h_{1k}) + \lambda &= r(h_{10}) \\ \omega_1 r(h_{21}) + \omega_2 r(h_{22}) + \cdots + \omega_k r(h_{2k}) + \lambda &= r(h_{20}) \\ &\vdots \\ \omega_1 r(h_{k1}) + \omega_2 r(h_{k2}) + \cdots + \omega_k r(h_{kk}) + \lambda &= r(h_{k0}) \end{aligned} \tag{5-33}$$

式中，h_{ij} 为点 i 到点 j 之间的距离，待计算点以 0 表示；$r(h_{ij})$ 为点 i 与点 j 之间的半方差，由所选择的半方差拟合曲线模型计算；λ 为拉格朗日乘数（Lagrange Multiplier），引进这个参数的目的在于使插值误差达到最小。

克里金法区别于其他空间插值技术的一个重要特点在于它计算每一个内插值的方差，用以检验内插值的可靠性，该方差可用式（5-34）计算。

$$\sigma^2 = \sum_{i=1}^{k} \omega_i r(h_{i0}) + \lambda \tag{5-34}$$

因此，内插值的标准差为 $s = \sqrt{\sigma^2}$。如果假设差值误差呈正态分布，那么内插值的误差可能在正负两倍标准差范围内的概率为 95%，即在 95% 的概率下，待计算点的实际值是 $z_0 \pm (s \times 2)$。

5.4.8.2　泛克里金法（universal kriging）

泛克里金法（universal kriging），该方法假设区域化变量值的空间变化具有一定的趋势，并以一个数学模型如趋势面拟合这一趋势。同时，它也假设观测点之间存在着一定程度的自相关。泛克里金法与普通克里金法类似，它仍以式（5-33）内插每个待计算点的值，以式（5-34）计算每个内插值的方差，但在估算权重值 ω_i 时考虑了变量变化的总体趋势。例如，若使用一次趋势面拟合变量的变化趋势公式为

$$f(x,\ y) = ax + by \tag{5-35}$$

则通过求解以下的 $k+3$ 个方程组可得出 ω_i 值

$$\omega_1 r(h_{11}) + \omega_2 r(h_{12}) + \cdots + \omega_k r(h_{1k}) + \lambda + ax_1 + by_1 = r(h_{10})$$

$$\omega_1 r(h_{21}) + \omega_2 r(h_{22}) + \cdots + \omega_k r(h_{2k}) + \lambda + ax_2 + by_2 = r(h_{20})$$

$$\vdots$$

$$\omega_1 r(h_{k1}) + \omega_2 r(h_{k2}) + \cdots + \omega_k r(h_{kk}) + \lambda + ax_k + by_k = r(h_{k0})$$

$$\omega_1 + \omega_2 + \cdots + \omega_k = 1$$

$$\omega_1 x_1 + \omega_2 x_2 + \cdots + \omega_k x_k = x_0$$

$$\omega_1 y_1 + \omega_2 y_2 + \cdots + \omega_k y_k = y_0$$

式中，k 为邻域内观测点个数；$(x_i,\ y_i)$ 为其中观测点 i 的平面坐标；$(x_0,\ y_0)$ 为待计算点的平面坐标；a 和 b 为一次趋势面的多项式系数。

借助 ArcGIS 9.0 完成的福建平均气温值的两种泛克里金法：一次拟合（liner with linear drift）和二次拟合（liner with quadratic drift）内插，如图 5-23 所示。

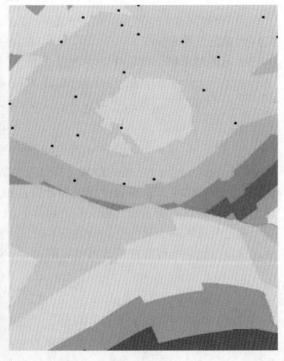

图 5-23　泛克里金法一次拟合和二次拟合的温度值内插图

除了上述两种常见的克里金插值法以外，还有块克里金法（Block Kriging）、补充克里金法（Co-Kriging）等。块克里金法用于估算一个区域化变量在一个小范围区域内（如一个田块）的平均值，而非某一点的值。补充克里金是在内插某一个变量值的过程中考虑另一个相关变量的值。往往在一个观测点可以获取多种变量值，如果两个变量在空间上是相关的话，有关其中一个变量空间变化方面的信息可以用来帮助内插另一个变量在空间各点的值，或改善对另一个变量的内查结果。例如，使用补充克里金法内插雨量数据时，可以将高程数据考虑进去。

任务 5.5 拓 扑 生 成

在地理信息系统中，拓扑常用来表示空间对象的包含、连接或邻接关系，因为它们不随图形的变换（连续函数）而改变；一般将描述拓扑关系的数据简称为拓扑数据。例如，将空间对象投影到具有橡皮特征的表面上，考察两个对象的相邻、相交，或者包含关系：无论图形如何连续变换（即无论橡皮如何伸缩），只要橡皮表面不粘连，则两个对象的上述关系都不会发生变化。

5.5.1 拓扑关系建立

在图形修改完毕后，需要对图形要素建立正确的拓扑关系。目前，大多数地理信息系统软件都提供了完善的拓扑关系生成功能。

5.5.1.1 点线拓扑关系的建立

点线拓扑关系的建立方法有两种方案。第一种方案是在图形采集和编辑中实时建立，此时有两个文件表：一个记录弧段两端点的结点，如图 5-24 中弧段 A_1 的起止结点为 N_1、N_2；一个记录结点所关联的弧段，如图中 N_1 关联的弧段为 A_1。第二种方案是在图形采集与编辑之后，系统自动建立拓扑关系。

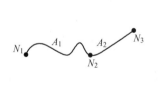

弧段-结点表

ID	起结点	终结点
A_1	N_1	N_2
A_2	N_2	N_3

结点-弧段表

ID	关联弧段
N_1	A_1
N_2	A_1, A_2
N_3	A_2

图 5-24 结点与弧段拓扑关系的实时建立

5.5.1.2 多边形拓扑关系的建立

拓扑多边形有三种情况（图 5-25）：（1）独立多边形，它与其他多边形没有共同边界，如独立房屋，这种多边形可以在数字化过程中直接生成，因为它仅涉及一条封闭的弧段；（2）公共边多边形，具有公共边界的简单多边形，在数据采集时仅输入了边界弧段数据，然后通过算法自动将多边形的边界聚合起来以建立多边形文件；（3）嵌套的多边形，除了要按第二种方法自动建立多边形外，还要考虑多边形内的多边形（也称作内岛）。

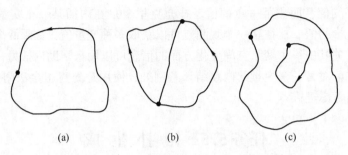

图 5-25　拓扑多边形的三种类型

（a）独立多边形；（b）公共边多边形；（c）嵌套的多边形

5.5.1.3　网络拓扑关系的建立

在输入道路、水系、管网、通信线路等信息时，为了进行流量、连通性、最佳线路分析，需要确定实体间的连接关系。网络拓扑关系的建立主要是确定结点与弧段之间的拓扑关系，这一工作可以由地理信息系统软件自动完成，其方法与建立多边形拓扑关系时相似，只是不需要建立多边形。但在一些特殊情况下，两条相互交叉的弧段在交点处不一定需要结点，如地下公路隧道与地面公路，在平面上相交但实际上不连通，这时需要手工修改以将在交叉处连通的结点删除如图 5-26 所示。

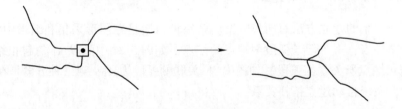

图 5-26　删除不需要的结点

5.5.2　拓扑关系的意义

拓扑关系对地理信息系统的数据处理和空间分析具有重要意义。

（1）根据拓扑关系，不需要利用坐标或距离计算，可以确定一种地理空间对象相对于另一种地理空间对象的空间位置关系，如两个行政区域是否相邻。因为拓扑数据已经清楚地反映出地理空间对象之间的逻辑结构关系。

（2）利用拓扑数据有利于空间要素的查询。如某条河流经过的城市、某中学所属行政区域等。

（3）可以利用拓扑数据作为工具，重建地理对象实体。例如，将具有相同属性值的相邻多边形合并。

（4）可以利用拓扑信息进行几何数据一致性错误检测。一致性错误检测包括：检测图斑多边形边界之间是否存在重叠或空隙；判断等高线是否自相交。

（5）利用拓扑关系实现高级空间分析。例如，网络分析依赖于到和从结点的概念，并且使用该信息以及属性信息计算距离、最短路线、最快路线等。拓扑也利于复杂的邻域分析，如确定邻近性、聚类、连接性、连续性、最近邻域等。

【技能训练】

GIS 数据处理

实验内容

（1）数据格式变换，将数据从 CAD 格式转换为 ArcGIS 的 Shape 格式。

（2）投影变换，在 ArcGIS 中进行数据的投影定义和变换。

（3）空间数据内插。

实验目的

（1）通过实验，了解 GIS 数据处理的主要方法，加深理解理论课上所学的基本原理。

（2）通过实验操作，掌握数据格式转换、投影变换和空间数据内插的方法及应用。

 复习题

（1）造成扫描获得的地形图数据和遥感数据变形的原因有哪些？

（2）坐标变换的方式有哪些？

（3）实现数据转换的模式有哪几种？

（4）从插值点的分布范围来看空间插值有哪些方法？

（5）拼接前的相邻两图幅在图幅边缘部分往往存在哪些问题？

（6）举例说明拓扑关系对地理信息系统的数据处理和空间分析具有哪些重要的意义？

项目 6　GIS 空间数据分析

【项目概述】

地理信息系统（GIS）与 CAD、其他管理信息系统的主要区别是 GIS 提供了对原始空间数据实施转换以回答特定查询的能力，而这些变换能力中最核心的部分就是对空间数据的利用和分析，即空间分析能力。

本项目主要包括空间数据查询、缓冲区分析、叠置分析、数字高程模型分析、空间网络分析、泰森多边形分析和空间统计分析。通过本项目的实施，为学生从事 GIS 数据分析岗位工作打下基础。

【教学目标】

（1）掌握缓冲区分析、叠置分析、数字高程模型分析、网络分析、泰森多边形分析和统计分析的方法，并明确其用途。

（2）能够利用 GIS 软件进行缓冲区分析、叠置分析、数字高程模型分析、网络分析、泰森多边形分析和统计分析。

任务 6.1　空间数据分析概述

6.1.1　空间分析的基本概念

空间分析是人类认识自然能力的一种延伸。最著名的空间分析案例之一是 1854 年斯诺医生发现的伦敦霍乱暴发的原因。

在 19 世纪，人们通常认为霍乱是由空气传播的。1854 年 8—9 月英国伦敦的一些地区暴发霍乱，医生斯诺参与调查病源。他在绘有霍乱流行地区所有道路、房屋、饮用水机井等，标出了每个霍乱病死者的居住位置，得到了霍乱病死者的居住分布图，箭头所指位置为布洛多斯托水井。通过对这张图的分析，他发现霍乱病死者都在 Broad 街道中部一处水源（即布洛多斯托水井）周围，而市内其他水源周围极少发现霍乱病死者。通过进一步调查，他发现这些霍乱病死者都饮用过这口井里的水，关闭这口水井后再也没有新的病例产生。据此，他最终确定了霍乱病的源头及传播机制。这一研究开启了学者对空间分析的关注。

从数据流和处理角度看，地理信息系统空间分析是从一个或多个空间数据图层获取信息的过程。它是集空间数据分析和空间模拟于一体的技术，通过地理计算和空间表达挖掘潜在空间信息，以解决实际问题。空间分析的本质特征包括：

（1）探测空间数据中的模式；

（2）研究空间数据间的关系并建立相应的空间数据模型；

（3）提高适合于所有观察模式处理过程的理解；

（4）改进发生地理空间事件的预测能力和控制能力。

综合上述对空间分析的定义，地理信息系统的空间分析可以定义为：以地理空间数据库为基础，运用逻辑运算、一般统计和地统计、图形与形态分析、数据挖掘等技术，提取隐含在空间数据内部与空间信息有关的知识和规律，包括位置、形态、分布、格局以及过程等内容，以解决涉及地理空间的各种理论和实际问题。

6.1.2 空间分析的过程

空间分析是根据建立的处理模型对数据进行一系列操作和解释的过程。空间分析过程分为六个步骤。

（1）问题的定义和描述：分析的目的是什么？

（2）问题分解：达成目的的目标是什么，可能的现象和交互操作是什么，需要哪些模型建模？

（3）探索输入数据集：数据集包含什么，什么关系需要定义？

（4）执行分析操作：哪些 GIS 工具用于执行模型计算？

（5）验证模型计算结果。

（6）输出分析结果。

为了解决空间问题，必须对要解决的问题和预期达到的目的进行清楚的描述和定义。在理解了分析的目的之后，需要将问题分解为一系列要实现的目标，确定实现目标的分析元素和交互操作，并从数据库中产生分析用的输入数据集。通过将问题分解为一系列的目标，可以发现为实现分析目的需要的一系列必要的处理步骤。

执行空间分析模型就是确定哪些分析工具用于建立整体分析模型，并运行模型。分析结果的验证就是解决如果要想获得最佳结果，还需要调整或改变哪些条件和参数；也可能根据建立的多个模型，进行结果比较，从中选择最佳模型和最佳结果等。结果应用分析就是将分析的结果与步骤 1 的目的进行比较，或在实际中使用分析的结果。

任务 6.2 空间几何分析

6.2.1 叠置分析

6.2.1.1 栅格数据的叠置分析

栅格数据叠置是指将不同的图幅或不同数据层的栅格数据叠加在一起，在叠加地图的相应位置上通过栅格运算产生新属性的分析方法。新属性值的计算可由式（6-1）表示：

$$U = f(A, B, C, \cdots) \tag{6-1}$$

式中，A，B，C 等为一、二、三等各层上确定的属性值；f 函数取决于叠加的要求。

多幅图叠加后的新属性可由原属性值的简单加、减、乘、除、乘方等格网运算得出，也可以取原属性值的平均值、最大值、最小值，或原属性值之间逻辑运算的结果等，甚至可以由更复杂的方法计算出。新属性值不仅与对应的原属性值相关，而且还可能与原属性值所在区域的长度、面积、形状等特性相关。

以下是通过相加创建栅格叠置的示例。将两个输入栅格相加以创建一个具有各像元值之和的输出栅格，如图 6-1 所示。

3	3	1
4	2	2
3	1	1

(a)

＋

11	12	10
12	12	10
14	12	11

(b)

＝

14	15	11
16	14	12
17	13	12

(c)

图 6-1　栅格叠加的示例（像元相加）

（a）输入 1；（b）输入 2；（c）输出

此方法通常用于按适宜性或风险为属性值排列等级，然后将这些属性值相加以便为每个像元生成一个总等级；也可为各个图层指定相对重要性以创建权重等级（在与其他图层相加之前，每个图层中的等级乘以该图层的权重值）。

以下是使用"加法"针对适宜性建模的栅格叠加示例。三个栅格图层（陡坡、土壤和植被）用于为开发适宜性排列等级，等级范围是 1~7。这些图层相加后如图 6-2 所示，每个像元的等级排列范围是 3~21；也可基于来自多个输入图层的值的唯一组合，为输出图层中的每个像元指定一个值。

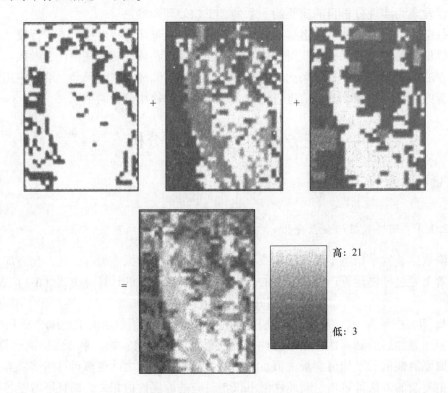

图 6-2　栅格叠置示例

通过栅格叠置分析可以实现。

（1）类型叠加。通过对两组或两组以上的栅格数据进行叠加分析来获取新的数据文件，如通过叠加植被图与土壤图来分析植被与土壤的关系。

（2）数量统计。计算一种要素在另一种要素区域内的数量特征和分布状况，例如，对行政区划和土壤类型图进行叠加分析，可以得出某一行政区划内的土壤种类及各类土壤的面积。

（3）动态分析。对不同时间、同一地区、相同属性的栅格数据进行叠加，可以分析其变化趋势。

（4）几何提取。通过与几何图形（如圆、矩形或带状区域）的叠加分析，快速提取该图形范围内的信息，例如，以不同半径的圆作为搜索区，实现在该圆范围内的信息提取。

6.2.1.2 矢量数据的叠置分析

A 点与多边形叠置

点与多边形叠置就是点包含分析，用于确定点与区域的位置关系，即判断一个点位于某一区域之内还是之外。如判断某一水源位于哪一行政区内，查询某一区域范围内城镇的分布情况等。它还可应用于某些图形数据的处理。

点包含分析的方法很多，最常见的方法是从判断点引出某一方向的射线，通过判断该射线与被判断区域多边形边界相交的次数来确定点与区域的包含关系，称为"射线法"。在射线不通过多边形顶点的情况下，当该射线与区域边界相交奇数次时，则该点位于此区域之中；当该射线与区域边界相交偶数次时，则该点位于此区域之外。图 6-3 表示了这一原理。

点包含分析输出的结果通常是一个点状实体

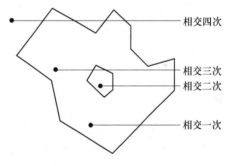

图 6-3 点包含分析原理

矢量图层，每个点既包含了其输入的属性数据，又包含了它所在多边形的区域特征数据。例如，在图 6-4 中，通过点包含分析，识别考察点位置在闽西根溪河流域哪些部位，水土流失具有哪些特征，在输出图层属性表中，每一个表示点都有一个新的属性，即水土流失类型。

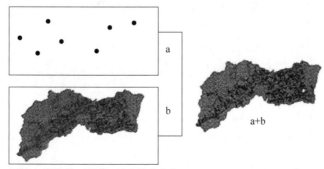

属性表	
ID	liushi type
1	3
2	4
3	2
4	5
5	2
6	2
7	4
8	3
9	2

图层a：考察点；图层b：水土流失分布

图 6-4 点包含分析示例

B 线与多边形叠置

将一个线图层作为输入图层叠置到一个多边形图层上，判断线段与多边形的位置关系，生成的新图层仍然是线图层，并进行线段的自动计数或归属判别。目的在于计算某个多边形内有哪些线要素或者确定线要素分别落在多边形图层的哪个多边形内，以便为新生成的线图层建立新的属性。一个线目标往往跨越多个多边形，这时需要先进行线与多边形边界的求交，并将线状目标进行切割，形成一个新的空间目标的结果集。如图 6-5 所示线状目标 1 与多边形 B 和 C 的边界相交，因而将它切成两个目标，然后建立起线状目标的新属性表，包含原来线状目标的属性和被叠置的面状目标的属性。例如，道路图与境界图叠置，可得到每个行政区中各种等级道路的里程、道路网密度等。

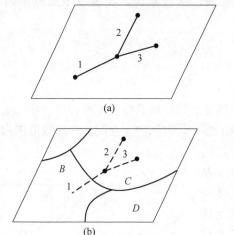

Line ID	Old LOID	Poly
1	1	B
2	1	C
3	2	C
4	3	C

(c)

图 6-5 线与多边形的叠置

（a）线目标；（b）线目标与多边形相交；（c）新属性表

C 多边形与多边形叠置

多边形与多边形的叠加是指不同图幅或不同图层多边形要素之间的叠加，叠加后的输出图层是原来各图层多边形交割的结果，每个多边形的属性含有原来图层的所有属性。如图 6-6 所示，叠加的两个图层的区域范围相同，输出图层将输入图层和叠加图层的多边形边界组合在一起，生成一系列新的多边形，每个新的多边形都具有两个图层的属性。例如，利用多边形与多边形的叠加可分析高度带与植被类型之间的关系。

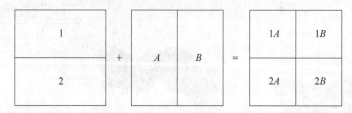

图 6-6 多边形与多边形的叠加

叠加分析还常常用于社会经济数据的空间化表达。社会经济数据主要来源于统计部门和行业内部统计，主要特点是数据时间序列长、连续性好，但存在行政单元和自然单元边界不一致、数据粒度过粗、表达尺度单一、受行政界线变迁影响、空间表达缺乏或不完善等问题。例如，利用空间格网叠加社会经济（统计单元）数据，可以建立社会经济数据与空间数据的联系，实现数据的空间化表达，能够直观、多尺度地表达社会经济数据的空间分布。

随着三维 GIS 应用的深入，越来越多的需求（如道路施工开挖、地铁规划等），都需要三维叠置分析。但由于几何与拓扑的复杂性，还缺乏成熟的适用于三维 GIS 的叠置分析。

6.2.2 缓冲区分析

6.2.2.1 基本原理

缓冲区分析是地理信息系统中最重要和最基本的空间分析方法之一，基本思想是给定一个空间实体或要素（的集合），确定它（们）的某邻域（邻域大小由邻域半径 R 决定）。实体 O_i 的缓冲区定义如下：

$$B_i = \{x : d(x, O_i) \leq R\} \tag{6-2}$$

即 O_i 的缓冲区是全部距 O_i 的距离 d 小于等于 R 的点的集合，d 一般指欧氏距离。

所以，缓冲区分析就是在点、线、面实体（缓冲目标）周围建立一定宽度范围的区域或多边形。实体对象所产生的缓冲区将构成新的数据（图）层。地理信息系统空间操作中，涉及确定不同地理特征的空间接近度或邻近性的操作就是建立缓冲区。如图 6-7 所示，要分析因城市道路扩建而需要拆除的建筑物和搬迁的居民，则需要建立一个距道路中心线一定距离的缓冲区，落在缓冲区内的建筑是必须拆迁的。

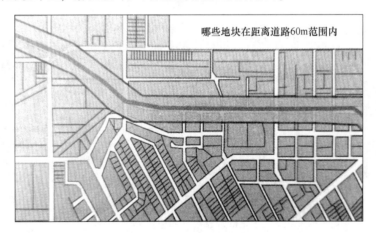

图 6-7 道路的缓冲区示例

6.2.2.2 矢量数据缓冲区的建立

按照实体对象的几个特征，矢量数据缓冲区的建立主要包括以下三类（见表 6-1 和图 6-8~图 6-10）。

（1）点对象的缓冲区。以点为圆心，以一定距离为半径的圆。

（2）线对象的缓冲区。以线为中心轴，距中心轴线一定距离的平行条带多边形。

（3）面对象的缓冲区。以面为基准，向外或向内扩展一定的距离，生成新的多边形，分别为正缓冲区和负缓冲区。

表 6-1　矢量数据缓冲区的建立方法

矢量要素	缓冲区建立	类　　　型
点	以点要素为圆心，以缓冲距离 R 为半径的圆	单点要素形成的缓冲区 多点要素形成的缓冲区 分级点要素形成的缓冲区
线	以线要素为轴线，以缓冲距离 R 为平移量向两侧作平行曲线，在轴线两端构造两个半圆弧，最后形成圆头缓冲区	单线要素形成的缓冲区 多线要素形成的缓冲区 分级线要素形成的缓冲区
面	以面要素的边界线为轴线，以缓冲距离 R 为平移量向边界线的外侧或内侧作平行曲线所形成的多边形	单一面要素形成的缓冲区 多面要素形成的缓冲区 分级面要素形成的缓冲区

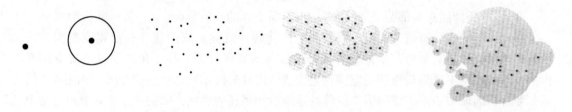

图 6-8　点要素的缓冲区形式

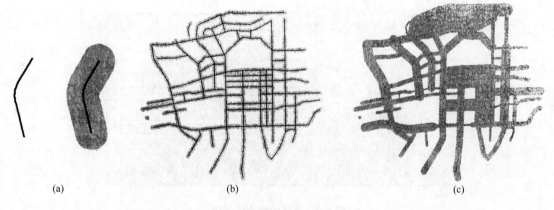

图 6-9　线要素的缓冲区形式

（a）单线形成的缓冲区；（b）线群形成的缓冲区；（c）分级线形成的缓冲区

矢量数据的中心线扩张法的实现一般有两种算法：角分线法和凸角圆弧法。

A　角分线法

角分线法也称简单平行线法，基本思想是：首先在中心轴线两端点处作轴线的垂线，按缓冲区半径 R 截去超出部分，获得左右边线的起讫点；然后在中心轴线的其他各转折

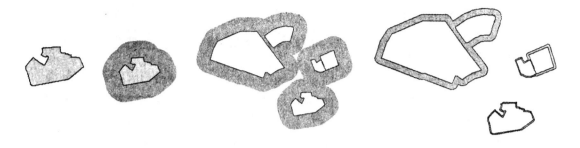

图 6-10　面要素的缓冲区形式

点处，用以偏移量为 R 的左右平行线的交点来确定该转折点处左右平行边线的对应顶点；最终由端点、转折点和左右平行线形成的多边形就构成了所需要的缓冲区多边形，如图 6-11 所示。

　　B　凸角圆弧法

　　凸角圆弧法（图 6-12）的算法思想是：在中心轴线两端点处作轴线的垂线，按缓冲区半径 R 截出左右边线的起讫点；在中心轴线的其他各转折点处，首先判断该点的凸凹性，在凸侧用圆弧弥合，在凹侧用与该转折点前后相继的轴线的偏移量为 R 的左右平行线的交点来确定对应顶点。

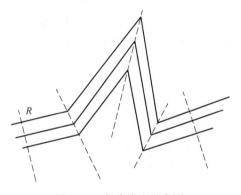

图 6-11　角分线法示意图

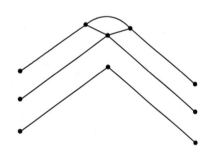

图 6-12　凸角圆弧法原理示意图

　　凸角圆弧法与角分线法都是对轴线两侧作距离为 R 的平行线段，对转折点凹侧都是把上述平行线段延长至该凹部的角平分线，差别在于对端点及转折点凸部的处理不同。角平分线法对凸部的处理仅将平行线段延长至角平分线，而凸角圆弧法则是对转折点凸部作一定角度圆弧，角度视转折角大小，与平行线密切衔接，端点则一般作半圆弧，由平行线和圆弧线组成的封闭多边形，去掉中间的实体线或多边形即是宽度为 R 的缓冲区。凸角圆弧法对于凸部的圆弧处理使其能最大限度地保证左右平行曲线的等宽性，避免了角分线法所带来的异常情况。

6.2.2.3　栅格数据缓冲区的建立

　　相对于矢量数据的缓冲区分析，栅格数据的缓冲区分析操作较为简单。栅格数据的缓冲区分析通常称为推移或扩散（spread），推移或扩散实际上是模拟实体对象对邻近对象的作用过程。栅格数据结构点、线、面缓冲区的建立方法原理主要是像元加粗法，涉及大量的几何求交运算。以分析目标生成像元，借助于缓冲距离 R 计算出像元加粗次数，然后进行像元加粗形成缓冲区。

栅格数据中的每一个网格单元（像元），其周围八个方向都有邻接像元（除了边缘位置的像元），这八个方向为东、南、西、北、东南、西南、西北、东北，如图 6-13（a）所示。该网格单元与前四个方向的最近邻网格单元的距离为 L，L 为网格单元的边长（即像元的分辨率），而与后四个方向的最近邻网格单元的距离为 $\sqrt{2}L$，如图 6-13（b）所示。栅格数据中的点元素的四个方向缓冲区和八个方向缓冲区如图 6-13（c）、（d）所示。

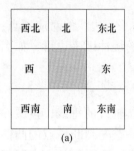 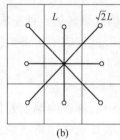 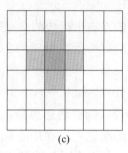 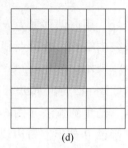

　　（a）　　　　　　　（b）　　　　　　　（c）　　　　　　　（d）

图 6-13　栅格结构中点的缓冲区

建立栅格数据中线状地物的缓冲区，首先需要判定线要素所占的网格单元的范围，对于单线（仅占一个网格单元）的栅格要素建立缓冲区时，先对每个网格单元建立缓冲区，再将重叠区域重新赋值，生成线要素的栅格结构缓冲区数据层如图 6-14 所示。

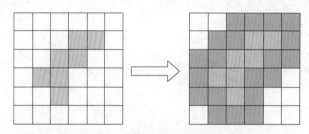

图 6-14　栅格结构中线的缓冲区

对复杂的线要素建立缓冲区时，即该线要素在每一行占用超过两个网格单元，则可以将其视为多边形，其缓冲区建立方法与多边形缓冲区建立方法相同，只需要考虑位于边缘的网格单元的缓冲区即可如图 6-15 所示。

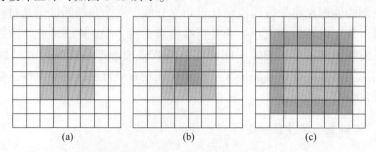

　　　（a）　　　　　　　　　（b）　　　　　　　　　（c）

图 6-15　栅格结构中多边形的缓冲区

（a）原始多边形；（b）提取边缘；（c）缓冲区生成

随着三维 GIS 成为研究热点，三维缓冲区分析也受到越来越多的关注。比较有代表性的有均质无约束的缓冲体生成算法、均质有约束的缓冲体生成算法和非均质无约束的缓冲体生成算法，将二维欧氏距离变换扩展到三维，基于栅格的等值面扩展生成三维缓冲体。但在理论研究上，三维缓冲区目前尚缺乏形式化的定义及成熟的算法。

【技能训练】

2008 年 5 月 12 日，我国四川省发生特大地震，运用缓冲区分析的知识，进行以下分析：

(1) 确定汶川和青川两个地震级别高的地震源的影响范围；

(2) 确定汶川、北川和青川所组成的轴线上地震源轴线的影响范围；

(3) 估算汶川地震中道路的损失情况。

6.2.3　泰森多边形分析

6.2.3.1　基本原理

泰森多边形（thiessen polygons 或 thiessen tessellations，又称 voronoi 或 dirichlet 多边形）分析是由美国气象学家 Thiessen 提出的一种空间分析方法，最初用于从离散分布气象站的降雨量数据中计算平均降雨量。该方法是将所有相邻气象站连成三角形，作这些三角形各边的垂直平分线，于是每个气象站周围的若干垂直平分线便围成一个多边形。用这个多边形内所包含的一个唯一气象站的降雨强度来表示这个多边形区域内的降雨强度，并称这个多边形为泰森多边形，如图 6-16 所示。

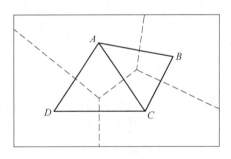

图 6-16　泰森多边形

泰森多边形的几何定义为：设平面上的一个离散点集 $P = \{P_1, P_2, \cdots, P_n\}$，其中任意两个点不共位，即 $P_i \neq P_j(i \neq j, i = 1, 2, \cdots, n; j = 1, 2, \cdots, n)$，且任意四点不共圆，则任意离散点 P_i 的泰森多边形定义为

$$T_i = \{x \mid d(x, P_i) < d(x, P_j) \mid P_i, P_j \in P, P_i \neq P_j, d \text{ 为欧氏距离}\} \qquad (6-3)$$

泰森多边形是在计算几何中被广泛研究的一个问题，其原理非常简单，是一种由点内插生成面的方法如图 6-17 所示。根据有限的采样点数据生成多个面区域，每个区域内只包含一个采样点，且各个面区域到其内采样点的距离小于任何到其他采样点的距离，那么该区域内其他未知点的最佳值就由该区域内的采样点决定，该方法也称为最近邻点法，用于邻域分析。

由上述定义可知，任意离散点 P_i 的泰森多边形是一个凸多边形，且在特殊的情况下可以是一个具有无限边界的凸多边形。从空间划分的角度看，泰森多边形是对一个平面的划分。在泰森多边形 T_i 中，任意一个内点到该泰森多边形的发生点 P_i 的距离都小于该点到其他任何发生点 P_j 的距离，这些发生点 $P_i = (i = 1, 2, \cdots, n)$ 也称为泰森多边形的控制点或质心。

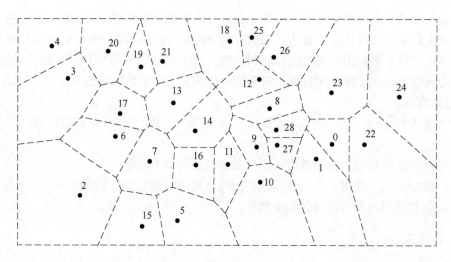

图 6-17　泰森多边形示意图

6.2.3.2　泰森多边形的特性

泰森多边形因其生成过程的特殊性，具有以下特性：（1）每个泰森多边形内仅含有一个采样点或控制点；（2）泰森多边形中的点到相应控制点的距离最近；（3）位于泰森多边形边上的点到其两边控制点的距离相等；（4）在判断一个控制点与其他哪些控制点相邻时，可直接根据泰森多边形得出结论，即若泰森多边形是 n 边形，则与 n 个离散点相邻。

空间数据分析中经常采用泰森多边形进行快速赋值，其中一个隐含的假设是任何地点的未知数据均使用距它最近的采样点数据。实际上，除非有足够多的采样点，否则该假设是不恰当的，如降水、气压、温度等现象是连续变化的，用泰森多边形插值方法得到的结果变化只发生在边界上，即产生的结果在边界上是突变的，在边界内部都是均质的和无变化的，这是泰森多边形分析的不完善之处。因此，尽管泰森多边形产生于气候学领域，却特别适合对专题数据进行内插，可以生成专题与专题之间明显的边界而不会出现不同级别之间的中间现象。

6.2.3.3　狄洛尼三角网

狄洛尼（Delaunay）三角网是由与相邻泰森多边形共享边的相关点连接而成的三角网，它与泰森多边形是对偶关系。图 6-18 是一个泰森多边形及其对偶 Delaunay 三角网的例子，图中虚线为泰森多边形，实线为 Delaunay 三角网。

Delaunay 三角网的生成是将离散的控制点按照一定的原则连接形成三角网的过程，关键是确定由哪三个邻近的控制点来构成一个三角形，该过程也称为三角网的自动连接。即对于平面上的控制点集 $P = \{P_1,$

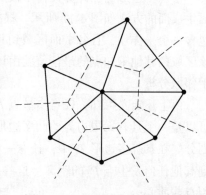

图 6-18　Delaunay 三角网示意图

P_2，…，P_n｝，将其中相近的三点

P_i、P_j、$P_k(i \neq j \neq k$；$i = 1$，2，…，n；$j = 1$，2，…，n；$k = 1$，2，…，$n)$ 构成最佳三角形，使每个控制点都成为三角形的顶点。

对于给定的点集，三角网的形成可以有多种剖分方式，其中 Delaunay 三角网具有以下特征。

（1）Delaunay 三角网是唯一的。

（2）三角网的外边界构成了给定点集的凸多边形"外壳"。

（3）没有任何点在三角形的外接圆内部，反之，如果一个三角网满足此条件，那么它就是 Delaunay 三角网。

（4）如果将三角网中每个三角形的最小角进行升序排列，则 Delaunay 三角网的排列得到的数值最大，从这个意义上讲，Delaunay 三角网是"最接近于规则化"的三角网。为了在三角网的自动连接过程中获得最佳三角形，建立 Delaunay 三角网时，应尽可能符合以下两条原则：任何一个 Delaunay 三角形的外接圆内不能再包含有其他的控制点；两个相邻的 Delaunay 三角形构成凸四边形，在交换凸四边形的对角线后，六个内角的最小者不再增大，即最小角最大原则。

（5）Delaunay 三角网生成的通用算法——凸包插值算法如图 6-19 所示，步骤为：凸包的生成—凸包三角剖分（环切边界法构成若干 Delaunay 三角形）—离散点插值（离散点内插入三角剖分形成新的三角剖分）。

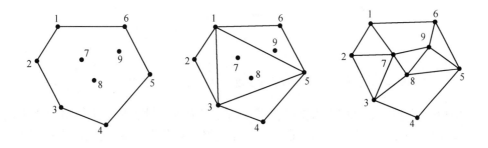

图 6-19　凸包插值算法示意图

6.2.3.4　泰森多边形的建立

A　泰森多边形建立方法

（1）建立 Delaunay 三角网，对离散点和形成的三角形进行编号，并记录每个三角形是由哪三个离散点构成的。

（2）找出与每个离散点相邻的所有三角形的编号，并记录下来。

（3）将与每个离散点相邻的所有三角形按顺时针或逆时针方向进行排序。

（4）计算出每个三角形的外接圆圆心，并记录下来。

（5）连接相邻三角形的外接圆圆心，即可得到泰森多边形。对于三角网边缘的泰森多边形，可作垂直平分线与图廓相交，与图廓一起构成泰森多边形。

B　泰森多边形的栅格算法实现过程

（1）一种典型算法是先将图形栅格化为数字图像，然后对该数字图像进行欧氏距离变换，得到灰度图像，而泰森多边形的边一定处于该灰度图像的脊线上；再通过相应的图像运算，提取灰度图像的这些脊线，就得到最终的泰森多边形。灰度图像脊线提取可采用分水岭算法：先把图片转化为灰度梯度级图像，在图像梯度空间内逐渐增加一个灰度阈值，每当它大于一个局部最大值时，就把当时的二值图像（只区分陆地和水域，即大于灰度阈值和小于灰度阈值两部分）与前一个时刻（即灰度阈值上一个值的时刻）的二值图像进行逻辑异或（XOR）操作，从而确定灰度局部极大值的位置。根据所有灰度局部极大值的位置集合就可确定分水岭。

（2）另外还可采用以发生点为中心点，同时向周围相邻八方向做栅格扩张运算（一种距离变换）的方法，两个相邻发生点扩张运算的交线即为泰森多边形的邻接边，三个相邻发生点扩张运算的交点即为泰森多边形的顶点，如图 6-20 所示。

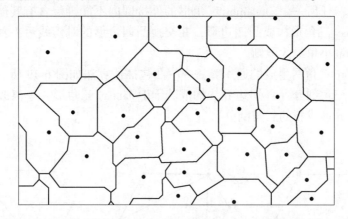

图 6-20　用栅格方法得到的泰森多边形图（图中的黑色点为发生点）

这两种方法获得的泰森多边形都是栅格化的。因为算法过程是基于栅格距离实现的，所以泰森多边形的邻接边表现为折线段。对于用栅格运算获得的泰森多边形图，需要经过附加的处理才能获取它的顶点、发生点和关系信息。

任务 6.3　数字高程模型分析

6.3.1　DSM、DTM 及 DEM

6.3.1.1　数字地表模型

数字地表模型（digital surface model，DSM），顾名思义就是以数字形式对地表形态的一种模拟，包含了地表建筑物、桥梁和树木高度等的地面高程模型，其历史形态可认为是普通地图。

DSM 是一个二维场。即在二维空间 R^2 中，对任意给定的一个空间位置(x, y)，DSM 都有一个表现地表地理特征的属性值 A 与之对应，$A = f(x, y)$，$x, y \in R$。地表属性特征一般可分为三组：（1）地形地貌，高程、坡度、坡向、坡面形态及描述地表起伏情况的更为复杂的地貌因子；（2）自然环境，土壤、植被、地质、水系、气候（如气温、降水）、地球物理特性（如重力）等；（3）社会经济，人口、工农业产值、经济活动、土地利用、交通网、居民点和工矿企业及境界线等。其中，自然环境与社会经济属于非地形信息。

当 A 取不同值时，DSM 有不同的变体。（1）当 A 特指地形特征时，DSM 具体化为数字地形模型（digital terrain model，DTM），表示地面起伏和属性（如坡度、坡向）。（2）当 A 特指地形特征的高程时，DSM 就具体化为 DEM，表示地面的起伏，高程是地理空间中相对于平面二维坐标的第三维坐标。这样，可以将 DEM、DTM 和 DSM 表示为一种映射：

DEM, f：$(x, y) \rightarrow A(高程)$，$x, y \in R$

DTM, f：$(x, y) \rightarrow A(地形)$，$x, y \in R$

DSM, f：$(x, y) \rightarrow A(地形 + 自然特征 / 人文特征)$，$x, y \in R$

由上可知，DEM 是 DTM 的一个特例，而 DTM 是 DSM 的一个特例。DEM 只包含了地形的高程信息，而 DSM 还包含了其他地表信息。因而，在一些对建筑物高度有需求的领域，DSM 得到了很大程度的重视。DSM 最真实地表达地面起伏情况，可广泛应用于各行各业：在森林地区，可以用于检测森林的生长情况；在城区，可以用于检查城市的发展情况；在巡航导弹领域，需要 DSM 以确保低空飞行的安全。

6.3.1.2　数字地形模型

数字地形模型（DTM）是地形表面形态属性信息的数字表达，是带有空间位置特征和地形属性特征的数字描述。地形表面形态的属性信息一般包括高程、坡度、坡向等，因而 DTM 包括 DEM、数字坡度模型、数字坡向模型等。实际上，DTM 是栅格数据模型的一种，与图像的栅格表示形式的主要区别是：图像是用一个点代表整个像元的属性；在 DTM 中格网的点只表示点的属性，而点与点之间的属性需要通过内插计算获得。

DTM 是 DSM 的基础。DSM 的非地形特征有自然环境和社会经济等，因此 DSM 除了 DTM 外还包括数字地面自然环境模型和数字地面社会经济模型等。这些非地形特征的 DSM 可由 DTM+自然环境或社会经济的复合体进行表达。例如，地表面景观图可由 DTM 与数字正射影像（DOM）复合生成；降水量分布图可由 DTM 与等降水量线复合生成。DTM 是对纯粹的地球表面形态的描述，它所关心的是除去包括森林、建筑等一切自然地物或社会地物之外的地球表面构造，即纯地形形态。DSM 则是对地球表面，包括各类地物的综合描述，它关注的是地球表面土地利用的状况，即地物分布形态。图 6-21 的 DTM 与 DSM 描述的是同一地区不同层次的高程信息：DSM 是大地表面土地利用现状的直观表达，可以清晰地看到建筑和植被的分布状况；DTM 描述的则是滤除地面上的一切遮挡物之后，地球表面真实的地形地貌。

DTM 最初是为了高速公路的自动设计而提出的，此后，它被用于各种线路（铁路、公路、输电线）选线的设计以及各种工程的面积、体积、坡度计算，任意两点间的通视判断，任意断面图绘制和流域结构生成等。在测绘中，它被用于绘制等高线、坡度坡向图、立体透视图，制作 DOM 以及地图的修测；在遥感应用中，可作为分类的辅助数据；在军事上，可用于导航及导弹制导、作战电子沙盘等。

(a)　　　　　　　　　　　　　　　　　(b)

图 6-21　DTM 和 DSM 的对比

（a）DTM；（b）DSM

6.3.1.3　数字高程模型

在地形属性为高程时 DTM 可称为 DEM，主要描述地貌形态的空间分布。高程是地理空间的第三维坐标。DEM 通常用地表规则网格单元构成的高程矩阵表示，广义的 DEM 还包括等高线、三角网等所有表达地面高程的数字表示，如图 6-22 所示。DEM 是建立 DTM 的基础数据，其他的地形要素可由 DEM 直接或间接导出，称为"派生数据"，如坡度、坡向。

图 6-22　DEM 叠加等高线

DEM 是国家基础地理空间数据库的重要组成部分，是地理信息系统数据结构由二维向三维发展的重要阶段。

6.3.2　DEM 的主要表示模型

6.3.2.1　等高线模型

方便直观的等高线模型表达地形表面起伏可以追溯到 18 世纪，是制图学史上的一项最重要发明。它是二维手段表示三维物体的常用方法，能展现地面高程、坡度、坡形、山体、山脉走向等基本的地貌形态。

A　基本概念

等高线是表示地形最常见的形式，它属于 DEM 表示方法的线模式。其他的地形特征线也是表达地面高程的重要信息源，如山脊线、谷底线、海岸线及坡度变换线（图6-23）。把地面上高程相等的相邻各点连成闭合曲线，并垂直投影到水平面上，就得到等高线。等高线也可以看作不同海拔高度的水平面与实际地面的交线，所以等高线是闭合曲线。在等高线上标注的数字为该等高线的海拔。

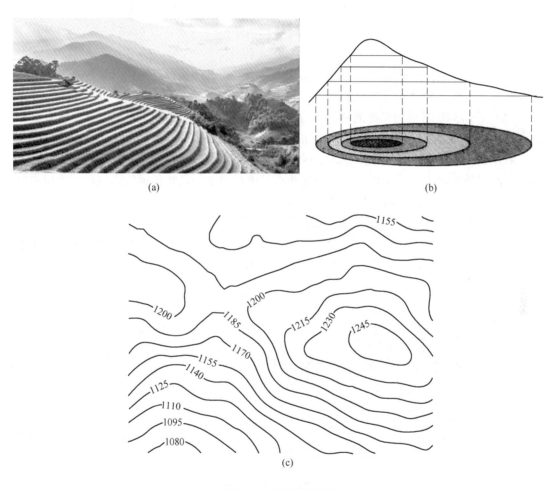

(a)　　　　　　　　　　　　　　　　　　　　(b)

(c)

图 6-23　等高线模型

（a）梯田；（b）等高线原理；（c）地形的等高线表示

等高线模型是采用系列等高线模拟地面高程起伏的一种数据模型，每一条等高线对应一个已知的高程值，等高线的疏密能表示地形起伏的陡缓。该方法适用于平面制图，不便于地理信息系统中对地形表面进行真实感的再现及基于地形的分析。等高线模型不仅可单独使用，也可与格网模型进行叠置以形成立体效果。

B　基本特征

（1）位于同一等高线上的地面点，海拔相同。但海拔相同的点不一定位于同一条等高线上, 如高程相同的两个山头的等高线。

(2) 在同一幅图内, 除了悬崖以外, 不同高程的等高线不能相交。

(3) 在图廓内相邻等高线的高差一般是相同的, 因此地面坡度与等高线之间的等高线平距成反比: 等高线平距越小, 等高线排列越密, 说明地面坡度越大; 等高线平距越大, 等高线排列越稀, 则说明地面坡度越小。

(4) 等高线是一条闭合的曲线, 如果不能在同一幅图内闭合, 则必在相邻或者其他图幅内闭合。

(5) 等高线经过山脊或山谷时改变方向, 因此山脊线或者山谷线应垂直于等高线转折点处的切线, 即等高线与山脊线或者山谷线正交。

C　存储结构

等高线图的存储方式有两种: 一种是基于等值点的有序坐标点对; 另一种是基于等高线及两条等高线区域之间的拓扑关系。

(1) 等高线通常可用二维的链表来存储。一条等高线由于可以认为是一条带有高程值属性的简单多边形或多边形弧段, 因而可采用一个链表来存储, 即存储一条等高线的坐标点对序列。由于等高线模型只表达了区域的部分高程值, 往往需要一种插值方法来计算落在等高线外的其他点的高程, 又因为这些点是落在两条等高线包围的区域内, 所以通常只使用外包的两条等高线的高程值进行插值。

(2) 等高线模型可采用图来表示等高线的拓扑关系。通常采用自由树来表示不同的等高线之间的拓扑关系。其中, 树的一个结点表示一条等高线所围成的区域。这样, 父结点所表示的区域在空间上完全包含子结点所表示区域如图 6-24 所示。

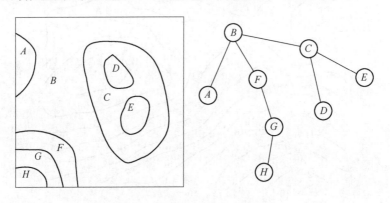

图 6-24　等高线模型的拓扑结构表达

D　生成算法

等值线的绘制就是把大量离散的、具有一定规律特征的几何数据或者物理数据用数学插值的方法进行处理, 并将属性值相同的点转换成图形的过程。等值线是众多领域中成果展示的重要图件之一, 其本身也是一种形和数的统一。

在科学计算可视化的领域中, 等值线的生成方法分为网格序列法和网格无关法。

(1) 网格序列法又称为网格法, 其基本原理是首先对离散点数据构网, 也就是原始数据网格化, 实现规则网格或不规则网格的构建; 其次, 基于网格插值计算等值点最后根据等值点追踪生成等高线。

（2）网格无关法的基本思想是通过给定等值线起始点，或者先求出等值线的起始点，然后利用起始点的局部几何性质，寻找并计算下一个等值点，依次循环，直至到达区域边界，或者回到原始起点。

网格无关算法的局限性是不能充分利用所有的原始数据，精确度不高，因此在研究空间数据的等值线过程中一般采用网格序列法。

等高线模型适宜显示连续曲面，不适宜数学分析，而且数字化现有的等高线图生成的数字高程模型比用航空摄影测：量得到的模型质量差，因此常常需要将它们转为规则格网模型或不规则三角网模型。

6.3.2.2　规则格网

A　规则格网模型的基本概念

规则格网（regular square grid，RSG）模型是一类表示地形最常用的模型，通常采用矩形、正三角形、正六边形等规则多边形镶嵌平面空间如图 6-25 所示，每个多边形单元对应一个地表属性、状态或高程值。下面以 DEM 为例，说明规则（矩形）格网模型的特征。

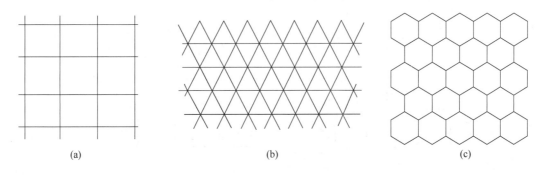

(a)　　　　　　　　　　　(b)　　　　　　　　　　　(c)

图 6-25　规则多边形镶嵌平面空间
（a）正方形模型；（b）正三角形模型；（c）正六边形模型

DEM 的规则格网在数学上可以表示为一个矩阵如图 6-26 所示，在计算机实现中则是一个二维数组；矩阵或数组中一个元素的位置及其值对应于一个网格单元的位置及其高程值。

DEM 分辨率是 DEM 刻画地形精确程度的一个重要指标，同时也是决定其使用范围的一个主要影响因素。DEM 的分辨率是指 DEM 最小单元格的长度。因为 DEM 是离散的数据，所以（X，Y）坐标其实都是一个个的小方格，每个小方格上标识出其高程。这个小方格的长度就是 DEM 的分辨率。分辨率数值越小，分辨率就越高，刻画的地形就越精确，同时数据量也呈几何级数增长。因此 DEM 生成时，需要在精确度和数据量之间做出平衡选择。

对于每个网格单元的数值有两种不同的解释。第一种是网格栅格观点，即网格单元数值是单元上所有点的高程值如图 6-27（a）所示，也就是说网格单元内部是同质的，这种 DEM 表达的是一个不连续的表面。第二种是点栅格观点，即网格单元的数值是网格中心

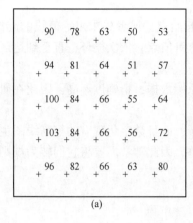 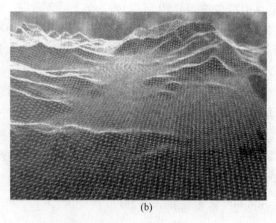

（a）　　　　　　　　　　　　　　　　　　（b）

图 6-26　DEM 数据模型及其可视化

（a）DEM 规则格网模型的数据；（b）DEM 规则格网模型的可视化

点的高程值或网格单元内各点高程的平均值，这种 DEM 表达的是一个连续的表面如图 6-27（b）所示。对于任何非网格中心点的高程值，可以使用周围四个中心点的高程值采用距离加权平均方法进行计算，也可使用样条函数和克里金插值等其他方法。

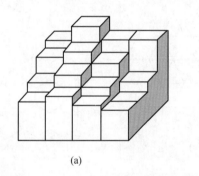 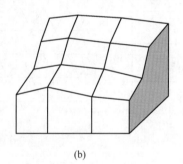

（a）　　　　　　　　　　　　　　　　　　（b）

图 6-27　网格单元的数值

（a）网格栅格；（b）点栅格

B　规则格网模型的建立

DEM 是在二维空间上对三维地形表面的描述。构建 DEM 的整体思路是首先在二维平面上对研究区域进行格网划分（格网大小，如 Δx、Δy，取决于 DEM 的应用目的），形成覆盖整个区域的格网空间结构，然后利用分布在格网点周围的地形采样点内插计算格网点的高程值，最后按一定的格式输出，形成该地区的格网 DEM 如图 6-28 所示。

6.3.2.3　不规则三角网（TIN）模型

Peuker 等于 1978 年设计了不规则三角网（TIN），它既减少规则格网方法带来的数据冗余，同时在计算（如坡度）效率方面又优于纯粹基于等高线的方法。

A　基本概念

对于非规则离散分布的特征点数据，可以建立各种非规则的数字地面模型，如三角

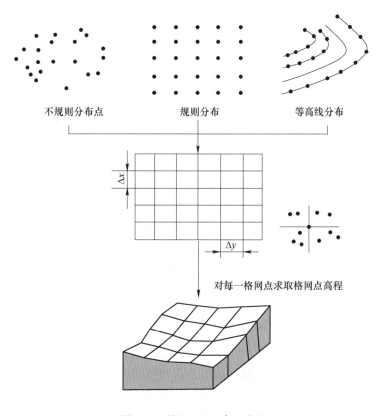

图 6-28　格网 DEM 建立流程

网、四边形网或其他多边形网，但最简单的是三角网如图 6-29 所示。TIN 是按一定规则将离散点连接成覆盖整个区域且互不重叠、结构最佳的三角形，实际上是建立离散点之间的空间关系。

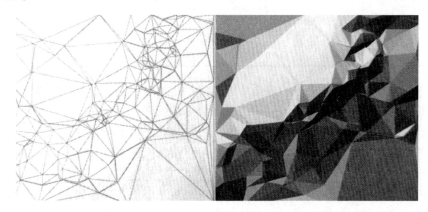

图 6-29　TIN

　　TIN 的基本组成是三角形，而三角形由结点（node）和边（edge）组成。结点由（x, y, z）定义的坐标和变量值组成；边，即三角形的边，关联两个端结点；三角形由结点和边按一定规则连接而成。TIN 高程模型记录了每个点（即三角形顶点）的高程。三角形边上任意点的高程是该边的两个顶点之间高程的近似值，而三角形内任意点的地形倾角都是常量；这样，通过简单的线性插值和多项式插值可以估计三角形表面任何位置的表面高程值。

B　存储结构

TIN 模型在概念上类似于多边形网络的矢量拓扑结构。TIN 有多种数据组织方式，一种简单的方法是以三角形作为基本对象如图 6-30 所示。它包括两个基本文件：点文件，记录每个结点的平面坐标和高程属性值；三角形文件，记录每个三角形的顶点号。

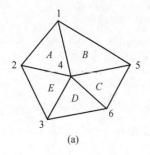

点ID	X	Y	高程
1	x_1	y_1	z_1
2	x_2	y_2	z_2
⋮	⋮	⋮	⋮

三角形ID	顶点1	顶点2	顶点3
A	1	4	2
B	1	5	4
⋮	⋮	⋮	⋮

(a)　　　　　　　　　　(b)　　　　　　　　　　(c)

图 6-30　以三角形作为基本对象的 TIN 组织方式

(a) TIN；(b) 点文件；(c) 三角形文件

在三角形文件的基础上可以扩展三角形之间的拓扑关系的表达，主要是三角形与相邻三角形的邻接关系见表 6-2。每个记录依顺时针方向列出三个顶点号及三个相邻的三角形号，其中相邻三角形的顺序按每个顶点对边给定的邻接三角形列出。

表 6-2　TIN 的一种拓扑结构

三角形 ID	三角形顶点			邻接三角形 ID		
	顶点 1	顶点 2	顶点 3	顶点 1 对边 △	顶点 2 对边 △	顶点 3 对边 △
A	1	4	2	E	×	B
B	1	5	4	C	A	×
⋮	⋮	⋮	⋮	⋮	⋮	⋮

上述含三角形之间拓扑关系的数据结构能够很好地描述三角形及其邻接关系，非常适合需要面相邻关系的操作和分析。例如，三角形 B 的相邻三角形有哪些，可从表 6-2 的拓扑结构中直接返回结果：三角形 C 和 A。若在无三角形之间拓扑关系的数据结构中，上述问题的回答则需要先建立三角形之间的拓扑关系。显然，无三角形拓扑关系的结构存在数据量小的优势，但在回答面相邻关系的查询时需要构建拓扑关系，而有三角形拓扑关系的结构则不需要这一环节。对于给定的三角形，查询其三个顶点高程和相邻三角形所用的时间是固定的，在沿直线计算地形剖面线时具有较高的效率。此外，TIN 也可以将结点作为基本空间对象进行组织。

C　基本特点

（1）TIN 由连续的三角面组成，三角面的形状和大小取决于不规则分布的测点（或结点）的位置和密度。

（2）与规则格网 DEM 的不同之处：TIN 是一种变化分辨率的模型，不需要维护模型的结构规则性，可根据不同地形区域的平缓陡峭用大小形状各异且疏密不同的三角网格描述，避免平坦地形的数据冗余；能按地形特征点线如山脊点、山谷线、地形变化线等表示地形特征，如能够将断裂线的信息作为三角形的边加入三角网中，因而能准确表示地形的结构和细部；一些基于 TIN 的地形参数计算更直接和更简单，如坡度、坡向和体积。

（3）相对于等高线模型，TIN 在计算坡度、坡向等地形信息时具有较高的效率。

6.3.2.4 细节层次模型

细节层次（levels of detail，LOD）模型技术是根据人的视觉规律，对同一个场景或场景中的物体使用具有不同细节的描述方法得到的一组模型。

根据人的视觉规律，当把同一地区或同一物体放在远近不同的位置时，人眼所能观察到的该地区或物体的详细程度是不一样的。物体在屏幕上的投影面积是由物体的实际大小、视点的位置及视角共同决定的。物体的面积越小、离视点越远、与投影平面的夹角越大，物体在屏幕上所占的面积越小。对于那些实际面积较大而经过投影后在屏幕上所占面积却较小的物体，可以采用较低分辨率的模型来表示，这样对最终的模型显示效果并没有太大的影响，而模型却得到了很大的简化，从而加快了模型的绘制速度。

Clark 于 1976 年提出了 LOD 技术，它是一种符合人的视觉特性的、简化三维场景复杂性的技术。LOD 是在不影响画面视觉效果的前提条件下，通过逐层次简化景物的表面细节来减少场景的几何复杂性如图 6-31 所示，从而实现用较小的真实感损失换取更高的三维场景绘制速度。LOD 模型是对原始几何模型按照一定的算法进行简化后的模型的总称，也称为简化模型。LOD 技术具有广泛的应用领域，目前在实时图像通信、交互式可视化、虚拟现实、地形表示、飞行模拟、碰撞检测、限时图形绘制等领域都得到了应用。

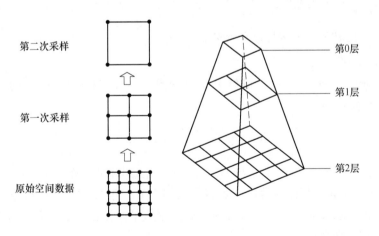

图 6-31 结节层次模型示意图

【技能训练】

给定某小流域的野外实测的高程离散数据，请思考选择合适的内插模型，构建该流域数字高程模型，在此基础上，选用自己熟悉的地理信息系统软件，求算其沟壑密度，并画出流程图。

6.3.3　DEM 分析

6.3.3.1　基于 DEM 的信息提取

A　坡度、坡向

坡度定义为水平面与局部地表之间的正切值。它包含两个成分：斜度-高度变化的最大值比率（常称为坡度）；坡向-变化比率最大值的方向。地貌分析还可能用到二阶差分凹率和凸率。比较通用的度量方法是：斜度用百分比度量，坡向按从正北方向起算的角度测量，凸度按单位距离内斜度的度数测量。

坡度和坡向的计算通常使用 3×3 窗口，窗口在 DEM 高程矩阵中连续移动后，完成整幅图的计算。坡度的计算如下：

$$\tan\beta = \left[(\sigma_z/\sigma_x)^2 + (\sigma_z/\sigma_y)^2 \right]^{1/2} \tag{6-4}$$

坡向计算如下：

$$\tan A = (-\sigma_z/\sigma_y)/(\sigma_z/\sigma_x) \qquad (-\pi < A < \pi) \tag{6-5}$$

为了提高计算速度和精度，GIS 通常使用二阶差分计算坡度和坡向，最简单的有限二阶差分法是按下式计算点 i, j 在 x 方向上的斜度：

$$(\sigma_z/\sigma_x)_{ij} = (z_{i+1, j} - z_{i-1, j})/2\sigma_x \tag{6-6}$$

式中，σ_x 是格网间距（沿对角线时 σ_x 应乘以 $\sqrt{2}$）。

这种方法计算各方向的斜度，运算速度也快得多。但地面高程局部误差将引起严重坡度计算误差，可以用数字分析方法来得到更好的结果，用数字分析方法计算东西方向坡度公式如下：

$$(\sigma_z/\sigma_x)_{ij} = \frac{(z_{i+1, j+1} + 2z_{i+1, j} + z_{i+1, j-1}) - (z_{i-1, j+1} + 2z_{i-1, j} + z_{i-1, j-1})}{8\sigma_x} \tag{6-7}$$

同理可以写出其他方向的坡度计算公式。

B　面积、体积

（1）剖面积。根据工程设计的线路，可计算其与 DEM 各格网边交点 $P_i(X_i, Y_i, Z_i)$，则线路剖面积为：

$$S = \sum_{i=1}^{n-1} \frac{Z_i + Z_{i+1}}{2} \cdot D_{i, i+1} \tag{6-8}$$

式中，n 为交点数；$D_i, i+1$ 为 P_i 与 $P_i + 1$ 之距离。同理可计算任意横断面及其面积。

（2）体积。DEM 体积由四棱柱（无特征的格网）与三棱柱体积进行累加得到，四棱柱体上表面用抛物双曲面拟合，三棱柱体上表面用斜平面拟合，下表面均为水平面或参考平面，计算公式分别为：

$$\left.\begin{array}{l} V_3 = \dfrac{Z_1 + Z_2 + Z_3}{3} \cdot S_3 \\[3mm] V_4 = \dfrac{Z_1 + Z_2 + Z_3 + Z_4}{4} \cdot S_4 \end{array}\right\} \tag{6-9}$$

式中，S_3 与 S_4 分别是三棱柱与四棱柱的底面积。

根据两个 DEM 可计算工程中的挖方、填方及土壤流失量。

6.3.3.2　基于 DEM 的可视化

A　剖面分析

研究地形剖面，常常可以以线代面，研究区域的地貌形态、轮廓形状、地势变化、地质构造、斜坡特征、地表切割强度等。如果在地形剖面上叠加上其他地理变量，例如坡度、土壤、植被、土地利用现状等，可以提供土地利用规划、工程选线和选址等的决策依据。

坡度图的绘制应在格网 DEM 或三角网 DEM 上进行。已知两点的坐标 $A(x_1, y_1)$，$B(x_2, y_2)$，则可求出两点连线与格网或三角网的交点，以及各交点之间的距离。然后按选定的垂直比例尺和水平比例尺，按距离和高程绘出剖面图，如图 6-32 所示。

在格网或三角网交点的高程通常可采用简单的线性内插算出，且剖面图不一定必须沿直线绘制，也可沿一条曲线绘制，但其绘制方法仍然是相同的。

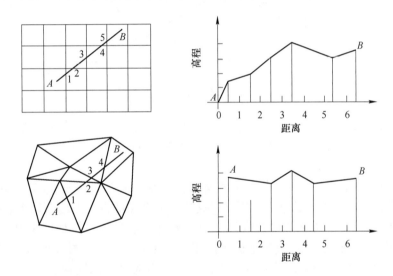

图 6-32　剖面图绘制示意图

B　通视分析

通视分析是指以某一点为观察点，研究某一区域通视情况的地形分析。通视问题可以分为五类：（1）已知一个或一组观察点，找出某一地形的可见区域；（2）欲观察到某一区域的全部地形表面，计算最少观察点数量；（3）在观察点数量一定的前提下，计算能获得的最大观察区域；（4）以最小代价建造观察塔，要求全部区域可见；（5）在给定建造代价的前提下，求最大可见区。

通视分析的核心是通视图的绘制。绘制通视图的基本思路是：以 O 为观察点，对格网 DEM 或三角网 DEM 上的每个点判断通视与否，通视赋值为 1，不通视赋值为 0。由此可形成属性值为 0 和 1 的格网或三角网。对此以 0.5 为值追踪等值线，即得到以 O 为观察点的通视图。因此，判断格网或三角网上的某一点是否通视成为关键。

另一种利用 DEM 绘制通视图的方法是，以观察点 O 为轴，以一定的方位角间隔算出

0~360°的所有方位线上的通视情况。对于每条方位线，通视的地方绘线，不通视的地方断开，或相反。这样可得出射线状的通视图。其判断通视与否的方法与前述类似。

根据问题输出维数的不同，通视可分为点的通视、线的通视和面的通视。点的通视是指计算视点与待判定点之间的可见性问题；线的通视是指已知视点、计算视点的视野问题；区域的通视是指已知视点、计算视点能可视的地形表面区域集合的问题。基于格网 DEM 模型与基于 TIN 模型的 DEM 计算通视的方法差异很大。

（1）点对点通视。基于格网 DEM 的通视问题，为了简化问题，可以将格网点作为计算单位。这样点对点的通视问题简化为离散空间直线与某一地形剖面线的相交问题，如图 6-33 所示，图上灰色区域为不可见区域。

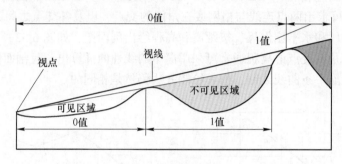

图 6-33　通视分析

（2）点对线通视。点对线的通视，实际上就是求点的视野。应该注意的是，对于视野线之外的任何一个地形表面上的点都是不可见的，但在视野线内的点有可能可见，也可能不可见。

（3）点对区域通视。点对区域的通视算法是点对点算法的扩展。与点到线通视问题相同，P 点沿数据边缘顺时针移动。逐点检查视点至 P 点的直线上的点是否通视。一个改进的算法思想是，视点到 P 点的视线遮挡点，最有可能是地形剖面线上高程最大的点。因此，可以将剖面线上的点按高程值进行排序，按降序依次检查排序后每个点是否通视，只要有一个点不满足通视条件，其余点不再检查。点对区域的通视实质仍是点对点的通视，只是增加了排序过程。

6.3.4　DEM 应用

DEM 应用广泛，有许多用处，其中最重要的一些用途如下。

6.3.4.1　科学研究方面

地形表面的表述、信息提取和分析是科学研究中重要的信息源和基础资料。在科学研究中，DEM 应用在区域和全球气候变化的研究、水资源和野生动植物的分布、建立地质和水文模型、地形地貌分析、地形参数（如坡度、坡向、粗糙度）提取、土地利用和土地覆盖变化检测等领域。

6.3.4.2　工业工程方面

DEM 主要应用于各种辅助决策和设计，从而提高服务质量以及自动化水平，并获得更大的经济利益。1957年，Robert建议通过数字高程数据设计高速公路、挖填方计算、线路勘测设计以及水利建设工程等。同时，DEM还能：（1）快速地绘制等高线地形、制作正射影像图与修测地图；（2）用于各种线路的自动选线、交通路线的规划、景观设计与城市规划；（3）用于无线通信上蜂窝电话的基站分析；（4）用于水库堤坝的选址，以及土方、库容和淹没损失的自动估算等；（5）用于土木工程、景观建筑与矿山工程规划与设计。

6.3.4.3　商业方面

因为DEM的应用是面向用户的，所以DEM的商业价值在于DEM产品以及派生产品的生产与分发，如由国家基础地理信息中心提供的覆盖全国的1∶100万、1∶25万、1∶5万及部分1∶1万的DEM数据。

6.3.4.4　其他方面

DEM不仅可以分析森林资源的水平分布和垂直分布、实现最佳防坡堤位置计算模拟、估计洪水淹没区损失、分析流水线、分析山区日照情况以及三维可视化等，而且由DEM还可以派生出平面等高线图、立体等高线图、等坡度图、景观图、晕渲图及透视图等。在军事方面，DEM还应用于飞行器的飞行模拟、战场地形环境模拟、使用地形匹配导引技术的导弹飞行模拟、陆地雷达的选址以及炮兵的互视性规划等方面。

任务 6.4　空间统计分析

6.4.1　模式分析

6.4.1.1　点模式分析

在现实生活中，点很容易定位，如鸟巢、石油钻井、犯罪地点或电线杆。由于会受到一些空间处理的影响，当把这些点布置在地图上时经常会呈现出不同的空间模式。分析点定位过程的机理，可以帮助研究人员对其他点位置进行建模和预测。根据地理实体或事件的空间位置研究其分布模式的方法称为空间点模式分析。在空间点模式分析中，主要强调的是点的位置，而不是点的任何属性。

点模式是研究区域 R 内的一系列点的组合：

$$[S_1 = (x_1, y_1), S_2 = (x_2, y_2), \cdots, S_n = (x_n, y_n)] \tag{6-10}$$

式中，S_i 为第 i 个观测事件的空间位置。研究区域 R 的形状可以是矩形，也可以是复杂的多边形。

点在空间上的分布千变万化，但不会超出从均匀到集中的模式，如图6-34所示。一般将点模式区分为三种基本类型：聚集分布、随机分布、均匀分布。如果某区域范围内每个较小区域上的点密度都相等，则称为均匀分布；如果整个研究区内的点呈紧密排布，则称为聚集分布；如果点要素呈无规律零乱散布时，则称为随机分布。

区域内点集对象或事件分布模式的基本问题是确定它们的分布是随机的、均匀的还是聚集的。研究分布模式对于探索导致这一分布模式形成的原因非常重要。例如，在一个城

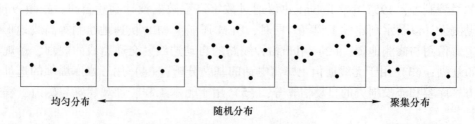

均匀分布 ←———————→ 聚集分布

随机分布

图 6-34　点模式的分布类型示例

市区域中大型商业网点的空间分布模式是否显著地影响了餐饮网点的分布？常用的点模式分析方法有最近邻点分析、样方分析等。

A　最近邻点分析

最近邻点分析是一种点位置关系的点模式分析法，它的基本思想是先测出每个点与其最近点要素间的距离，然后计算所有这些最近邻距离的平均值。如果该平均距离小于假设随机分布中的平均距离，则将所分析的点要素视为聚类要素，否则视为分散要素。

最近邻点分析创建一个基于每个对象到邻近要素之间距离的索引。该分析能确定位置的空间分布是随机还是非随机的，表示为点间观察距离和预期距离（假设为随机分布）比值的索引。

最近邻点分析的一个假设条件是，点可以"自由"定位在研究区域的任何位置，如图 6-35 所示的 11 个假定点的地理分布。计算每个点到其他各点的距离，见表 6-3，计算出每个点的最近邻点和到最近邻点的欧氏距离及所有到最近邻点的距离的平均值 d_a。

要确定分布中的点是否随机分布，需要用平均观测距离 d_a 与随机分布的点之间的预期平均最近邻距离 d_e 进行比较。一个随机的点分布的预期平均最近邻距离的计算公式为

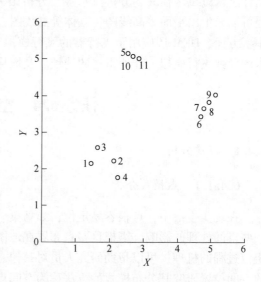

图 6-35　11 个假定观察点的地理分布

$$d_e = \frac{1}{2\sqrt{n/A}} \tag{6-11}$$

式中，n 为点数；A 为研究区域的面积。

表 6-3　11 个点的欧氏距离

点	X	Y	最近邻点	到最近邻点的欧氏距离
1	1.5	2.1	3	0.41
2	2.1	2.2	4	0.46
3	1.6	2.5	1	0.41

点	X	Y	最近邻点	到最近邻点的欧氏距离
4	2.2	1.75	2	0.46
5	2.3	5.2	10	0.14
6	4.3	3.1	7	0.51
7	4.4	3.6	8	0.34
8	4.7	3.75	7	0.34
9	4.8	4.2	8	0.46
10	2.2	5.3	5	0.14
11	2.5	5.1	10	0.36
d_a				0.37

在本例中，研究面积是 36（即 6×6＝36）平方单位。如果分析的点是随机分布的，则两值（d_a 和 d_e）之比总等于 1（或非常接近于 1）。聚集模式的最近邻点距离小于预期距离，即 d_a 小于 d_e。

因此在本例中，假设的点模式中每个点之间的预期随机距离为

$$d_e = \frac{1}{2\sqrt{\frac{11}{36}}} = 0.905 \tag{6-12}$$

式（6-11）可改写为

$$随机距离 = \frac{1}{2\sqrt{密度}}$$

式（6-12）中，密度 $= \dfrac{点数}{总面积}$。

在本例中，实际最近邻距离 d_a 是 0.37，比预期距离（0.905）小很多，说明该例中的点模式属于聚集分布。

B 样方分析

样方分析方法的基本思路为：将随机分布模式作为理论上的标准分布模式，进而将空间点分布密度与标准分布模式进行比较，判断空间分布模式。样方分析的基本步骤如下。首先使用一个格网结构对研究区域进行分割，统计每个格网空间实体的频数。格网的形状可以为正方形、正六边形或圆形。一般采用正方形格网，也有使用固定大小的随机样方，如图 6-36 所示。

然后统计包含不同数量空间实体格网的概率分布。最后将得到的概率分布与已知的或理论上的概率分布（如均匀分布、随机分布）进行比较，可以采用方差-均值比的方法来判断空间点模式的类型，描述为

$$\lambda_{ICS} = \frac{S^2}{\bar{x}} - 1 \tag{6-13}$$

式中，λ_{ICS} 为聚集性指数，$\lambda_{ICS}=0$ 表示随机分布，$\lambda_{ICS}<0$ 表示均匀分布，$\lambda_{ICS}>0$ 表示聚集分布；S^2 为样方实体数目的方差；$\bar{x}$ 为样方实体数目的均值。

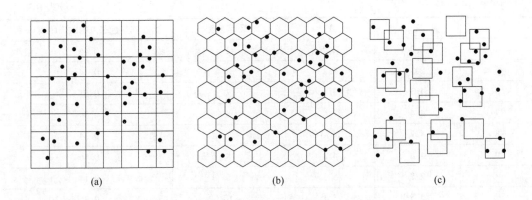

图 6-36　不同形式的样方设计

（a）正方形格网；（b）六边形格网；（c）随机样方

6.4.1.2　面模式分析

面状数据的空间模式是研究面积单元的空间关系作用下的变量值的空间模式。面状数据通过各个面积单元变量的数值描述地理现象的分布特征，变量的值描述的是这个空间单元的总体特征，与面积单元内的空间位置无关，如行政区、土地利用类型区、人口普查区等。

A　空间近邻度分析

空间邻接性就是面积单元之间的距离关系，基于距离的空间邻接性测度就是使用面积单元时间的距离定义邻接性，通常采用邻接法、重心距离法、空间权重矩阵等。

边界邻接法认为面积单元之间具有共享边界的则是空间邻接的，用边界邻接首先可以定义一个面积单元的直接邻接，然后根据邻接的传递关系还可以定义间接邻接，或者多重邻接。

重心距离法则认为面积单元的重心或中心之间的距离小于某个指定的距离，则面积单元在空间上是邻接的。指定距离的大小对于一个单元的邻接数量有影响。

空间权重矩阵是空间邻接性的定量化测度。假设研究区域中有 n 个多边形，任何两个多边形都存在一个空间关系，这样就有 $n×n$ 对关系，需要 $n×n$ 的矩阵存储这 n 个面积单元之间的空间关系。主要的空间权重矩阵包括以下几种类型。

（1）左右相邻权重。空间对象间的相邻关系从空间方位上考虑，有左右相邻的关系，如道路、河流等有水平方向的分布。

$$\omega_{ij} = \begin{cases} 1 & （区域 i 和 j 的邻接为左右邻接） \\ 0 & （其他） \end{cases} \tag{6-14}$$

（2）上下相邻权重。空间对象间的相邻关系从空间方位上考虑，也有上下相邻的关系，如道路、河流等有垂直方向的分布。

$$\omega_{ij} = \begin{cases} 1 & （区域 i 和 j 的邻接为上下邻接） \\ 0 & （其他） \end{cases} \tag{6-15}$$

（3）Queen 权重：

$$\omega_{ij} = \begin{cases} 1 & （区域\ i\ 和\ j\ 的有公共边或同一定点） \\ 0 & （其他） \end{cases} \tag{6-16}$$

（4）二进制权重：

$$\omega_{ij} = \begin{cases} 1 & （区域\ i\ 和\ j\ 有公共边） \\ 0 & （其他） \end{cases} \tag{6-17}$$

（5）K 最近点权重：

$$\omega_{ij} = \frac{1}{d_{ij}^m} \tag{6-18}$$

式中，m 为幂；d_{ij} 为区域 i 和区域 j 之间的距离。

（6）基于距离的权生是：

$$\omega_{ij} = \begin{cases} 1 & （区域\ i\ 和\ j\ 的距离小于\ d） \\ 0 & （其他） \end{cases} \tag{6-19}$$

（7）Dacey 权重：

$$\omega_{ij} = d_{ij} \times a_i \times \beta_{ij}$$

式中，d_{ij} 为对应二进制连接矩阵元素，即取值为 1 或 0；a_i 是单元 i 的面积占整个空间系统的所有单元的总面积的比较；β_{ij} 为 i 单元与 j 单元共享的边界长度点 i 单元总边界长度的比例。

（8）阈值权重：

$$\omega_{ij} = \begin{cases} 0 & （i = j） \\ a_1 & （d_{ij} < d） \\ a_2 & （d_{ij} \geqslant d） \end{cases} \tag{6-20}$$

（9）Cliff-Ord 权重：

$$\omega_{ij} = [d_{ij}]^{-a} [\beta_{ij}]^b \tag{6-21}$$

式中，d_{ij} 代表空间单元 i 和 j 之间的距离；β_{ij} 为 i 单元被 j 单元共享的边界长度占 i 单元总边界长度的比例。

B　趋势分析

空间数据的一阶效应反映了研究区域上变量的空间趋势，通常用变量的均值描述这种空间变化。研究一阶效应使用的方法主要是利用空间权重矩阵进行空间滑动平均估计。如果面积单元数据是基于规则格网的，一般使用中位数平滑的方法，此外核密度估计方法也是研究面状数据一阶效应的常用方法。

空间滑动平均是利用近邻面积单元的值计算均值的一种方法，称为空间滑动平均。设区域 R 中有 m 个单元面积，对应于第 j 个面积单元的变量 y 的值为 y_i，面积单元 i 近邻的面积单元的数量为 n 个，则均值平滑的公式为

$$\mu_i = \sum_{j=1}^{n} \omega_{ij} y_i \Big/ \sum_{j=1}^{n} \omega_{ij} \tag{6-22}$$

最简单的情况是假设返邻面积单元对 i 的贡献是相同的，即 $\omega_{ij} = 1/n$，则

$$\mu_i = \frac{1}{n} \sum_{j=1}^{n} y_i \tag{6-23}$$

6.4.2　空间自相关分析

空间自相关分析是指研究地理空间中某空间数据与其周围数据间的相似性及相关程度，进而分析这些空间数据在空间的分布现象的特性。空间自相关基于 Waldo Tobler 的地理学第一定律：任何事物都相关，只是空间上相近的事物更相关。空间自相关分析是认识空间分布特征、选择适宜的空间尺度来完成空间分析的最常用方法。

空间自相关分析包括全局空间自相关分析和局部空间自相关分析。全局空间自相关分析采用单一的值来反映同一变量在空间区域中的自相关程度，可分析在整个研究范围内同一个变量是否具有自相关性。局部空间自相关分析分别计算每个空间单元与邻近单元就同一个变量的自相关程度，可分析在特定的局部地点同一个变量是否具有相关性。

6.4.2.1　全局空间自相关分析

全局空间自相关分析主要用于描述区域单元某种现象的整体空间分布情况，以判断该现象在空间上是否存在聚集性。莫兰（Moran's I）指数统计量和 Geary's C 指数统计量是两个用来度量空间自相关的全局指标。其中，Moran's I 指数反映空间邻接或空间邻近的区域单元属性值的相似程度。Geary's C 指数与 Moran's I 指数存在负相关的关系。

A　全局 Moran's I 指数

全局 Moran's I 指数（Moran，1950）计算公式为

$$\text{Moran's I} = \frac{\sum_{i=1}^{n} \sum_{j=1}^{n} w_{ij}(x_i - \overline{x})(x_j - \overline{x})}{S^2 \sum_{i=1}^{n} \sum_{j=1}^{n} w_{ij}} \tag{6-24}$$

式中，方差为 $S^2 = \dfrac{1}{n} \sum_{i=1}^{n} (x_i - \overline{x})^2$；$\overline{x} = \dfrac{1}{n} \sum_{i=1}^{n} x_i$；$x_i$ 为第 i 个地区的观测值；n 为地区总数；w 为行标准化的空间权重矩阵，w_{ij} 为空间权重矩阵中的第 i 行第 j 列的一个元素，以度量区域 i 与区域 j 之间的距离；$\sum_{i=1}^{n} \sum_{j=1}^{n} w_{ij}$ 为所有空间权重之和，如果空间权重矩阵为行标准化，则 $\sum_{i=1}^{n} \sum_{j=1}^{n} w_{ij}$ 为 n。

Moran's I 指数的取值一般为 $-1 \sim 1$，小于 0 表示负相关，等于 0 表示不相关，大于 0 表示正相关。Moran's I 统计量绝对值越接近 0，表示空间事物的属性值差异越大或分布越不集中，在空间上表现为随机分布，满足经典统计分析所要求的独立、随机分布假设；绝对值越接近 1，表示空间单元间的关系越密切，性质越相似（接近于 1 时表明具有相似的

"高-高""低-低"属性聚集在一起，接近于-1时表明具有相异的"高-低""低-高"属性聚集在一起）。

空间自相关显著性检验为，零假设为"H_0：n 个区域单元的观测值不存在空间自相关关系"。Z_a 为标准化 Moran's I 指数。

$$Z_a = \frac{I - E(I)}{\sqrt{VAR(I)}} \tag{6-25}$$

式中，$E(I) = \frac{1}{n-1}$；$VAR(I) = \frac{n^2 w_1 + n w_2 + 3 w_0^2}{w_0^2 (n^2 - 1)} - E_2(I)$；$w_0 = \sum\limits_{i=1}^{n} \sum\limits_{j=1}^{n} w_{ij}$；$w_1 = \frac{1}{2}$ $\sum\limits_{i=1}^{n} \sum\limits_{j=1}^{n} (w_{ij} + w_{ji})^2$；$w_2 = \sum\limits_{i=1}^{n} \sum\limits_{j=1}^{n} (w_{i*} + w_{j*})^2$；$w_{i*}$ 和 w_{j*} 分别为空间权重矩阵中第 i 行和第 j 列之和。

可以证明，在零假设成立的条件下，Z_a 服从渐进正态分布，由此可以用标准正态的临界值对其进行假设检验。一般情况下假设显著性水平 $a = 0.05$，查正态分布表知 $Z_a = 1.96$。那么当 $Z_a > 1.96$ 时，表明地理分布中具有相似属性的区域单元倾向于集聚在一起，具有显著的正空间自相关性；当 $Z_a < -1.96$ 时，表明地理分布中不同的属性值倾向于聚集在一起，具有显著的负空间自相关性；当 $-1.96 < Z_a < 1.96$ 时，表明地理分布中的属性值高或低呈无规律的随机分布状态，空间自相关性不显著。

B 全局 Geary's C 指数

由于 Moran's I 指数不能判断空间数据是高值集聚还是低值集聚，因此 Geary（1954）提出全局 Geary's C 指数。Geary's C 指数计算公式为

$$C = \frac{(n-1) \sum\limits_{i=1}^{n} \sum\limits_{j=1}^{n} w_{ij} (x_i - x_j)^2}{2 \sum\limits_{i=1}^{n} \sum\limits_{j=1}^{n} w_{ij} \sum\limits_{k=1}^{n} (x_k - \overline{x})^2} \tag{6-26}$$

式中，C 为 Geary's C 指数，其他变量同上式。Geary's C 指数的取值一般为 [0, 2]，大于 1 表示负相关，等于 1 表示不相关，小于 1 表示正相关。类似于 Moran's I 指数，也可以对 Geary 指数进行标准化，标准化后的 Geary's C 指数也渐进服从正态分布。

$$Z(C) = \frac{[C - E(C)]}{\sqrt{Var(C)}} \tag{6-27}$$

式中，$E(C)$ 为数学期望；$\sqrt{Var(C)}$ 为方差。正的 $Z(C)$ 表示存在高值集聚，负的 $Z(C)$ 表示存在低值集聚。

6.4.2.2 局部空间自相关分析

全局自相关建立在空间平稳性这一假设基础之上，认为整个区域只存在集聚、分散或随机分布三者中的一种趋势。但空间自相关的全局评估有时可能掩盖了局部的不稳定性，特别是当区域非常大时，空间平稳性的假设就变得非常不现实。实际上，在研究区域内部，各局部区域常常存在着不同水平与性质的空间自相关，这种现象称为空间异质性。局部空间自相关分析就是通过计算每一个空间单元与邻近单元就某一属性的相关程度，对各

局部区域中的属性信息进行分析，探究整个区域上同一属性的变化是否平滑（均质）或者存在突变（异质）。局部空间自相关分析结果一般可以采用地图的方式直观地表达出来，通过构造不同的空间权重矩阵，可以更为准确地把握空间要素在整个区域中的异质性特征。常见的局部空间自相关统计量是空间联系局部指标（local indicators of spatial association，LISA）（Anselin，1995），这是一组统计量的合称，常用的包括局部 Moran's I 指数和局部 Geary's C 指数。

A　局部 Moran's I 指数

局部 Moran's I 指数被定义为

$$I_i = \frac{x_i - \overline{x}}{S^2} \sum_j w_{ij}(x_j - \overline{x}) \tag{6-28}$$

式中，$S^2 = \frac{1}{n} \sum_{i=1}^{n} (x_i - \overline{x})^2$；$\overline{x} = \frac{1}{n} \sum_{i=1}^{n} x_i$。

正的 I_i 表示该空间单元与邻近单元的观测属性呈现正相关（高值聚集或者低值聚集），表示一个高值被高值所包围（高-高）或是一个低值被低值所包围（低-低），负的 I_i 表示一个高值被低值所包围（高-低）或是一个低值被高值所包围（低-高）。

进一步推导可得

$$I_i = \frac{n(x_i - \overline{x}) \sum_j w_{ij}(x_j - \overline{x})}{\sum_i (x_j - \overline{x})^2} = \frac{nz_i \sum_j w_{ij}z_j}{Z^T Z} z_i' \sum_j w_{ij}z_j' \tag{6-29}$$

式中，z_i 和 z_j 为经过标准差标准化的观测值。

类似地，可以用式（5-11）进行检验：

$$Z(I_i) = \frac{I_i - E(I_i)}{\sqrt{Var(I_i)}} \tag{6-30}$$

则容易得到 $\sum_i I_i = S_0 I$，因此局部 Moran's I 指数是一种描述空间联系的局部指标，即 LISA。

B　Getis-Ord 指数 G_i^*

局部 Moran's I 指数和局部 Geary's C 指数都能够用于检验局部空间自相关性，但其共同缺点在于无法区分"冷点"（cold spot）和"热点"（hot spot）区域。热点区域即为高值与高值聚集的区域，冷点区域则是低值与低值聚集的区域。Ord 和 Getis（1992）提出了 Greary's C 指数的一个局部聚类检验，称为 G_i^* 指数，是一种基于距离权重矩阵的局部空间自相关指标，能探测出高值集聚和低值集聚。计算公式为

$$G_i^* = \frac{\sum_j w_{ij}x_i}{\sum_k x_k} \tag{6-31}$$

在各区域不存在空间相关的情况下，Ord 和 Getis 简化了 G_i^* 的数学期望和方差的表达式：

$$E(G_i^*) = \frac{\sum_j w_{ij}}{n-1} = \frac{W_i}{n-1}$$

$$Var(G_i^*) = \frac{W_i(n-1-W_i)Y_{i2}}{(n-1)^2(n-2)Y_{i1}^2} \tag{6-32}$$

式中，$Y_{i1} = \dfrac{\sum_j w_{ij}}{n-1}$；$Y_{i2} = \dfrac{\sum_j x^2}{n-1} - Y_{i1}^2$；将 G_i^* 标准化，得到 $Z_i = \dfrac{G_i^* - E(G_i^*)}{\sqrt{Var(G_i^*)}}$。

如果样本区域中高值聚集在一起，则 G_i^* 较大；如果低值聚集在一起，则 G_i^* 较小。在无空间自相关的原假设下，若 $Z_i > 1.96$，则可在 5% 的水平上拒绝无空间自相关的原假设，认为存在空间正自相关，即显著的正值表示高观测值的区域单元趋于空间集聚；而显著的负值表示低观测值的区域单元趋于空间集聚。

C　Moran 散点图

Moran 散点图是描绘相邻空间单元观测变量的局部相关类型及其空间分布的图形，它主要描述某一空间单元的观测变量 X 与其空间滞后变量 WX（即该空间单元周围单元的观测变量值的加权平均值）之间的相关关系。Moran 散点图不仅能提供局部的空间不稳定性测度，而且形象地展示了全局 Moran's I 指数值，如图 6-37 所示。

Moran 散点图 6-37 中第一、第三象限代表正的空间联系，第二、第四象限代表负的空间联系。图 6-37 中，第一象限为空间单元的观测值及其相邻单元观测变量的空间加权平均值（即空间

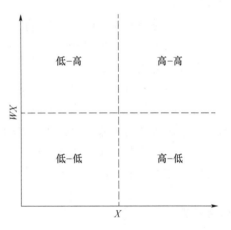

图 6-37　Moran 散点图的分区

滞后值）都大于平均值，表明高值被高值所包围，呈现出"高-高"（H-H）的空间集聚类型；第二象限为某空间单元的观测值小于平均值，而其空间滞后大于平均值，表明低值被高值所包围，呈现出"低-高"（L-H）的空间集聚类型；第三象限为空间单元的观测值及其空间滞后都小于平均值，表明低值被低值包围，呈现出"低-低"（L-L）的空间集聚类型；第四象限为空间单元的观测值大于平均值，而其空间滞后小于平均值，表明高值被低值所包围，呈现出"高-低"（H-L）的空间集聚类型。

6.4.3　空间回归分析

经典的线性回归模型具有严格的前提假设条件—独立、正态和方差齐性。因为空间自相关性的存在，使得这些假设条件很难满足。所以，在使用传统回归模型解决空间问题时，会造成模型参数估计以及模型有效性有较大的偏差。因此需要构建适用于空间数据分析的空间回归模型。在空间上相邻近的地理单元间可能存在空间依赖，因而在构建空间回归模型探究地理要素间的空间关联时，空间相邻是所要考虑的重要信息因素，也是空间回归模型区别于普通回归模型最主要的特征。通常使用空间邻接矩阵对空间邻近加以展示并

以此构建变量的空间依赖关系，其本质是在经典回归模型的基础上考虑邻近地理空间单元的相互影响。通过在构建模型时显式地引入空间滞后变量，可以估算和检验空间自相关对空间关联的贡献。

6.4.3.1　空间回归的一般形式

Anselin（1988，1990）给出了空间回归模型的一般形式：

$$Y = \rho W_1 Y + X\beta + u, \quad u = \lambda W_2 \varepsilon + \mu, \quad \mu \sim N[0, \sigma^2 I] \qquad (6\text{-}33)$$

式中，Y 为因变量；X 为解释变量；β 为解释变量的空间回归系数；u 为随空间变化的误差项；μ 为白噪声；W_1 为反映因变量自身空间趋势的空间权重矩阵；W_2 为反映残差空间趋势的空间权重矩阵，通常根据邻接关系或者距离函数关系确定空间权重矩阵；ρ 为空间滞后项的系数，其值为 0~1，越接近 1，说明相邻地区的因变量取值越相似；λ 为空间误差系数，其值为 0~1，越接近于 1，说明相邻地区的解释变量取值越相似。其中，W_1 可以等于 W_2。

一般形式的空间自回归模型可以派生出其他几种模型。

（1）普通线性回归模型。$\rho = 0$，$\lambda = 0$ 时，模型为普通线性回归模型，表明模型中没有空间自相关的影响。

（2）一阶空间自回归模型。当 $\rho \neq 0$，$\beta = \lambda = 0$ 时，为一阶空间自回归模型。这个模型类似时间序列分析中的一阶自回归模型，反映了变量在空间上的相关特征，即所研究区域的因变量如何受到相邻区域因变量的影响，这种模型在实际中运用较少。

（3）空间滞后模型。当 $\rho \neq 0$，$\beta \neq 0$，$\lambda = 0$ 时，为空间滞后模型。在这个模型中，所研究区域的因变量不仅与本区域的解释变量有关，还与相邻区域的因变量有关。

（4）空间误差模型。当 $\rho = 0$，$\beta \neq 0$，$\lambda \neq 0$ 时，为空间误差模型。注意到这个模型可以改写为

$$(I_n - \lambda W)Y = (I_n - \lambda W)X\beta + \varepsilon \qquad (6\text{-}34)$$

也即所研究区域的因变量 Y 不仅与本区域解释变量 X 有关，还与相邻区域的因变量（表现为 WY）以及解释变量（表现为 WX）有关。

（5）空间杜宾模型。当 $\rho \neq 0$，$\beta \neq 0$，$\lambda \neq 0$ 时，为空间杜宾模型。

空间依赖不仅意味着空间上的观测值缺乏独立性，而且意味着潜在于这种空间相关中的数据结构（即说空间相关的强度及模式）由绝对位置（格局）和相对位置（距离）共同决定。空间相关性表现出的空间效应可以用以下两种模型来表征和刻画：当模型的误差项在空间上相关时，即为空间误差模型；当变量间的空间依赖性对模型显得非常关键而导致了空间相关时，即为空间滞后模型。

6.4.3.2　地理加权回归模型

空间自回归模型用于处理空间依赖性，且其中的参数不随空间位置而变化，因此空间自回归模型本质上属于全局模型。因为空间异质性的存在，不同的空间子区域上解释变量和因变量的关系可能不同，所以就产生了这种空间建模技术直接使用与空间数据观测相关联的坐标位置数据建立参数的空间变化关系，也就是地理加权回归（geographically weighted regression，GWR）模型，其本质也是局部模型。

在 GWR 模型中，特定区位的回归系数不再是利用全部信息获取的假定常数，而是利用邻近观测值的子样本数据信息进行局域回归估计得到的、随着空间上局域地理位置变化而变化的变数。GWR 模型可以表示为

$$y_i = \beta_0(u_i, v_i) + \sum_{j=1}^{n} \beta_j(u_i, v_i) x_{ij} + \varepsilon_i, \quad (i = 1, 2, \cdots, m; j = 1, 2, \cdots, n)$$

$$(6\text{-}35)$$

式中，$(y_i, x_{i1}, x_{i2}, \cdots, x_{ij})$ 为因变量 y 和自变量 x_j 在地理位置 (u_i, v_i) 处的观测值；系数 $\beta_j(u_i, v_i)$ 为观测点 (u_i, v_i) 处的未知参数，也可理解为是关于空间位置 (u_i, v_i) 的 n 个未知参数；ε_i 为第 i 个区域的独立同分布的随机误差，即要满足均值为 0、方差均为 σ^2 的误差项，通常假定其服从 $N(0, \sigma^2)$ 分布。

对于 $\beta_j(j = 1, 2, \cdots, n)$ 的 GWR 估计值，其通常是随着空间权矩阵的变化而变化的，不能用最小二乘方法（OLS）估计参数，因此需要引入加权最小二乘方法（Weighted Least Square Method，WLS）估计参数。依据参数的最小二乘参数估计过程可得回归点的参数估计向量：

$$\hat{\beta}_j = (X^T W_j X)^{-1} X^T W_j Y \tag{6-36}$$

式中，W_j 为 $m \times n$ 阶的加权矩阵，其对角线上的每个元素都是关于观测值所在 $i(i = 1, 2, \cdots, m)$ 的位置与回归点 $j(j = 1, 2, \cdots, n)$ 的位置之间距离的函数，其作用是权衡不同空间位置 i 的观测值对于回归点 j 参数估计的应用程度。

6.4.4　空间聚类分析

空间聚类分析是指将数据对象集分组成为由类似的对象组成的簇，这样在同一簇中的对象之间具有较高的相似度，而不同的簇中的对象差别较大。其基本原理是，根据样本自身的属性，用数学方法按照某些相似性或差异性指标，定量地确定样本之间的相似程度，并按这种相似程度对样本进行聚类。样本相似程度的刻画常用距离和相似系数两种统计量。距离多用于样本的分类，常用的距离有绝对距离、欧氏距离和马哈拉诺比斯距离；相似系数多用于指标的分类，常用的有夹角余弦和相关系数等。

空间聚类是一个非监督分类的过程，可形式化地描述为：空间实体数据集 $D = \{D_1, D_2, \cdots, D_n\}$，根据一定的相似性准则将 D 划分为 $k + 1(k \geqslant 1)$ 个子集，即 $D = \{C_0, C_1, C_2, \cdots, C_k\}$，其中，$C_0$ 为噪声，$C_i(i \geqslant 1)$ 为簇，且需要满足以下条件：

（1）$\bigcup_{i=0}^{k} C_i = D$。

（2）对于 $\forall C_m, C_n \subseteq D, m \neq n$，需要同时满足：

1）$C_m \cap C_n = \phi$；

2）$MIN_{\forall P_i, P_j \in C_m}[Similar(P_i, P_j)] > MAX_{\forall P_x \in C_m, P_y \in C_n}[Similar(p_x, p_y)]$，$Similar()$ 表示相似性度量函数。

空间聚类分析从方法上可分为划分方法、层次方法、基于密度的方法、基于网格的方法。空间聚类分析算法分类如图 6-38 所示。

6.4.4.1　划分空间聚类方法

典型的划分方法为 k-means、k-medoids，其基本方法为：给定空间实体的集合以及划

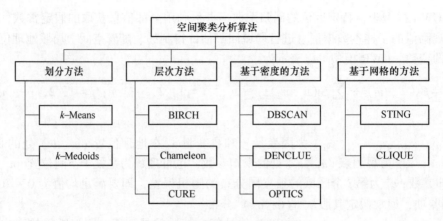

图 6-38　空间聚类分析算法分类

分的簇的数目，通过目标函数评估簇的质量，从而达到簇内空间实体相似，簇与簇之间空间实体相异。

A　k-means 算法

k-means 具体流程可归纳为：

（1）随机选取 k 个实体，每个实体均视为一个簇的质心；

（2）按照距离最近的原则，将剩余实体分别指派给最近的质心实体，并重新计算每个簇的质心；

（3）不断重复步骤（2），直到平方误差准则收敛，聚类过程完成，其形式化描述见表 6-4。

表 6-4　k-means 算法

项　目	具 体 内 容
输入	k：簇的数目；SDB：包含 n 个实体的空间数据库
输出	k 个空间簇
步骤 1	随机选取 k 个实体作为初始划分的质心
步骤 2	重复
步骤 3	将数据库中其他实体按距离最近原则分配给各个质心
步骤 4	重新计算各个簇的质心
步骤 5	直到质心位置不发生变化

平方误差准则的定义为

$$E = \sum_{i=1}^{k} \sum_{p \in C_i} |p - m_i|^2 \tag{6-37}$$

式中，E 为平方误差准则；p 为空间实体；m_i 为簇心 C_i 的质心。

其特点是各聚类本身尽可能紧凑，而各聚类之间尽可能分开，这个特点正是聚类的最根本的实质要求。但是 k-means 算法也存在三个主要缺陷：（1）随机选择的初始点经常会导致不同的，甚至错误的聚类结果；（2）只能发现近似球形簇，而无法发现任意形状的空间簇；（3）对噪声和离群点数据较为敏感。

B　k-medoids 算法

为了克服经典 k-means 算法中质心计算易受噪声和离群点影响的不足，k-medoids 算法首先在每个簇中选取一个实际的实体来代表簇，这个实体称为参考实体。然后采用平方误差准则最小的原则继续应用划分方法。主要流程可以概括如下。

（1）随机选取 k 个实体，每个实体均视为一个参考点。

（2）依据最小距离原则将数据库中其他实体分配给各参考实体，在形成的 k 个划分中使用成本函数对聚类结果进行评估。若使用新对象替换参考实体能使平方误差准则减小，则进行替换。

（3）不断重复步骤（2），直到平方误差准则收敛，聚类完成。

其形式化描述见表 6-5。

表 6-5　k-medoids 算法

项　目	具 体 内 容
输入	k：簇的数目；SDB：包含 n 个实体的空间数据库
输出	k 个空间簇
步骤 1	随机选取 k 个实体作为初始划分的参考实体
步骤 2	重复
步骤 3	将数据库中其他实体按距离最近原则分配给各个实体
步骤 4	随机选取一个非参考实体 $O_{current}$，计算替代参考实体 O_i 的代价 S
步骤 5	如果 $S<0$，则将 $O_{current}$ 作为新的参考实体，形成新的 k 个划分
步骤 6	直到参考实体不发生变化

6.4.4.2　层次空间聚类方法

层次空间聚类的主要思想在于将空间实体构成一棵聚类树，通过反复分裂或聚合操作来获得满足一定要求的空间聚类结果。层次空间聚类方法分为两种基本形式：凝聚法和分裂法。前者是通过自下而上的策略，首先将每个实体视为一个簇，直到所有实体聚为一个空间簇或达到某个终止条件，聚类结束；后者是通过自上而下的策略，首先将所有实体视为一个空间簇，直到每个实体自成一簇或达到某个终止条件，聚类结束。

假设有见表 6-6 的 12 个假定点的坐标。计算每个点到其他各点的距离，如图 6-39 所示。

表 6-6　点坐标

坐标	1	2	3	4	5	6	7	8	9	10	11	12
X	59	66	53	66	28	23	15	41	64	52	73	55
Y	82	73	68	58	64	53	66	58	35	34	26	16

从 S^0 中找出 $\min(S_{ij}^0) = S_{12}^0 = 130$，则将点 1，2 合并为 13，$G_3 = \{3\}$，…，$G_{12}\{12\}$，

$$S^0=$$

2	3	4	5	6	7	8	9	10	11	12	
<u>130</u>	232	625	1285	2137	2192	900	2234	2353	3332	4372	1
	194	225	1525	2249	2650	850	1448	1717	2258	3370	2
		269	641	1125	1448	244	1210	1157	2164	2708	3
			1480	1874	2665	625	533	772	1073	1885	4
				146	173	205	2137	1476	3469	3033	5
					233	349	2005	1202	3229	2393	6
						740	3362	2393	4964	4100	7
							1058	697	2048	1960	8
								145	162	442	9
									505	333	10
										424	11

图 6-39　各点之间两距离矩阵 S^0

$G_{13}\{1，2\}$ 可以根据最短距离刷新 S^0，得到 S^1，例如：$S^1_{313} = \min\{S_{13}，S_{23}\} = \min\{232，194\}$，以此类推，如图 6-40 所示。

$$S^1=$$

3	4	5	6	7	8	9	10	11	12	
194	225	1285	2137	2192	850	1448	1717	2258	3370	13
	269	641	1125	1448	244	1210	1157	2164	2708	3
		1480	1874	2665	625	533	772	1073	1885	4
			146	173	205	2137	1476	3469	3033	5
				233	349	2005	1202	3229	2393	6
					740	3362	2393	4964	4100	7
						1058	697	2048	1960	8
							<u>145</u>	162	442	9
								505	333	10
									424	11

图 6-40　各点之间两两距离矩阵 S^1

以此类推，可以得到一个如图 6-41 所示的聚类树，分别表示了一个自下而上的凝聚聚类过程与一个自上而下的分裂聚类过程。

凝聚层次聚类算法形式化描述见表 6-7。

表 6-7　凝聚层次聚类算法

项 目	具 体 内 容
输入	k：簇的数目；θ：两个最近空间簇间的距离阈值；SDB：包含 n 个实体的空间数据库
输出	k 个空间簇
步骤 1	每个空间实体视为一个空间簇，计算空间邻接矩阵
步骤 2	重复
步骤 3	合并最接近的两个簇
步骤 4	更新空间簇间的邻接矩阵
步骤 5	直到仅剩下 k 个簇或两个最近空间簇间的小于 θ

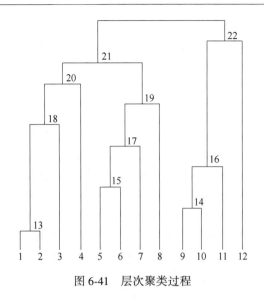

图 6-41 层次聚类过程

6.4.4.3 基于密度的空间聚类方法

典型的基于密度的空间聚类方法有 DBSCAN（density-based spatial clustering of application with noise）、DENCLUE（density based clustering）、OPTICS（ordering points to identify the clustering structure），其策略为：只要空间实体的密度（给定半径的邻域空间实体数目）超过某个阈值，就继续增长给定的簇，可发现任意形状的簇。

以 DBSCAN 为例，其基本思想在于采用一定邻域范围内包含空间实体的最小数目来定义空间密度的概念，并通过不断生长高密度区域进行空间聚类，并将空间簇定义为密度连接点的最大集合。DBSCAN 算法的形式化描述见表 6-8。

表 6-8　DBSCAN 算法

项　目	具　体　内　容
输入	ε：邻近域半径；N_{minPts}：邻域包含最小实体数量；SDB：包含 n 个实体的空间数据库
输出	k 个空间簇
步骤 2	重复
步骤 3	选取一个未标记的核实体，加入所有核实体的直接密度可达对象，标记为一个空间簇
步骤 4	直到所有核实体均被标记
步骤 5	未加入任何空间簇的实体标记为孤立点

6.4.4.4 基于网格的空间聚类方法

典型的基于网格的方法有 STING（statistical information grid）、CLIQUE（clustering in quest），其策略为：把空间实体划分为有限个网格，每个网格具有空间实体的属性信息，如计数、最大（小）值、平均值等，聚类操作在网格上进行。基于网格的方法的时间复杂度与空间数目无关，因此对于海量空间实体聚类是一种效率很高的方法，常常与基于密度、基于划分的方法集成使用。

任务 6.5　网 络 分 析

6.5.1　网络的组成

　　网络是一系列相互联结的弧段，是形成物质、信息流通的通道。例如，水从水库流向各种水渠，货物从物流中心经过运输网络分送到用户手上，电厂经电网向用户供电。网络是现代生活、生产必不可少的条件之一。网络分析是全面地描述网状事物以及它们的相互关系和内在联系，对网络结构及其资源等的优化问题进行研究的一类空间分析方法。在GIS 中，网络分析是依据网络拓扑关系（点线之间的连接、连通关系），通过考察网络元素的空间及属性数据，以数学理论模型为基础，对网络的性能特征进行多方面分析的一种计算。目前，网络分析在电子导航、交通旅游、城市规划管理、能源和物质分派以及电力、通信等各种管网管线的布局设计中发挥了重要作用。

　　一个网络由结点、连通路线、转弯、停靠点、中心、障碍六大基本要素组成如图 6-42所示。

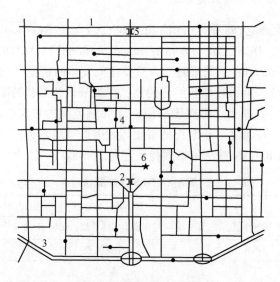

图 6-42　网络的基本要素
1—连通路线；2—障碍；3—转弯；4—结点；5—停靠点；6—中心

　　（1）结点。结点是网络中任意两条线段的交点。

　　（2）连通路线或链。连通路线是连接两个结点的弧段要素，是网络中资源运移的通道，与结点一起构成网络中的最基本要素。链间的相互联系在 GIS 中应具有拓扑结构。

　　（3）转弯。在连通线相连的结点处，资源运移方向可能转变，运移方向从一个链上经结点转向另一个链。特定方向的转弯通常限制了资源在网络中的运移。例如，在道路网中的高架桥使得车辆不能向左或向右拐弯。

　　（4）停靠点。停靠点指网络路线中资源装、卸的结点点位，如邮件投放点、公共汽车站等。

（5）中心。中心指网络线路中具有接收或发放资源能力，且位于结点处的设施，如水库具有调节各支流的水量并能向渠道开闸放水的能力。

（6）障碍。障碍指资源不能通过的结点。

6.5.2 网络数据模型

在算法实现中，邻接矩阵表示法、关联矩阵表示法、邻接表表示法是用来描述图与网络常用的方法。

在图 6-43 中，V_i 称作顶点，e_k 称作边（无向图）或弧（有向图）；$D(G)$ 为邻接矩阵，在无向图中，描述顶点间的邻接关系；$A(G)$ 为关联矩阵，描述顶点与边之间的关联关系，如图 6-43 所示。

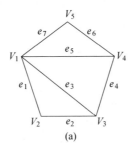

$$D(G) = \begin{array}{c} \\ V_1 \\ V_2 \\ V_3 \\ V_4 \\ V_5 \end{array} \begin{array}{ccccc} V_1 & V_2 & V_3 & V_4 & V_5 \\ \left[\begin{array}{ccccc} 0 & 1 & 1 & 1 & 1 \\ 1 & 0 & 1 & 1 & 0 \\ 1 & 1 & 0 & 1 & 0 \\ 1 & 0 & 1 & 0 & 1 \\ 1 & 0 & 0 & 1 & 0 \end{array}\right] \end{array}$$

$$A(G) = [a_{ij}]_{5\times7} = \begin{array}{c} \\ V_1 \\ V_2 \\ V_3 \\ V_4 \\ V_5 \end{array} \begin{array}{ccccccc} e_1 & e_2 & e_3 & e_4 & e_5 & e_6 & e_7 \\ \left[\begin{array}{ccccccc} 1 & 0 & 1 & 0 & 1 & 0 & 1 \\ 1 & 1 & 0 & 0 & 0 & 0 & 0 \\ 0 & 1 & 1 & 1 & 0 & 0 & 0 \\ 0 & 0 & 0 & 1 & 1 & 1 & 0 \\ 0 & 0 & 0 & 0 & 0 & 1 & 1 \end{array}\right] \end{array}$$

(b)　　　　　　　　　　　　　(c)

图 6-43　网络分析的基础

（a）图（G）；（b）邻接矩阵；（c）关联矩阵

邻接是描述同类型拓扑要素，关联是描述不同类型拓扑要素。当把"图"中的拓扑要素赋予不同限定条件和属性，"图"就进化成了网络。

6.5.3 路径分析

最佳路径分析以最短路径分析为主，一直是计算机科学、运筹学、交通工程学、地理信息科学等学科的研究热点。这里"最佳"包含很多含义，不仅指一般地理意义上的距离最短，还可以是经济上的成本最少、时间上的耗费最短、资源流量（容量）最大、线路利用率最高等标准。

空间网络因地理元素属性的不同而表现为同形不同性的网络形式，为了进行网络路径分析，需要将网络转换成加权有向图，即给网络中的弧段赋以权值，权值要根据约束条件而确定。若一条弧段的权表示起始结点和终止结点之间的长度，那么任意两结点间的一条路径的长度即为这条路上所有边的长度之和。最短路径分析就是在两结点之间的所有路径中，寻求长度最小的路径，这样的路径称为两结点间的最短路径。

最短路径问题的表达是比较简单的。从算法研究的角度考虑最短路径问题通常可归纳为两大类：一类是所有点对之间的最短路径；另一类是单源点间的最短路径问题。

6.5.3.1　邮递员问题

最短路径问题是路径拓扑中的一个典型问题：对于给定的一个平面初始集，每条边都有一个长度，寻找一条路径，该路径通过所有数据点且每个数据点只通过一次，路径的限制是每个点只能拜访一次，而且最后要回到原始出发点。路径的选择目标是要求得到路径总长度最短的、正好经过每个顶点各一次的封闭回路。这实际上就是著名的邮递员问题：邮递员要不重复地经过所有的邮递点，最后回到出发点，且又要使所走的路程最短。相关问题可抽象如图 6-44 所示。

这样一个看似简单的问题，解决起来却并不容易，特别是对不规则的空间分布，目前还没有一个切实有效的解法，而只有一些近似的最短路径的解法，如启发式搜索、最优插入法。

最优插入法是对于给定的一个空间分布，先给定一个初始集，然后在每一次迭代中，将一个后继点依次序插入到初始集中去，这样每次增加的路径长度是最小的。这种方法虽然不能保证最终得到的一定是最短路径，却是接近最短路径的一种路径解法，图 6-44 近似最短路径为 $A—C—D—E—B—A$。

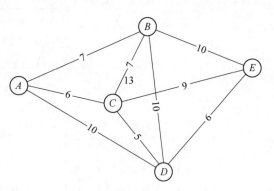

图 6-44　最短路径问题示意图

6.5.3.2　Dijkstra 算法

为了进行网络最短路径分析，需要将网络转换成有向图。无论是计算最短路径还是最佳路径，其算法是一致的。不同之处在于有向图中每条弧的权值设置。如果要计算最短路径，则权重设置为两点的实际距离；而计算最佳路径，则可以将权值设置为从起点到终点的时间或费用。Dijkstra 算法可以用于计算从有向图中任意一个结点到其他结点的最短路径。

Dijkstra 算法是 Dijkstra（1959）提出的一种按路径长度递增的次序产生最短路径的算法，被认为是解决单源点间最短路径问题比较经典而且有效的算法，能够解算出有向权图在数学上的绝对最短路径。设 $G=<V,E,W>$ 是赋权图，$V \neq \phi$，其元素称为顶点或结点；E 是 $V\&V$ 的多重子集，其元素称为边；$W(e)$ 是 e 的权，$v_1 \in V$。应用本算法求解 v_1 到其余各点的最短路径过程如下：

（1）令 $S=\{v_1\}$，$T=V-S$；

（2）对于 T 中任意顶点 x，如果存在 $(v_1,x) \in E$，即 x 与 v_1 直接相连，则置

$l(x) = W(v_1, x)$，否则置 $l(x) = \infty$ ；

（3）求 $l(x)$ 值最小的 T 中顶点 t，记 $l(t) = \min[l(x)]$ ；

（4）令 $S = S \cup |t|$，$T = T - |t|$ ；

（5）如果 T 为空，则算法结束；

（6）对于 T 中任意顶点 x，$l_s(x) = \min[l(x) + W(t, x)]$，转步骤（3）；

（7）依据以上算法过程，给出如图 6-45 所示算例，求解源点 a 到其余各点的最短路径。

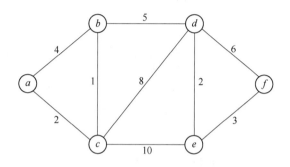

图 6-45　Dijkstra 算法示例

由表 6-9 可知，a 到 c，b，d，e，f 点的最短路径距离分别为 2，3，8，10，13。最短路径的求解过程如图 6-46 所示。

表 6-9　最短路径求解过程

S	$l(b)$	$l(c)$	$l(d)$	$l(e)$	$l(f)$	t	$l(t)$
$\{a\}$	4	2	∞	∞	∞	c	2
$\{a, c\}$		3	10	12	∞	b	3
$\{a, b, c\}$			8	12	14	d	8
$\{a, b, c, d\}$				10	13	e	10
$\{a, b, c, d, e\}$						f	13

6.5.4　最小生成树分析

要解决在多个城市间建立通信线路的问题，首先可用图来表示。图的顶点表示城市，边表示两个城市之间的线路，边上所赋的权值表示代价。对多个顶点的图可以建立许多生成树，每一棵树可以是一个通信网。如果要求出成本最低的通信网，这个问题就转化为求一个带权连通图的最小生成树问题。最小生成树是指最小权重生成树：在一个给定的无向图 $G = (V, E)$ 中，U 是顶点集 V 的一个非空子集，(u, v) 代表连接顶点 $u(u \in U)$ 与顶点 $v(v \in V\text{-}U)$ 的边，而 $w(u, v)$ 代表此边的权重，若存在 T 为 E 的子集且为无循环图，使得 $w(T)$ 最小，则此 T 为 G 的最小生成树。

$$w(T) = \sum_{(u, v) \in T} w(u, v) \tag{6-38}$$

已有很多算法求解此问题，其中著名的有 Kruskal 算法和 Prim 算法。构造最小生成树

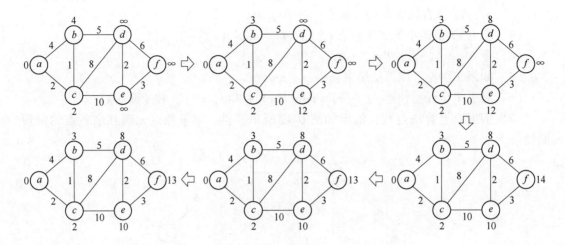

图 6-46　Dijkstra 最短路径求解过程示意图

有两条依据：

（1）在网中选择 $n-1$ 条边连接网的 n 个顶点；

（2）尽可能选取权值最小的边。

6.5.4.1　Kruskal 算法

从算法思想来看，Kruskal 算法和 Prim 算法本质上是相同的，它们都是从以上两条依据出发设计的求解步骤，只不过在表达和具体步骤设计中有所差异。Kruskal 算法俗称"避圈法"，基本思想是：设图 G 是由 m 个结点构成的连通赋权图，则构造最小生成树的步骤如下。

（1）先把图 G 中的各边按权数从小到大重新排列，并取权数最小的一条边为生成树 T 中的边。

（2）在剩下的边中，按顺序取下一条边，若该边与生成树中已有的边构成回路，则舍去该边，否则选择进入生成树中。

（3）重复步骤（2），直到有 $m-1$ 条边被选进 T 中，这 $m-1$ 条边就是图 G 的最小生成树。

6.5.4.2　Prim 算法

Prim 算法的基本思想是：假设 $G=(V, E)$ 是连通图，生成的最小生成树为 T，从连通网 $G=\{V, E\}$ 中的某一顶点 u_0 出发，选择与它关联的具有最小权值的边 (u_0, v)，将其顶点 v 加入生成树的顶点集合 U 中。以后每一步从顶点在 U 中，而另一个顶点不在 U 中的各条边中选择权值最小的边 (u, v)，把它的顶点加入集合 U 中。如此继续下去，直到网中的所有顶点都加入生成树顶点集合 U 中为止。以下是 Prim 算法求最小生成树的一个例子，输入：无向权图 $G(V, E, W)$，其中，V 为顶点集合；E 为边集合；W 为权重；输出：最小生成树 T。

算法流程如下：

（1）标记全部顶点的树编号为 0，临时树编号 temp 为 1；

（2）判断 V 集合中是否存在树编号为 0 的点，如果不存在则算法结束，否则转步骤（3）；

（3）取 E 中 W 值最小的边 e：1）如果 e 中两侧顶点的树编号均为 0，则将该边关联的顶点赋值为 temp，并令 temp = temp+1，$T=T+e$，$E=E-e$；2）如果 e 中两侧顶点的树编号相同且都不为 0，则令 $E=E-e$；3）如果 e 中两侧顶点的树编号不相等且其中一个等于 0，则赋予编号为 0 的顶点另一顶点的树编号，并令 $T=T+e$，$E=E-e$；4）如果 e 中两侧的树编号不相等且都不为 0 (a, b)，则将所有值为 a 的点赋予值 b，令 $T=T+e$，$E=E-e$。转步骤（2）。

应用上述算法，如图 6-47 所示，考虑两条权重为 5 的边，由于 AD、CE 两边没有公共交点，满足步骤（3）中的条件 1），所以 $T=\{AD, CE\}$，A、D 编号为 1，C、E 编号为 2；下面考察权重为 6 的边，顶点 D 的编号为 1，F 为 0，满足步骤（3）中的条件 3），所以标记 F 为 1，$T=\{AD, CE, DF\}$。考察权重为 7 的边 AB，满足条件 1），赋予 B 的树编号为 1。考察权重为 7 的边 BE，其中 B 的编号为 1，E 的编号为 2，满足条件 4），所以赋予 A，B，C，D，E，F 的树编号为 1，$T=\{AD, CE, DF, AB, BE\}$；考虑权重为 8 的 BC、EF 两边，由于满足条件 2），所以不加入 T；考虑权重为 9 的边 BD、EG，BD 满足条件 2）不予以考虑，EG 满足条件 3），所以赋予 G 的树编号为 1，$T=\{AD, CE, DF, AB, BE, EG\}$。当 G 被赋值之后，图中已经没有树编号为 0 的顶点，满足步骤（2）的终止条件，算法结束。

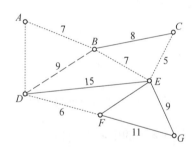

图 6-47 采用 Prim 算法求最小生成树过程示意图

最小生成树问题在实际生活中的一个典型应用是以给定设施（如学校）的位置为目的地，识别满足一定距离要求的街道路线。例如，某学校选择接送学生的校车行车路线，需要确定哪些学生居住地点距离学校较近而不需享受校车接送服务，以节省时间和资金投入。常见的地理信息系统软件已经能够提供菜单式的命令来完成这项任务：在已知网络中以学校这个目的地构造最小生成树，选出从学校到一定距离内的所有街道路段，再通过学生地址与街道地址相匹配的数据库管理系统识别出因住在选出的街道上而不能享有校车接送待遇的学生。

6.5.5 资源分配

资源分配也称定位与分配问题。在多数应用中，需要解决在网络中选定几个供应中心，并将网络的各边和点分配给某一中心，使各中心所覆盖范围内每一点到中心的总的加权距离最小，实际上包括定位与分配两个问题。定位是指已知需求源的分布，确定在哪里布设供应点最合适的问题；分配是指已知供应点，确定其为哪些需求源提供服务的问题。定位与分配是常见的定位工具，也是网络设施布局、规划所需的一个优化的分析工具。

6.5.5.1　选址问题

选址是指在某一指定区域内选择服务性设施的位置，如确定市郊商店区、消防站、工厂、飞机场、仓库等的最佳位置。网络分析中的选址问题一般限定设施必须位于某个结点或位于某条边上，或限定在若干候选地点中选择位置。选址问题种类繁多，实现的方法和技巧也多种多样，不同的 GIS 在这方面各有特色，主要原因是对"最佳位置"具有不同的解释（即用什么标准来衡量一个位置的优劣），而且定位设施数量的要求不同。

中心点选址问题中，最佳选址位置的判定标准，是使其所在的顶点与图中其他顶点之间的最大距离达到最小，或者使其所在的顶点到图中其他顶点之间的距离之和达到最小，若要在指定区域内选择服务设施的最佳位置，如邮局 D，则需要建立最短路径矩阵，选择成本最低的点 D，如图 6-48 所示。

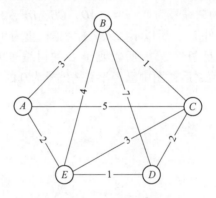

图 6-48　中心选址问题示例

这个选址问题实际上就是求网络图的中心点问题。这类选址问题适宜于医院、消防站等服务设施的布局。

6.5.5.2　分配问题

分配问题在现实生活中体现为设施的服务范围及其资源的分配范围的确定等一系列问题，如通过资源的分配能为城市中的每一条街道上的学生确定最近的学校，为水库提供供水区等。

资源分配主要模拟资源如何在中心和周围的网线、结点间流动。计算设施的服务范围及其分配范围时，网络各元素的属性也会对资源的实际分配产生影响。主要属性包括中心的供应量和最大阻值、网络边和网络结点的需求量和最大阻值等，有时也涉及拐角的属性。根据中心容量以及网线和结点的需求将网线和结点分配给中心，分配沿最佳路径进行。当网络元素被分配给某个中心时，该中心拥有的资源量就依据网络元素的需求缩减，随着中心的资源耗尽，分配停止，用户可以通过赋给中心的阻碍强度来控制分配的范围，图 6-49 所示为设施服务范围的确定。根据前述的最短路径算法（约束距离、无目标点），计算消防车能在 10min 内到达的所有街道。

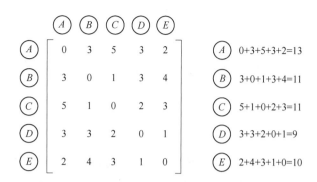

图 6-49　最短路径矩阵生成

【技能训练】

一所学校要依据就近入学的原则来决定应该接收附近哪些街道的学生，利用 GIS 系统中网络资源分配的方法实现。

（1）将街道作为网线构成一个网络，将学校作为一个节点并指定为一个中心，以中心拥有的座位数（即招收的学生计划总数）作为中心的资源容量。

（2）每条街道上的适龄儿童作为相应网线的需求，到每条街道的距离作为网线的阻碍强度，如此资源分配功能就将从中心出发，依据阻碍强度由远及近寻找周围的网线并把资源分配给它，直至被分配网线的需求总和达到学校的座位总数为止。

 复习题

（1）什么是缓冲区分析？简要说明它有哪些用途。

（2）叠置分析的种类有哪些？各举一个实例说明。

（3）泰森多边形有什么特点？请描述它的建立过程。

（4）简要区分 DSM、DTM、DEM 的概念。

（5）简述规则网格 DEM 和 TIN 的数字地形分析的主要内容，并比较他们的异同。

（6）DEM 在 GIS 空间数据与空间分析中的地位与作用是什么？

（7）举例说明空间统计分析的用途。

（8）常用的网络分析有哪些？请举例说明其对 GIS 应用的价值。

项目7 GIS可视化及其产品输出

【项目概述】

GIS 为用户提供了许多表达地理数据的手段。其形式既可以是计算机屏幕显示，也可以是诸如报告、表格、地图、系列图等拷贝图件，还可以通过人机交互方式来选择显示对象的形式。但要特别强调的是 GIS 的地图输出功能，不仅可以输出全要素地图，还可以根据用户需要，输出各种专题图、统计图等。本项目主要介绍地理信息可视化概述、地理信息的图示表达、地图形式的可视化、场景形式的可视化、地理信息输出。通过本项目的学习，为学生从事 GIS 产品输出岗位打下基础。

【教学目标】

(1) 掌握地理信息可视化的表现形式。
(2) 掌握各类地图产品的区别及用法。
(3) 了解常见的场景可视化技术。
(4) 掌握 GIS 常见的输出设备和输出类型。

任务7.1　地理信息可视化概述

7.1.1　地理信息可视化的概念

可视化（visualization）是指运用计算机图形图像处理技术，将复杂的科学现象、自然景观以及抽象的概念图形化，以便理解现象、发现规律和传播知识。科学计算可视化是指运用计算机图形学和图像处理技术，将科学计算过程中产生的数据及计算结果转换为图形和图像显示出来，并进行交互处理的理论、方法和技术。科学计算可视化不仅包括科学计算数据的可视化，而且包括工程计算数据的可视化，它的主要功能是把实验或数值计算获得的大量抽象数据转换为人的视觉可以直接感受的计算机图形图像，有利于数据进一步探索和分析。把地理数据转换成可视的图形这一工作对地理专家而言并不新鲜，测绘学家的地形图测绘编制，地理学家、地质学家使用的图件，地图学家的专题和综合制图等，都是用图形（地图）来表达对地理世界现象与规律的认识和理解。科学计算可视化与地学经典常规工作的最大区别是科学计算可视化是基于计算机的可视化，而过去地学中的可视化表达和分析都是依靠手工或计算机辅助，并把纸质材料作为地图信息存储传输的主要媒介。

地理信息可视化是指将地图学与计算机图形学、多媒体技术、虚拟现实技术和图像处理技术相结合，将地理信息输入、处理、查询、分析以及预测的数据及结果采用图形、图像，并结合图表、文字、表格、视频等可视化形式显示并进行交互处理的理论、方法和技术。地理信息可视化是一种空间认知行为，在提高地理数据的高级复杂分析、多维和多时相数据和过程的显示等方面，能有效地改善和增强地理信息的传输能力，有助于理解、发现自然界存在现象的相关关系和启发形象思维的能力。当前的地理信息可视化技术已经远远超出了传统的符号化及视觉变量表示法的水平，进入了在地理信息系统环境下通过动态变化、时空变化、多维、交互等方式探索视觉效果和提高视觉功能的阶段。

7.1.2 地理信息可视化的形式

地理信息可视化的形式主要有地图、多媒体地理信息、三维仿真地图、虚拟现实、增强现实等。

7.1.2.1 地图

地图是空间信息可视化最主要形式，也是最古老的形式。将地理信息用图形和文本在计算机上表示，在计算机图形学出现的同时出现，这是地理信息可视化较为简单而常用的形式。随着多媒体技术的产生和发展，地理信息可视化进入一个崭新的时期，可视化的形式也五彩缤纷，呈现多维化的局面并正在发展。Taylor 强调了计算机技术基础支持下的地图可视化，并认为可视化包括交流与认知分析。由于可视化具有交流与认知分析的两个特点，从而使信息表达交流模型与地理视觉认知决策模型构成了地图可视化的理论，而这两个模型将应用于计算机技术支持的虚拟地图、动态地图、交互地图、超地图以及全息地图的制作和应用等。

7.1.2.2 多媒体地理信息

多媒体地理信息是地理信息可视化的重要形式，综合、形象地表达地理信息所使用的文本、表格、声音、图像、图形、动画、音频、视频各种形式逻辑地连接并集成为一个整体概念。各种多媒体形式能够形象、真实地表示地理信息某些特定方面，是全面表示地理信息不可缺少的手段。

7.1.2.3 三维仿真地图

三维仿真地图是基于三维仿真和计算机三维真实图形技术而产生的三维地图，具有仿真的形状、纹理等，也可以进行各种三维的量测和分析。

7.1.2.4 虚拟现实

虚拟现实是指通过头盔式的三维立体显示器、数据手套、三维鼠标、数据衣（data suit）、立体声耳机等使人能完全沉浸在计算机生成创造的一种特殊三维图形环境，并且人可以操作控制三维图形环境，实现特殊的目的。多感知性（视觉、听觉、触觉、运动等）、沉浸感（immersion）、交互性（interaction）、自主感（autonomy）是虚拟现实技术的四个重要特征，其中自主感是指虚拟环境中物体依据物理定律动作的程度，如物体从桌面落到地面等。虚拟现实系统是相当逼真的三维视听、触摸和感觉的虚拟空间环境，虚拟三维可以随需要而变换，交替更迭。用户不再是被动性地观看，而是融合在其中，交互性地体验和感受虚拟现实世界中广泛的三维多媒体。

虚拟现实技术、计算机网络技术与地理相结合，可产生虚拟地理环境（virtual

geographical environment，VGE）。虚拟地理环境是基于地学分析模型、地学工程等的虚拟现实，是地学工作者根据观测实验、理论假设等建立起来的表达和描述地理系统的空间分布以及过程现象的虚拟信息地理世界。一个关于地理系统的虚拟实验室，允许地学工作者按照个人的知识、假设和意愿去设计修改地学空间关系模型、地理分析模型、地学工程模型等，直接观测交互后的结果，通过多次的循环反馈，最后获取地学规律。虚拟地理环境的特点：一是地理工作者可以进入地学数据中，有身临其境之感；二是具有网络性，从而为处于不同地理位置的地学专家开展同时性的合作研究、交流与讨论提供了可能。虚拟地理环境与地学可视化有着紧密的关系。虚拟地理环境中关于从复杂地学数据、地理模型等映射成三维图形环境的理论和技术，需要地理信息可视化的支持，而地理可视化的交流传输与认知分析在具有沉浸投入感的虚拟地理环境中，则更易于实现，地理可视化将集成于虚拟地理环境中。

7.1.2.5　增强现实

增强现实是指将真实对象的信息叠加到虚拟环境得到的增强虚拟环境，增强现实具有"实中有虚"和"虚中有实"的特点。增强现实技术通过运动相机或可穿戴显示装置的实时连续标定，将三维虚拟对象稳定一致地投影到用户视口中，达到"实中有虚"的表现效果。利用预先建立的虚拟环境的三维模型，通过相机或投影装置的事先或实时标定，提取真实对象的二维动态图像或三维表面信息，实时将对象图像区域或三维表面融合到虚拟环境中，达到"虚中有实"的表现效果。虚拟现实增强技术通过真实世界和虚拟环境的合成降低了三维建模的工作量，借助真实场景及实物提高了用户的体验感和可信度。

任务 7.2　地理信息的图示表达

7.2.1　地图的基本知识

7.2.1.1　地图色彩

世界上的物体均有形状和色彩两个基本特征。色彩通常分为两类：一类是黑白及各种灰色，称为非彩色；另一类是彩色，包括除黑、白、灰以外的颜色。

色彩不仅能弥补单色图的缺陷，丰富图幅内容，提高地图的使用价值，更能如实反映制图物体的自然面貌，增强地图内容的感染力，提高地图内容的清晰度和易读性。红、绿、蓝（R、G、B）被称为加色三原色，因为新的颜色都可以通过它们加到黑色上来获得。同样，减色三原色是青色、品红色和黄色（C、M、Y）。青由蓝和绿合成，品红色由蓝和红合成，黄由绿和红合成，染料和打印油墨用减色三原色，通过从白色中减去它们的补色来获得其他颜色。因此，在影像显示时，颜色只用 R、G、B 来度量，在打印和绘图时，则用 C、M、Y 来度量如图 7-1 所示。

在实际印刷出版应用中，由于难以用青色、品红色和黄色合成真正的黑色，因此一般采用的是 C、M、Y、K（黑色）色彩度量。除了 RGB 和 CMYK 颜色度量空间之外，还有其他一些颜色表述方式，如 HSV 颜色表述，HSV 分别指色调（hue）、饱和度（saturation）和亮度（value），它更能够反映人对色彩的感知。在 RGB 色彩空间中，两个

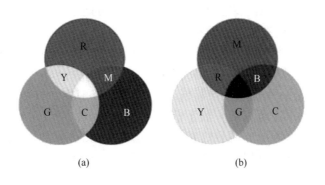

图 7-1 加色法与减色法

（a）加色法；（b）减色法

扫一扫看图 7-1

颜色的相近程度不能简单地用欧式距离来度量，而 HSV 色度空间则较好地解决了该问题，色调反映了人们对颜色的分类，如纯红、品红、桃红等属于红色调；亮度说明了颜色黑白的程度，白色亮度最高，黑色亮度最低；饱和度则反映了颜色的纯度，如果一个颜色掺入灰色，则饱和度降低。

例如，桃红色饱和度低于纯红色。

各种色彩度量分别应用于不同的方面，在地理信息系统中，因为同时要考虑屏幕显示和制图输出，所以通常要兼顾考虑 RGB 色度和 CMYK 色度。各种色度系统之间可以相互转换，转换一般采用经验公式。一个好的转换公式可以使彩色图像在不同的输出设备上达到一致的视觉效果，但是往往较为复杂。

7.2.1.2 地图符号

A 地图符号的分类

（1）按照符号的定位情况分类，符号可以分为定位符号和说明符号。

1）定位符号，指图上有确定位置、一般不能任意移动的符号，如河流、居民地及边界等，地图上的符号大部分都属于这一类。

2）说明符号，指为了说明事物的质量和数量特征而附加的一类符号，它通常是依附于定位符号而存在的，如说明森林树种的符号等，它们在地图上配置于地类界范围内，但都没有定位意义。

（2）按照符号所代表的客观事物分布特征分类，符号可以分为点状符号、线状符号、面状符号和体状符号如图 7-2 所示。

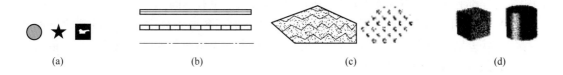

（a）　　　　　　　（b）　　　　　　　（c）　　　　　　　（d）

图 7-2 地图符号

（a）点状符号；（b）线状符号；（c）面状符号；（d）体状符号

1）点状符号，是一种用于表达不能依比例尺表示的小面积事物（如油库等）和点状物（如控制点）所采用的符号。点状符号的形状和颜色表示事物的性质，点状符号的大小通常反映事物的等级或数量特征，但是符号的大小和形状与地图比例尺无关，它只具有定位意义，一般又称这种符号为不依比例符号。

2）线状符号，是一种表达呈线状或带状延伸分布事物的符号，如河流和道路等，其长度能依比例尺表示，而宽度一般不能依比例尺表示，需要进行适当地夸大。线状符号的形状和颜色表示事物的质量特征，其宽度往往反映事物的等级或数值特征。这类符号能表示事物的分布位置、延伸形态和长度，但不能表示其宽度，一般又称为半依比例符号。

3）面状符号，是一种能按地图比例尺表示出事物分布范围的符号。面状符号用轮廓线（实线、虚线或点线）表示事物的分布范围，其形状与事物的平面图形相似，轮廓线内加绘颜色或说明符号以表示事物的性质或类型，可以从图上量测其周长及面积，一般又把这种符号称为依比例符号。

4）体状符号，通常用来表示实体对象，如建筑物。其形状与实体对象相似，通常用颜色或纹理来表示事物的性质。

B　地图符号的构成

a　符号的构成要素

地图上符号的形状、尺寸和颜色是构成符号的三个基本要素如图 7-3 所示。

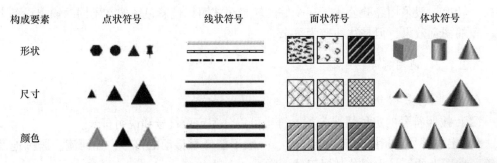

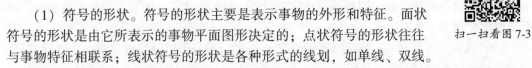

图 7-3　符号的构成要素

扫一扫看图 7-3

（1）符号的形状。符号的形状主要是表示事物的外形和特征。面状符号的形状是由它所表示的事物平面图形决定的；点状符号的形状往往与事物特征相联系；线状符号的形状是各种形式的线划，如单线、双线。

（2）符号尺寸。符号尺寸大小和地图内容、用途、比例尺、目视分辨能力、绘图与印刷能力等都有关系，不同比例尺的地图，其符号大小也有不同。

（3）符号的颜色和网纹。符号的颜色可以增强地图各要素分类、分级的概念，简化符号的形状差别，减少符号数量，提高地图的表现力。使用颜色主要用以反映事物的质量特征、数量特征和类别等级特征等。

b　地图符号的系统化

由形状、尺寸和颜色变化组成的各种地图符号并不是孤立的，它们具有内在的联系。通过符号的变化可以把地图内容的分类、分级、重要、次要等不同情况表达出来。

7.2.1.3 地图注记

地图注记属于地图符号，对其他地图符号起补充作用，它是地图内容的一个重要组成部分。地图注记增加了地图的可阅读性，成了一种重要的地理信息传输工具。

A 地图注记的种类

地图土的文字和数字总称为地图注记，它是地图内容的重要部分。注记并不是自然界中的一种要素，但它们与地图上表示的要素有关，没有注记的地图只能表达事物的空间概念，而不能表示事物的名称和某些质量与数量特征。注记应紧密结合专题内容，可增强现象的显现效果。对于类型图和区划图，一般都要使用注记。

地图注记可分为名称注记、说明注记和数字注记三种。

（1）名称注记，用于说明各种事物的名称，如居民点、海洋、湖泊、山脉、岛屿的名称等，地图读者可以通过名称注记在地图上清晰地识别专题要素。

（2）说明注记，用来说明各种事物的种类、性质或特征，用于弥补图形符号的不足，它常用简注表示，例如可以给海上钻油平台添加"油"的标注，方便读者判断钻井平台的类型。

（3）数字注记，常用于说明某些事物的数量特征，如山顶的高程、公路的宽度等。

B 地图注记的排列和配置

地图上注记数量较多，它们可以位于地图中的任一位置，但是注记的排列和配置是否恰当，常常会影响读图的效果。汉字注记通常有水平字列、垂直字列、雁形字列（注记的文字指向北方或位于图廓上方）和屈曲字列（注记的字向与注记文字中心线垂直或平行）等如图 7-4 所示。注记配置的基本原则是不能使注记压盖图上的重要内容。注记应与其所说明的事物关系明确。对于点状地物，应以点状符号为中心，在其上下左右四个方向中的任一适当位置配置注记，注记通常呈水平方向排列；对于线状地物，注记沿线状符号延伸方向从左向右或从上向下排列，字的间隔均匀一致，特别长的线状地物，名称注记可复出现；对于面状地物，注记一般置于面状符号之内，沿面状符号最大延伸方向配置，字、的间隔均匀一致。

图 7-4 注记的排列

（a）水平字列；（b）垂直字列；（c）雁行字列；（d）屈曲字列

如果采用人工方式对每个对象逐一添加注记，工作量很大，地理信息系统软件已经具备自动添加注记的功能。为了确定地物注记的位置，系统要进行空间关系的判断，一个实现自动注记位置的系统要具有以下功能：

（1）确定地图上的要素以及相应的注记内容；

（2）对空间数据进行搜索；

（3）产生试验性的注记点；

（4）选择较好的注记位置。

由于注记是对地物的描述，因此在地图上注记不能遮盖地物，注记之间也不能相互重叠。在进行注记时，由于图面载荷的原因，不可能对所有的地物进行标注，需要进行选择，通常的方法是选择相对重要的地物，可以通过对地物属性的重要性排序来实现。

7.2.2　图示表达的方法

地理信息的图示表达在本质上是将地理数据转换为地图数据。然而，地图数据不是地理数据的直接复制，两者存在差异。（1）地理数据面向空间分析，它强调实体独立的地理意义；地图数据面向人类视觉，一般无法保持完整的地理实体。（2）一个地理实体，在地理数据中是不可再分的最小单元，而在地图数据中不一定是最小的，它可以划分为一个或多个带有简单样式的图元。（3）地图数据中的图元也可以不与地理实体对应，它们也可以是没有地理意义的纯图形。（4）地理要素的符号化将会改变要素几何形态，例如，对于一个线状空间目标的位置信息在地理数据中表现为一串有序的几何控制点，而在地图数据中则可能表现为单线、双线、虚线等不同的形式如图 7-5 所示。

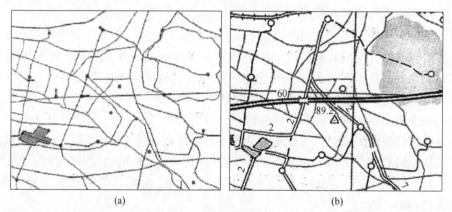

（a）　　　　　　　　　　　　　　　　（b）

图 7-5　地理空间数据和地图数据在几何表达上的差异
（a）地理空间数据；（b）地图数据

地理数据的图示表达包括的主要环节有地理要素与地图符号的关联、地图符号在地理要素上的配置、图形效果处理和地图整饰。

7.2.2.1　地理要素和地图符号的关联

地理数据图示表达的关键是建立地理要素与地图符号之间的关联，这种关联不仅与地理数据有关，还与地图显示比例尺、显示环境等因素有关。关联关系的构建可以分为人工构建与自动化构建。人工构建是用户根据制图知识建立地理要素与地图符号之间的联系，如通过表格来建立要素用户标识与地图符号 ID 的对应关系图 7-6（a）或将地理要素标识作为符号的一个属性图 7-6（b）。自动化构建则是利用制图知识自动匹配地理要素与地图符号图 7-6（c）。通过关联表的构建，地理数据库中每个地理要素与地图符号库中的一个地图符号相关联。

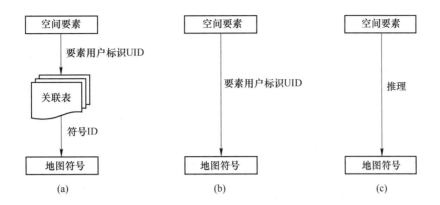

图 7-6　地理要素与地图符号之间的对应关系

（a）基于关联表的对应；（b）基于用户标识的对应；（c）基于推理的对应

当前 GIS 软件的可视化主要采用关联表技术，它是对空间要素进行符号化的依据。该技术维持了地理要素与地图符号之间一种较宽容的关系，用户修改极为方便。当用户要改变某要素的显示符号时，只需修改关联表中该要素的用户标识对应的符号标识即可。

7.2.2.2　地图符号在地理要素上的配置

地图符号配置包括点、线、面要素的符号配置和注记配置两个方面，其功能是依据关联表将地图符号库中的地图符号配置到空间数据库中每个地理要素的几何位置上。

7.2.2.3　图形符号处理和地图整饰

地图符号配置只建立了单个地理要素的显示样式，重点集中在单个地图符号的显示效果，并不能完全满足制图要求，如符号的压盖和重叠问题。因此，在符号化之后还需要通过额外的算法或者制图编辑对地图数据做进一步的图形效果处理，使数据显示效果达到地图规范或者科学美观的要求。

另外，地图在出版之前还必须对地图进行整饰，包括添加图名、图例、图廓等地图辅助要素，以满足地图出版的需要。

任务 7.3　地图形式的可视化

7.3.1　基础地图

7.3.1.1　普通地图

普通地图是表示自然地理和社会经济一般特征的地图，它并不偏重于哪一类要素。普通地图按内容的概括程度、区域和图幅的划分状况分为地形图和地理图（或称一览图）。地形图是按国家统一编图规范编制的系列比例尺地图。我国把比例尺 1：100 万、1：50 万、1：25 万、1：10 万、1：5 万、1：2.5 万、1：1 万、1：5 千，这 8 种地形图定为国家基本比例尺地形图。

7.3.1.2　专题地图

普通地图是以相对平衡的详细程度表示制图区域内自然要素和人文要素的地图，它能为研究制图区域提供全面的资料，因此它的应用遍及各个领域，是基础性的地理信息图件。专题地图是突出，且完备地表示与地图主题相关的一种或几种要素，是地图内容专题化、形式多样化、用途专门化的地图。专题内容可以是普通地图上有的要素，但更多的是普通地图上没有而属于专业部门特殊需要的内容。

A　专题地图的特征

与普通地图相比，专题地图侧重于表示某一方面的内容，强调的是个性特征，有固定的用途对象，具有以下特征。

a　内容主题突出

专题地图只将一种或几种与主题相关联的要素特别完备而详细地显示，而其他要素的显示则较为概略，甚至不予显示。例如在交通旅游图上详细地表示各级道路网及与之相联系的居民地，显示通航河道、码头以及交通网的技术指标，而地貌及土壤植被则不显示；在行政区划地图和经济地图上通常也不表示地貌，而居民地则按行政意义或经济意义予以分级表示。

b　内容广泛多样

专题地图上表示的内容，除了那些在地表上能看到的和能进行测量的自然现象或人文现象外，还有那些不能看到的或不能直接测量的自然现象或人文现象，如地质构造、气候现象、洋流、民族组成、经济现象和历史事件等。

c　内容相对实时

专题地图不仅可以表示现象的现状及其分布，而且能表示现象的动态变化和发展规律，如环境保护方面的地图、人口迁移地图和经济预测地图等。

专题地图使地图的意义在原有基础上产生出了新的含义，即"地图是用形象符号模型再现客观世界，反映、研究自然现象和社会现象空间分布、组合和相互联系及其在时间中变化的科学"。

B　专题地图的构成

专题地图由三个方面构成，即专题地图的数学要素、专题要素和地理底图要素。

a　专题地图的数学要素

与普通地图一样，构建专题地图的数学要素有坐标网、比例尺和地图定向等内容。

在专题地图中，对社会、经济现象一般是表示其相对宏观的态势及其在区域间的对比，因此多数采用较小的比例尺。在这种地图上，坐标网为地理坐标网，即经纬网，控制点不表示，地图定向则以中央经线指示正北方向。对自然现象、资源状况，诸如地质现象、地貌现象、土壤及植被的分布、各种资源状况的表示，由于它们都必须以国家的基本地形图为基础，通过勘测和调绘获得，因此与普通地图一样，有一定的比例尺系列。专题地图的数学要素是根据一定的数学法则所构成的地图要素，对图廓内各要素的几何精度起着决定性的作用。

　　b　专题地图的专题要素

专题要素是专题地图内容的主体，涉及与地理有关的各个领域和部门，内容广泛，种类繁多，从具有一定形体的地理现象到不具形体的抽象概念。根据地图主题和用途要求的不同，专题要素在不同的专题地图中，有的只表示一种要素，有的则可表示多种要素；由于可以运用不同的表示方法，有的表示方法可以详细而精确地表达专题内容，有的则只能概略地表达专题内容；有的表示方法可以表达专题内容的多重属性，有的却只能表达专题内容的某一属性；加上地图用途所决定的地图比例尺要求的不同，因此不同的专题地图，其专题要素的内容容量、精确程度和复杂程度是有很大差异的。如何表示好专题要素是专题地图设计的主要问题。

　　c　专题地图的地理底图要素

如前所述，专题地图根据其各自的主题，有着各自要求表达的专题，而地理底图要素是起着底图作用、用以显示专题制图要素的空间位置和区域地理背景的地理要素，包括水系、居民地、交通网、地貌、土壤、植被及境界等要素，表示这些地理要素的地图就称为专题地图的底图。底图具有确定方位的骨架作用，是确定专题要素的控制系统，它们的表示主要受专题地图的类型、制图区域特征和地图比例尺的影响。

　　C　专题地图的表示方法

专题地图的表示方法多种多样，选择合理的表示方法和表现手段是提高专题地图表达能力的保证。

点状分布要素占据的面积较小，不能依比例表示，又要定位，对于点状分布要素的质量特征和数量特征，一般用点状符号表示。地面上真正的点状事物很少，一般都占有一定的面积，只是大小不同。线状或带状分布的要素，如交通线、河流及边界线等，这些事物的分布质量特征和数量特征可以用线状符号表示。面状分布要素的表示方法很多，最常用的有等值线法、质底法、范围法、点值法、运动线法、统计图法等。

　　a　定点符号法

定点符号法是以不同形状、颜色和大小的符号表示呈点状分布的专题要素的数量、质量特征的一种表示方法。这种符号在图上具有独立性，能准确定位，为不依比例表示的符号，这种符号可用其大小反映数量特征，可用其形状和颜色配合反映质量特征，可用虚线和实线相配合反映发展态势，将符号绘在现象所在的位置上。常用的定点符号按形状可分为几何符号、文字符号和象形符号。定点符号的定位点一般在图形中央或底部中间。这种符号的优点是定位准确，表达简明；缺点是符号面积大，有时出现重叠，需移位表示。

　　b　线状符号法

线状符号法是用来表示呈线状或带状延伸的专题要素的一种方法。线状符号在地图上的应用是常见的，有许多物体或现象，如道路、河流、境界及航线等呈线状分布，地图上就用线状符号表示。线状符号能反映线状地物的分布，线状符号的定位线，是单线的在单线上，是双线的则在中线上。线状符号可以用色彩和形状表示专题要素的质量特征，也可以反映不同时相的变化，但一般不表示专题要素的数量特征。

　　c　范围法

范围法是用面状符号在地图上表示某专题要素在制图区域内间断而成片的分布范围和状况，主要用来反映具有一定面积、呈片状分布的物体和现象，例如森林、煤田、湖泊、沼泽、油田、动物、经济作物和灾害性天气等。范围法分为精确范围法和概略范围法。前者有明确的界线，可以在界线内着色或填绘晕纹或文字注记；后者可用虚线、点线表示轮廓界线，或不绘轮廓界线，只以文字或单个符号表示现象分布的概略范围。

在地图上表示范围可以采用不同的方法：用一定图形的实线或虚线表示区域的范围；用不同颜色普染区域；在不同区域范围内绘制不同晕线；在区域范围内均匀配置晕线符号，有时不绘出境界线；在区域范围内加注说明注记或采用填充符号。

　　d　质底法

质底法就是把整个制图区按某一种指标或几种相关指标的组合划分成不同区域或类型，然后以特定手段表示它们质的差异。常见的质底法地图有区划图，包括行政区划图、农业区划图、植被区划图等以及类型图，包括土地利用图、植被类型图和地质图等。

由于质底法广泛应用各种颜色，所以有时称为底色法。首先按现象的性质进行分类或分区，在地图上绘出各分类界线，然后把同类现象或属于同一区划的现象绘成同一颜色或同一晕纹。这种方法可以用于表示地球表面上的连续面状现象（如气象现象）、大面积分布的现象（如土壤覆盖）或大量分布的现象（如人口）。质底法的优点是鲜明美观；缺点是不易表示各类现象的逐渐过渡，而且当分类很多时，图例比较复杂，必须详细阅读图例时才能读图。采用质底法时要注意质底的两种颜色系统不应该相互重叠，但是底色可以与晕线重合，质底法易于与其他表示方法结合使用。范围法与质底法的区别在于：范围法所表现的现象不布满整个制图区域，不一定有精确的范围界线。

　　e　点值法

点值法是用点子的不同数量来反映专题要素分布不均匀的状况，而每一个点子本身大小相同，所代表的数量也相等。这种方法广泛用来表示人口、农作物及疾病等的分布，通过点子的数目多少来反映数量特征，用不同颜色或不同形状的点反映质量特征。影响点值法表达效果的主要因素是点子的大小、点值和点子的位置。点子的大小和点值是表示总体概念的关键因子，两者要合理选择。点值过大或点值过小，易产生点子过少或点子重叠，使图面反映不出实际分布情况。点值 A、总量 S 和点数 n 三者的关系为 $A = S/n$，合理选择 A 和 n，则图面清晰易读。点值法是质底法和范围法的进一步发展。质底法和范围法只能反映现象的分布范围及其质量特征，点值法则可以表明现象的分布和数量特征。点值法有两种点子的排布方式：一是均匀布点法，即在一定的区划单位内均匀地布点；二是定位布点法，即按照现象实际所在地布点。

　　f　等值线法

等值线是指制图对象中数值相等的各点连接成的光滑曲线。地形图上的等高线就是一种典型的等值线，它是地面上高程相等的相邻点连接成的光滑曲线。等值线的数值间隔原则上最好是一个常数，以便判断现象变化的急剧或和缓，但也有例外。等值线间隔的大小首先取决于现象的数值变化范围，变化范围越大（以等高线为例，地貌高程变化越大），间隔也越大；反之，亦然。如果根据等值线分层设色，颜色应由浅色逐渐加深，或由冷色逐渐过渡到暖色，这样可以提高地图的表现力。

　　g　定位法

定位法是利用某些定位点来反映该点及周围某种现象的总特征或总趋势，如气候图中风力和方向的表示，天气预报中晴、雨等的表示。常用的图表有柱状图表、曲线图表、玫瑰图表等。

h 分级统计图法

分级统计图法是以一定区划为单位，根据各区划单位内某专题要素的数量平均值进行分级，通过面状符号的设计表示该要素在不同区域内的差别的方法。这种方法按照各区划单位的统计资料，根据现象的密度、强度或发展水平划分等级，然后依据级别高低，在地图上按区划单位分别填绘深浅不同的颜色或疏密不同的晕线，以显示各区划单位间的差异。一般采用相对指标：一种是比率数据，如人口密度（人口总数除以区域面积）等；另一种是比重数据，又称结构相对数，如耕地比重（耕地面积除以区域面积）等，表示专题要素信息中某种现象单元之间水平高低的空间分布特征，但不能反映单元内部的差异。分级的标准可以是等差的、等比的、逐渐增大的或任意的。分级图适于表示相对的数量指标。

i 分区统计图法

分区统计图表法也被称为等值区域法，是将制图区按行政区划单元或其他单元分区，在各分区内配置相应的图形符号，以图形符号的大小和多少来反映现象的数量总和。图形符号的面积与区域内该现象的数量总和成正比。图形符号可用多种形式。这种图形符号不是定点符号，而是配置符号，定位于面即可。分区统计图表方法最适宜采用绝对指标，也可采用相对指标，它要求底图必须有正确的区划界线。

在地图制图中采用较多的是：（1）线状统计图形，采用柱状图形和带状图形等来表示，其长度与所表达现象的数值成正比；（2）面积统计图形，采用正方形、圆圈等来表示，其面积大小与所表达现象的数值成正比；（3）立体统计图形，采用立方体、圆球等来表示，其体积与所表达现象的数值成正比。

j 运动线法

运动线法又称动线法，是用箭形符号的箭头和不同宽窄的线来反映专题要素的移动方向、路线及其数量和质量特征，移动的现象都能用运动线法表示。例如，天气预报中的风向符号、气流符号就能表示风和气流的大小与方向。人口迁移路线、洋流和货运路线等也能用运动线法表示。箭头和箭体上部的方向应保持一致，箭头的两翼应保持对称。箭形的粗细或宽度可以表示洋流的速度强度或货运的数量，箭形的长短可以表示风向、洋流的稳定性，首尾衔接的箭形表示运动的路线。

D 专题地图的整饰

在普通地图中，国家基本比例尺地形图制定有统一的图式规范，其符号、颜色和整饰是按规定图式来设计的。小比例尺的地形一览图及分层设色图可以在整体方面有别于规定的图式，特别在分层设色中各层的颜色设计方面可以有暖调的，有冷调的，可以是按越高越暗的思想设计，也可以是按越高越亮的思想设计，但在表现其他几种地理要素方面，其符号的设计不会有大的改变。而专题地图则不同，因为专题地图涉及的领域非常广，表现的专题内容千差万别，除了极少数的图种，如地质图有统一的符号和色彩系统，地貌图、土壤图、植被图、气候图、水文图在某些符号及色彩设计上有些虽不是统一规定，但遵从约定俗成的原则。大多数专题地图在符号、色彩设计方面都没有统一的规定，而是针对具体的内容进行设计，这在各类人文地图的设计上表现得尤为突出。专题地图的整饰主要从符号设计和色彩设计两个方面来进行。

a　专题地图的符号设计

广义上，专题地图的符号包括三方面的含义：真正的个体符号，即定点符号法中的符号；分区统计图表法中的图表以及一些独立于地图以外的统计图表；一些面状要素的花纹符号。一般来说，真正意义上的个体符号的设计是最为复杂，也是最为重要的，这里介绍的主要是个体符号。符号设计的基本要求是：

（1）符号系统应满足反映一定信息的要求，图形的复杂程度应力求与所显示信息的特征（如数量、质量和动态）相适应；

（2）地图符号在整体表达上应有主次，并力求简练，在表象的上层平面仅显示主要的内容特征，在保持其系统特征的基础上反映其系统内的差异；

（3）符号系统的设计应有一定的逻辑性、可分性和差异性；

（4）符号系统应具有联想性。

b　专题地图的色彩设计

色彩可以从色调（色相）、饱和度（纯度）和亮度三个方面进行分析，对于同类地物数量上的差异，一般尽量使用同一色系，通过饱和度和亮度的变化来反映同类地物之间的差异，对于不同类型的地物，则使用不同色调进行区分如图 7-7 所示。专题地图的色彩设计要求如下：

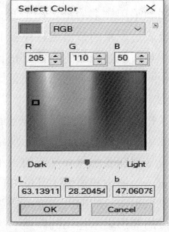

图 7-7　色彩　　　　　　　　　　　　　　扫一扫看图 7-7

（1）利用不同色调表示专题现象的类别，即质量差异，设色时多采用对比色。

（2）利用不同色调反映数量的增减或数量级别的变化。一般说暖色表示数量的增长，冷色表示数量的减少。颜色饱和度的变化或色调的变化可显示数量级别的变化。

（3）利用色彩的渐变表示专题现象的动态发展变化,设色时多采用同种色系或类似,色系。

（4）点状色彩的设计应尽量与实物的固有色调相似，以引起读者的联想。加强其饱和度，多用原色、间色，少用复色，使符号之间有明显的对比，容易区分。

7.3.1.3　数字地图

A　数字地图的概念

数字地图作为地理信息可视化的主要形式，是以地图数据库为基础，以数字形式存储于计算机外存储器上，并能在屏幕上实时显示的可视地图（有时也称为"屏幕地图"）。数字地图可以实时地显示各种信息，具有漫游、动画、开窗、缩放、增删、修改、编辑等功能，并可进行各种量算、数据及图形输出打印，便于人们使用。随着多媒体技术的发展，数字地图将与音像等内容结合起来，极大地丰富地图的表示内容，全方位、多角度地介绍与地理环境相关的各种信息，使地图更富有表现力。数字地图集，是为了一定用途，采用统一、互补的制作方法系统汇集的若干数字地图，这些地图具有内在的统一性，互相联系，互相补充，互相加强。

数字地图虽包含了 GIS 的主要功能，但不是全部功能。数字地图侧重于可见实体的显示，其中较完善的空间信息可视化功能和地图量算功能是一般 GIS 所欠缺的。但是一些数字地图（集）难于使其可视化空间均具有统一的空间数学基础，因而空间分析相对 GIS 而言比较薄弱，这也是两者最主要的区别。数字地图（集）是一种新型的、内容广泛的 GIS 产品，而数字地图（集）系统则是一些内容广泛、功能各异的新型 GIS 系统。

数字地图与纸质地图相比，有其优越性，但数字地图设计仍要遵循传统纸质地图的设计原则。随着数字地图设计环境、应用环境的改变数字地图具有的新特点有：数据与软件的集成、动态交互可探究、信息表达方式多样、无极缩放与多尺度数据、高效检索与地图分析、数据共享等。

B 数字地图的产品

基础地理信息领域中的数字地图产品主要有如下类型。

a 数字线划图

数字线划图是以点、线、面形式或地图特定图形符号形式表达地形要素的地理信息矢量数据集。点要素在矢量数据中表示为一组坐标及相应的属性值；线要素表示为一串坐标组及相应的属性值；面要素表示为首尾点重合的一串坐标组及相应的属性值。DLG 是我国基础地理信息数字成果的主要组成部分。

b 数字栅格图

数字栅格图是根据现有纸质、胶片等地形图经扫描和几何纠正及色彩校正后，形成在内容、几何精度和色彩上与地形图保持一致的栅格数据集。DRG 是模拟产品向数字产品过渡的形式，可用于 DLG 的数据采集、评价和更新，还可与 DOM、DEM 等数据集成以派生出新的信息和制作新的地图。

c 数字高程模型

数字高程模型是通过有限的地形高程数据实现对地面地形的数字化模拟，是用一组有序数值阵列的形式表示地面高程的一种实体地面模型。

d 数字正射影像图

数字正射影像图是对航空航天相片进行数字微分纠正和镶嵌，按一定图幅范围裁剪生成的数字正射影像集。它是同时具有地图几何精度和影像特征的图像。

DLG、DRG、DEM、DOM 统称为基础地理信息领域的 4D 产品。

【技能训练】

GIS 地图设计与输出

实验内容

（1）基础地图的编制。

（2）专题地图的编制。

（3）数字地图输出。

实验目的

（1）巩固地图学基础知识。

（2）掌握用 GIS 工具实现数字地图布局设计和输出。

7.3.2　动态地图

7.3.2.1　动态地图的概念

动态地图是对实体世界运动变化现象的动态可视化表达，随着时间的延展，实体位置移动、形状改变、属性变化，这一过程通过地图表达出来便是动态地图。另外，实际空间的静态现象表达到地图后，在用户看来，并不一定是静止的，典型的例子便是在模拟飞行中，用户视点沿着航线获取地形地物的动感，在目前兴起的虚拟现实 VR 技术中广泛应用，由于用户视点的改变而获取的运动变化与时间无关，只是空间状态的变化，我们称作相对变化。从以上分析可知，动态地图涉及时间、空间两方面的变化，仅仅把动态地图看作地理实体时态特征的表现是不准确的。动态地图可定义为：基于读图角度，可以从中获取关于地理实体空间位置、属性特征运动变化的视觉感受的地图。动态地图的表达通常采用以下几种方法。

（1）利用传统的地图符号和颜色等表示方法，如运动线表示气流、行军等路线。

（2）采用定义了动态视觉变量的动态符号来表示，即用闪烁、跳跃、色度、亮度变化等手段反映运动中物的矢量、数量、空间和时间变化特征。

（3）采用连续快照方法制作多幅或一组地图。这是采用一系列状态对应的地图来表现时空变化的状态。

（4）结合计算机虚拟现实的技术，实现地图动画效果。

面向动态变化现象可视化表达的动态电子地图是一种新型的可视化，它强调动态、在线、多维特征，它对正在发生的变化或已经发生的变化通过动画、动态符号、模拟飞行等形式可视化显示，以期揭示现象的时空演变规律、分析现象的时态特征，它具有广泛的应用领域，如基于位置的定位（LBS）系统、导航系统、环境监测系统、智能交通系统等。

7.3.2.2　动态地图的符号

传统的地图符号设计原则是基于 Bertin 视觉参量体系建立起来的，依据符号的七个视觉参量，即大小、色相、方位、形状、位置、纹理及饱和度来设计描述地理实体不同方面的性质特征。显然，为了表达动态特征，需要对地图符号的参量进行扩展，引入动态特征描述。常用的四个动态参量为发生时长、变化速率、变化次序、节奏，分别介绍如下。

A　发生时长

发生时长描述观察者从视觉上对符号感知到符号消失的时间长短，发生时长通常通过划分很小的时段单位来计算，与多媒体技术中的帧的概念相应。发生时长反映了事件在时间轴上延展，与现象在空间 X、Y 或 Z 轴上的投影覆盖范围可建立映射关系。地图设计中，发生时长可用于表现动态现象的延续过程，发生时长的帧值越大，现象生成的时间和出现的时间就越长，如图 7-8 所示。

B　变化速率

变化速率是一个复合参量，需要借助于符号的其他参量来表述，描述符号的状态改变速度。符号的状态可以是前面定义的动态参量发生时长，也可以是表态参量大小、方位、饱和度等。可以借助于一阶微分公式来表达，变化速率 $v = \mathrm{d}g(s)/\mathrm{d}f$，其中 $g(s)$ 为符号 s 的状态，f 为帧。当 $g(s)$ 为发生时长时，变化速率描述符号"闪烁"的快慢。图 7-9 表述了符号不同参量的变化速率。

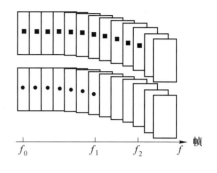

图 7-8　动态符号发生时长

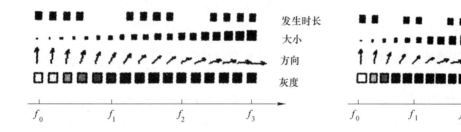

图 7-9　基于符号不同参量的变化速率

变化速率的大小与运动过程的快慢一致，变化速率可以是常量（加速度为零），也可以是变量（加速度为非零），加速度大小与运动过程的平稳与激烈性相应。基于变化着的现象对人的视觉感受有较强的吸引力的事实，符号的变化速率除了用以描述地理现象的运动过程外，还可用于静态现象的重要性描述和显式定位，闪烁速率大的符号描述发射功能强的电视塔，亮度变化率大的符号描述人口流动快的区域，天气预报中用动态符号描述城市的天气的变化情况。

C　变化次序

时间是有序的，可以类似二维空间中的前后、邻接关系建立时间段之间的先后、相邻拓扑关系。符号的变化次序描述符号状态改变过程中各帧状态出现的顺序，依据时间分辨率，可以将连续变化状态离散化处理成各帧状态值，使其交替出现。符号的变化次序可以用于任意有序量的可视化表达，升序变化对应着特征的显著性增强，降序变化对应着特征的显著性减弱，符号色相依据灰-淡红-蓝的次序反映天气由阴变晴，反之反映天气由晴变阴。此外，气温在四季中冷、暖、热的交替也可用符号的某个参量的变化次序来体现。

D　节奏

符号的节奏描述符号周期性变化的特征，它是由发生时长、变化速率以及其他参量融合到一起而生成的复合参量，同时又表现出独立的视觉意义，用于地理信息的时态特征及变化规律的描述。节奏与静态符号的纹理对应，构成纹理的原子符号之间的间隔对应发生时长，原子符号的排列顺序对应变化次序。描述节奏的参量可以进一步细分为频率（周期）和振幅。符号的节奏变化可以用周期性函数表示并用周期性曲线显示。如图 7-10 所示，节奏的振幅对应地理现象变化的峰值，频率则对应变化速度。符号的节奏参量可用于描述周期性变化现象重复性特征，也可描述质量性质，节奏越快对应的地理实体越重要等级越高等。

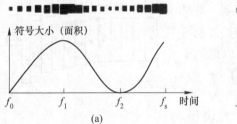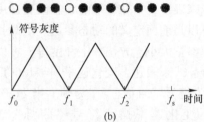

图 7-10　动态符号大小变化
（a）动态符号大小变化节奏曲线；（b）灰度变化节奏曲线

地理实体的时态特征和变化规律可由符号动态参量体现出来。地理实体在空间中生存的时间由符号的发生时长表达，位置移动、属性变化的快慢由符号的变化速率表达。在实体与符号的时态映射关系上，与空间表现一样，同样存在制图综合问题，包括时态比例尺确定、时间分辨率选取、跨越比例尺时态变化的简化或夸大等。动态符号表现动态变化可以用于历史过程的再现、同步过程的实时跟踪监控及其他用途。

7.3.2.3　动态电子地图的分类

动态电子地图的应用领域非常广泛，产品形式多样，功能丰富，可依据不同标准对其分类。

（1）根据变化的主体，动态地图可视化的内容可分为专题性质变化（排放污水环境质量超标、航标灯熄灭）和空间位置移动变化（运钞车行进、洪水淹没面扩展、森林大火蔓延热带气旋移动）。前者通过各种专业传感器获取被监控目标的性质变化信息，由无线通信传回到电子地图上表达；后者通过 GPS 或航测遥感获取目标的位置或空间状态的变化信息。

（2）根据运行平台，电子地图系统可分为多目标远程监控和当前目标实时监控。前者表现为在室内大屏幕上实时监控一定区域范围内的多个目标的变化，如 110 报警台、航班运行控制中心、船舶搜救报警站、污水排放环境监测站等安装的电子地图系统；后者表现为移动目标中安装地对当前目标的变化状态实时监控的电子地图系统，如海船驾驶舱安装的电子海图导航系统、飞机上 GPS 定位显示系统等。

（3）根据动态电子地图的时态特性可分为：对正在发生变化的实时监控、对已经发生变化的过程再现以及对将要发生变化的模拟推演。"过去时"变化的表达类似于飞机失事后"黑匣子"分析，在船舶导航系统中记录船舶运动的轨迹、速度、水下障碍物信息，在发生碰撞后通过运行状态的回放可分析事故产生的原因；"将来时"变化的表达可根据当前目标的规划线路、运动状态参数模拟表现变化的发生，如基于"移动计算模型"分析在涨潮时船是否能安全通过某搁浅区域（GIS 中典型的"点在多边形内"的判断，但点是移动的，多边形的区域范围是变化的）。

（4）根据用户感知的变化内容的真实性，动态电子地图可分为实际变化的感知和静态现象的模拟感知。前者是真实变化，在实体世界发生的变化映射到概念世界（地图或GIS）后，其变化映象为用户世界感知；后者是模拟变化，实体世界的静态现象映射到概念世界，通过相对改变概念世界与用户世界之间的视点位置关系，让观察者获得静态现象的"动态"感觉，典型的例子便是"模拟飞行"观察地物景观。

7.3.3　影像地图

影像地图是指一种带有地面遥感影像的地图，是利用航空像片或卫星遥感影像，通过几何纠正、投影变换和比例尺归化，运用一定的地图符号、注记，直接反映制图对象地理特征及空间分布的地图。在遥感影像地图中，图面内容要素主要由影像构成，辅助以一定的地图符号来表现或说明制图对象。与普通地图相比，影像地图具有丰富的地面信息，内容层次分明，图面清晰易读，充分表现出影像与地图的双重优势。

7.3.3.1　影像地图的分类

利用卫星遥感影像数据编图，根据它的技术条件和线划的地理要素，可分为卫星影像镶嵌图、卫星影像图和卫星影像地图三种。

（1）卫星影像镶嵌图。不另外进行数据的几何纠正，将多幅影像依像幅边框显示的经纬度位置镶嵌拼贴而成的影像图，称为卫星影像镶嵌图。其像点误差相对于地面控制点大于一个像元。在镶嵌图上，只注记少量地理要素名称，如主要河流、主要山峰、县（县级市）以上居民点、铁路和主干公路等。影像镶嵌图的作用是提供空间位置的检索。

（2）卫星影像图。进行了影像平面位置的几何纠正（纠正误差相对于地面控制点可达到小于1个像元）和影像增强，图上绘制出较全面的地理要素，称为卫星影像图。此类影像图的数据间进行了地图投影和数字镶嵌，且包括的地理范围相当大，如一个国家或全球。

（3）卫星影像地图。在卫星影像上，能够依据数字高程模型（DEM）进行正射纠正，有详细的符号化地理要素的影像图，称为卫星影像地图。卫星影像不能直接构成地形图，但地面分辨率大于2.5m的卫星影像常与地形图系列配合，影像成为地形图的一种要素，它增强了地形要素和其他地理信息的视觉效果。

7.3.3.2　影像地图的纹理映射技术

真实地物表面存在着丰富的纹理细节，人们正是依据这些纹理细节来区别各种具有相同形状的景物。因此，景物表面纹理细节的模拟在真实感图形生成技术中起着非常重要的作用。一般将景物表面纹理细节的模拟称为纹理映射技术。纹理映射技术的本质是：选择与DEM同样地区的纹理影像数据，将该纹理"贴"在通过DEM所建立的三维地形模型上，从而形成既具有立体感又具有真实性、信息含量丰富的三维立体景观。

A　基于航摄像片的地形三维景观

基于航摄像片生成地形三维景观图的基本原理是：在获取区域内DEM的基础上，在数字化航摄图像上按一定的点位分布要求选取一定数量（通常大于6个）的明显特征点，测量其影像坐标的精确值以及在地面的精确位置，据此按航摄相片的成像原理和有关公式确定数字航摄图像和相应地面之间的映射关系，解算出变换参数。

同时，利用生成的三维地形图的透视变换原理，确定纹理图像（航摄像片）与地形立体图之间的映射关系。DEM数据细分后的每一个地面点可依透视变换参数确定其在航摄像片图像中的位置，经重采样后获得其影像灰度，最后经过透视变换、消隐、灰度转换等处理，将结果显示在计算机屏幕上，生成一幅以真实影像纹理构成的三维地形景观。

B　基于航天数据的地形三维景观

基于航天数据的处理方法与航摄像片的方法基本相同。不同的是由于不同遥感影像数据获取的传感器不同，其构像方程、内外方位元素也各异，需要针对相应的遥感图像建立投影映射关系。

7.3.4　立体透视显示

GIS的立体透视显示可以实现多种地形的三维表达，常用的包括立体等高线模型、三维线框透视模型、地形三维表面模型以及各种地形模型与图像数据叠加而形成的地形景观。

7.3.4.1　立体等高线模式

在平面-高程的三维空间中，等高线可视为平面与立体地形的交线，可形式化为 $H=f$（等高线 L）。对所有的 L：（1）垂直投影在地平面上形成平面等高线图，它在二维平面上实现了三维地形的表达，但地形起伏需要进行判读，虽具有量测性但不直观；（2）锐角投影到平面上形成具有立体效果的立体等高线图如图7-11所示。

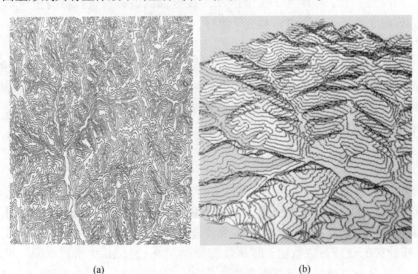

(a)　　　　　　　　　　　　　　　　(b)

图7-11　等高线示意图

（a）平面等高线；（b）立体等高线

7.3.4.2 三维线框透视模式

三维线框（wireframe）透视模型是计算机图形学和计算机辅助设计（computer aided design，CAD）/计算机辅助制造（computer aided manufacturing，CAM）领域中较早用来表示三维对象的模型，至今仍广为运用。流行的 CAD 软件、地理信息系统软件等都支持三维对象的线框透视图建立。线框模型的基本原理是：首先，用顶点和邻边来表示三维对象的轮廓；其次，投影变换到二维平面上；最后，考虑到这种变换失去了深度信息且往往导致图形的二义性，需要在绘制时根据给定的视点隐藏不可见的线和面，即消隐。三维线框透视模型的优点是结构简单、易于理解、数据量少、建模速度快，缺点是三维线框透视模型没有面和体的特征、表面轮廓线将随着视线方向的变化而变化；由于不是连续的几何信息因而不能明确地定义给定点与对象之间的关系（如点在形体内、外等）。

7.3.4.3 地形三维表面模型

地形三维表面模型是在三维线框模型基础上，通过增加有关的面、表面特征、边的连接方向等信息，实现对三维表面的以面为基础的定义和描述，从而可满足面面求交、线面消除、明暗色彩图等应用的需求。简言之，三维表面模型是用有向边所围成的面域来定义形体表面，由面的集合来定义形体。

若把数字高程模型（DEM）的每个单元看作一个面域，可实现地形表面的三维可视化表达，表达形式可以是不渲染的线框图，也可采用光照模型进行光照模拟，同时也可叠加各种地物信息，以及与遥感影像等数据叠加形成更加逼真的地形三维景观模型如图 7-12 所示。简单的光照模型仅考虑光源照射在物体表面产生的反射光，物体表面中坡向不同的单元向空间给定方向辐射的光亮度会不同，从而可以确定物体可见表面上每个点的亮度。

(a) 　　　　　　　　　　　　　　　　　　　(b)

图 7-12　DEM 地形三维表面模型

（a）地形三维表面模型；（b）叠加河流网络后的地形三维表面模型

任务 7.4　场景形式的可视化

7.4.1　实景地图

传统的地图主要是一种基于平行视线的图形展示，而场景展示是以视点为中心的放射状视线的图形展示技术，它包括真实场景和虚拟场景。真实场景的可视化技术有 LOD、实景地图、光照模型等；虚拟场景的可视化技术有虚拟现实、立体显示、增强现实等。

实景地图即为可以看到真实景观的地图，它是三维实景与电子地图的结合。实景地图是基于实物拍摄、数据抽象采集技术实现的，通常是利用卫星或激光技术直接扫描建筑物的高度和宽度，最终形成三维地图数据文件。

7.4.1.1　实景地图的概念

实景地图主要指 360°全景地图、全景环视地图，它把三维图片模拟成真实物体的三维效果地图，浏览者可以拖拽地图从不同的角度浏览真实物体的效果。运用数码相机对现有场景进行多角度环视拍摄之后，再利用计算机进行后期缝合，并加载播放程序来完成三维虚拟展示。全景图通过广角的表现手段以及绘画、像片、视频、三维模型等形式，尽可能多表现出，周围的环境。

7.4.1.2　实景地图服务

实景地图服务是提供实景地图的一种网络服务，典型的有街景地图。街景地图为用户提供城市、街道或其他环境的 360° 全景图像，用户可以通过该服务获得身临其境的地图浏览体验。通过街景，只要坐在电脑前就可以真实地看到街道上的高清景象（就像在旅游）。街景地图实现了"人视角"的地图浏览体验，为用户提供更加真实准确、更富画面细节的地图服务。街景开创了一种全新的地图阅读方式，也开启了一个实景地图体验模式。

实景地图具有如下优势：避免了一般平面效果图视角单一，不能带来全方位感受的缺憾，本机播放时画面效果与一般效果图是完全一样的；互动性强，可以由客户互动操纵，从任意一个角度观察场景，这一点也不同于缺少互动性的三维动画。

7.4.2　虚拟现实

7.4.2.1　光照模型与光线跟踪技术

光照模型是生成真实感图形的基础，是虚拟现实技术的关键基础之一。本质上，光照模型就是根据光学物理的有关定律，计算景物表面上任一点投向观察者眼中的光亮度的大小和色彩组成的公式，它分为局部光照模型和整体光照模型。

A　基本原理

照射到物体上的光线，不仅有从光源直接射来的，也有经过其他物体反射或折射来的。局部光照模型只能处理直接光照，为了对环境中物体之间的各种反射、折射光进行精确模拟，需要使用整体光照模型。

相对于局部光照模型，整体光照模型可表示为 Iglobal = $K_R \times I_R \times K_T \times I_T$ 式中，Iglobal 为非直接光照对物体上一点光强的贡献；I_R 为其他物体从视线的反射方向 R 反射来的光强，K_R 为反射系数；K_T 为其他物体从视的折射方向 T 折射来的光强，I_T 为折射系数。将 Iglobal 与局部光照模型的计算结果相叠加，就可以得到物体上点的光强如图 7-13 所示。

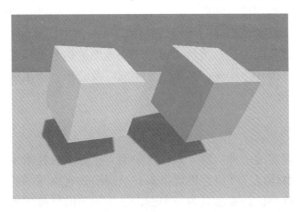

图 7-13 光照模型示意图

整体光照模型算法原理简单，实现方便，并且能生成各种逼真的视觉效果。算法的基本思想如下：对于屏幕上的每个像素，跟踪一条从视点出发经过该像素的光线，求出与环境中物体的交点。在交点处光线分为两支，分别沿镜面反射方向和透明体的折射方向进行跟踪，形成一个递归的跟踪过程。光线每经过一次反射或折射，由物体材质决定的反射、折射系数都会使其强度衰减：当该光线对原像素光亮度的贡献小于给定的阈值时，跟踪过程即停止。光线跟踪的阴影处理也很简单，只需从光线与物体的交点处向光源发出一条测试光线，就可以确定是否有其他物体遮挡了该光源（对于透明的遮挡物体需要进一步处理光强的衰减），从而模拟出软影和透明体阴影的效果。

B 基本特点

光线跟踪很自然地解决了环境中所有物体之间的消隐、阴影、镜面反射和折射等问题，能够生成十分逼真的图形，而且算法的实现也相对简单。光线跟踪方法显示真实感图形有如下优点。

（1）显示效果十分逼真。不仅考虑到光源的光照，而且考虑到场景中各物体之间彼此反射的影响。

（2）有消隐功能。采用光线跟踪方法，在显示的同时，自然完成消隐功能。事先消隐的做法不适用于光线跟踪，因为那些背面和被遮挡的面，虽然看不见，但仍可能通过反射或透射影响看得见的面上的光强。

（3）有影子效果。光线跟踪能完成影子的显示，方法是从 P_0 处向光源发射一根阴影探测光线。如果该光线在到达光源之前与场景中任一不透明的面相交，则 P_0 处于阴影之中，否则，P_0 处于阴影之外。

（4）该算法具有并行性质。每条光线的处理过程相同，结果彼此独立，因此可以在并行处理的硬件上快速实现光线跟踪算法。

作为一种递归算法，光线跟踪的缺点是计算量非常大。

7.4.2.2　虚拟现实技术

虚拟现实（VR）可以认为是动态地图的更高级表现方式。利用 VR 技术与地图制图相结合，即构成虚拟现实地图，也称"可进入"地图。它以逼真的三维地形、地物代替了抽象的地图符号，使地理信息的图形显示从平面、静止、被动接收的概念符号图形转变为多维、动态、主动交互的模拟空间环境。应用者可以亲临感受空间对象的运动、变化，并以多种方式控制其过程的表达。当然，虚拟现实地图的构建已经超越了常规地图设计的编制，需要很复杂的三维环境构建、多重感觉生成以及分析、应用模型建立等技术，在军事操演中得到具体应用。

7.4.3　立体显示

立体显示是虚拟现实的一种实现方式。它采用光学等多种技术手段模拟实现人眼的立体视觉特性，将空间物体以三维信息再现出来，呈现出具有纵深感的立体图像。立体显示作为下一代新型显示技术，正逐渐成为一个引人注目的前沿科技领域。近年来，立体显示技术在电视广播、视频游戏、医疗、教育等领域的应用越来越多，三维显示已从电影银幕向电视终端、计算机终端、智能手机终端、平板电脑终端发展。

立体显示主要有基于双目视差立体显示和真三维立体显示。

7.4.3.1　基于双目视差的立体显示

目前主流的三维显示技术主要基于双目视差这种生理深度暗示。通过模拟人眼生理学深度暗示中的双目视差，如图 7-14 所示，将含有不同视差信息的二维图像传输到观察者的左右眼中，通过在人脑中的融合给予深度信息感知，从而使观看者获得三维深度感。目前，凭着基于双目视差原理的三维显示，人们已经可以在电影院或者在家里享受到三维显示技术带

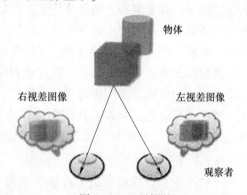

图 7-14　双目视差

来的乐趣。这种已经面向市场成为当下主流的三维显示技术通常需要观看者佩戴特殊的眼镜（如红蓝眼镜、偏振眼镜或电子式快门眼镜等）。该技术又可分为双色眼镜、主动立体显示、被动同步的立体投影设备、立体显示器等方式。

A　双色眼镜

双色眼镜这种模式下，在屏幕上显示的图像将先由驱动程序进行颜色过滤。渲染给左眼的场景将被过滤掉红色光，渲染给右眼的场景将被过滤掉青色光（红色光的补色光，绿光加蓝光）。然后观看者使用一副双色眼镜，这样左眼只能看见左眼的图像，右眼只能看见右眼的图像，物体正确的色彩将由大脑合成。这是成本最低的方案，但一般只适合于观看无色线框的场景，对于其他的显示场景，丢失了颜色的信息可能会造成观看者的不适。

B　主动立体显示

主动立体显示这种模式下，驱动程序将交替渲染左右眼的图像，例如，第一帧为左眼

的图像，那么下一帧就为右眼的图像，再下一帧再渲染左眼的图像，依次交替渲染。然后观测者将使用一副快门眼镜。快门眼镜通过有线或无线的方式与显卡和显示器同步，当显示器上显示左眼图像时，眼镜打开左镜片的快门同时关闭右镜片的快门；当显示器上显示右眼图像时，眼镜打开右镜片的快门同时关闭左镜片的快门。看不见的某只眼将由大脑根据视觉暂存效应保留刚才画面的图像。这种方法将降低图像一半的亮度，并且要求显示器和快门眼镜的刷新速度都达到一定的频率，否则也会造成观看者的不适。

C 被动同步的立体投影设备

在这种模式下，驱动程序将同时渲染左右眼的图像，并通过特殊的硬件输出和同步，一般是使用具有双头输出的显卡。输出的左右眼图像将分别使用两台投影机投射，在投射左眼图像的投影机前加上偏正镜，然后在投射右眼图像的投影机前也加偏正镜但角度旋转90°；观看者也将佩戴眼镜，左右眼的偏振镜也做了相应的旋转。根据偏振原理，左右眼都只能看见各自的图像。这是最佳的模式，但硬件显卡和投影机的成本将会翻倍。

D 立体显示器

虽然被动同步的立体投影能达到很好的效果，但是还是需要佩戴偏振眼镜观看。很多公司正在开发不需要眼镜的立体显示器，例如，在液晶中精确配置用来遮挡光线行进的"视差屏障"（barrier）。视差屏障通过狭缝光栅阵列准确控制每一个像素透过的光线，只让右眼或左眼看到。由于右眼和左眼观看液晶的角度不同，利用这一角度差遮住光线就可将图像分配给右眼或左眼。这样不需要戴上专用的眼镜也可以看到立体图像。

E 头戴式显示器

头戴式显示器是更高级的一种显示方式，又称眼镜式显示器、随身影院、视频眼镜（video glasses）。HMD的左眼和右眼的图像将直接由很近距离的显示屏分别显示在眼睛前，或直接把图像投射到视网膜上。HMD可以获得很大的视角覆盖范围，同时可以追踪并把视角和头部运动同步。通过各种头戴式显示设备，向眼睛发送光学信号，可以实现虚拟现实、增强现实、混合现实（mixed reality，MR）等不同效果。

人们在使用基于二维视差图像的三维显示设备观察三维图像时，每次只有一组二维视差图像进入眼中，其携带的信息不能提供人眼所需的全部三维深度感知。此外，由于人眼通常聚焦在二维显示屏幕上，而三维画面是在屏幕的前面或后面，这种辐辏和调焦的矛盾不仅加重了人眼与大脑的负担，而且长时间观看会导致眼睛疲劳和不适。

7.4.3.2 真三维立体显示

真三维立体显示要解决的核心问题是如何为人眼感知三维物体提供上述10种心理和生理深度暗示信息，它不会造成观看者的视觉疲劳，其显示的图像更加真实，更符合人们的视觉习惯。

A 体三维显示技术

它是一种能够在一个真正具有宽度、高度和深度的真实三维空间内进行图像信息再现的技术，因此又被称为空间加载显示（space fling display）。体三维显示技术是一种基于多种深度暗示的真三维显示技术，其通过特殊方式来激励位于透明显示空间内的物质，利用光的产生、吸收或散射形成体素，并由许多分散体素构成三维图像，或采用二维显示屏旋转或层叠而形成三维图像。由此形成的三维图像如同真实的物体，能满足人类几乎所有生理和心理深度暗示，可供多人多角度裸视观看，符合人们在视觉观看及深度感知方面的习惯，所以是一种真三维显示技术。

B　全息三维显示技术

全息（holography）来自希腊语，意思是全部图像信息。人是通过接收自然界反射/辐射的光波来对物体进行观察的，这些光波携带的信息包括振幅、相位。其中，振幅信息反映了物体的表面特性（如颜色、材质和光照效果等），而相位信息则反映物体的空间位置特性。目前，市场上的图像记录和显示设备只能记录和显示物体的振幅信息，不能保存表示物体立体结构特征的相位信息。而全息技术利用干涉原理，将光波的振幅和相位信息记录下来，使物体光波的全部信息都存储在记录介质中，故所记录的图样被称为"全息图"。当用光波照射全息图时，由于衍射原理能重现出原始物光波，从而形成原物体逼真的三维像。基于全息技术的三维显示被认为是目前最理想的三维显示方式。

20 世纪发明的全息术是一种基于物理光学原理，以完整记录和重建三维物体光波为基础的三维显示技术。由于全息的再现光波保留了原有物体光波的全部信息（振幅信息和相位信息），故全息再现影像与原始物体有着完全相同的三维特性，能够提供人眼视觉系统所需的全部深度感知信息。人们在观看全息再现影像时，会得到与观看原物时完全相同的视觉效果。因此，全息术被国际上广泛认为是最有发展前景的真三维显示技术。

计算机全息三维显示技术是近年来全息术与光电技术及计算机高速计算技术相结合发展起来的一种最具潜力的真三维显示技术。

任务 7.5　地理信息输出

7.5.1　常见的输出设备

常见的地理信息输出设备有显示器、绘图仪、打印机、激光照排机、喷墨绘图仪、网络、手机和导航仪等。

7.5.1.1　显示器

显示器是通过显示适配器与电脑相连，将电信号转化为可以直接观察到的字符、图形或图像，在日常工作中，许多数据输出并不需要产生硬拷贝，而只是在终端上显示数据（软拷贝）。实际上用户使用这种终端的概率比用硬拷贝要多得多，显示器在数据输入、编辑、处理、检索等阶段都要用到。

显示器不但能显示一般的图形，而且能显示具有多种灰度和多种色彩的图像，这就使得显示具有真实立体感的图形成为可能，因此，在计算机地图制图、遥感图像处理以及地理信息系统中用它作为图形、图像显示设备。

7.5.1.2　笔式绘图仪

笔式绘图仪是早期最主要的图形输出设备，通过计算机控制笔的移动，在图纸或膜片上绘制或刻绘出来。大多数笔式绘图仪是增加型，即同一方向按固定步长移动而产生线。许多设备有两个电动机：一个为 X 方向，另一个是 Y 方向。利用一个或两个电动机的组合，可以在八个对角方向移动。其输出质量主要取决于控制马达的步进量。对制图而言，步进量不应大于 0.054mm。绘图的灵活性则很大程度上取决于绘图软件。

7.5.1.3　打印机

打印机是一种很重要的数据输出设备。常见的点阵式打印机，输出的图形质量粗糙、精度低，但速度快，可以作为输出草图使用。喷墨打印机是一种能彩色输出且喷枪能射出 3、4 或 6 种原色墨汁流的输出设备。喷墨打印机有喷头墨盒一体化与分体式两种。喷头墨盒一体化打印机的喷头没有做在打印机里，而是与墨盒在一起，更换墨盒意味着同时更换了喷头，而分体式打印机喷头加工精细，打印质量较高，但由于喷头得不到更新，使用时间越长，打印效果就越差，总体看来，还是一体化墨盒更经济一些。激光打印机是一种将激光扫描技术和电子照相技术相结合的阵列式打印输出设备，高档的激光打印机的输出精度可以达到 2400DPI，具有打印速度快、成像精度高、输出图形美观等特点。

7.5.1.4　激光照排机

激光照排机主要由滚筒和曝光系统两部分组成。绘图时，感光胶片用紧合销钉、胶带或真空吸附装置固定在滚筒上，在滚筒转动过程，不同大小的光点被以均匀的角步距（其大小取决于所选择像元的尺寸）通过氩气激光管在感光胶片上曝光，光点的大小根据控制机从磁带或磁盘上传送给栅格绘图机的像元的灰度值来确定。每当滚筒旋转一圈，即绘完一行以后，量测螺杆系统便向前移动一个行宽，这个过程一直重复下去，直至全图或一个确定的图块绘完为止。

7.5.1.5　喷墨绘图仪

在彩色设备发展的初期，获得优秀的彩色输出效果很困难，需要非常有经验的技术人员经过繁杂的调控过程才能够勉强得到可以接受的效果。随着技术的发展，目前大多数输出设备都已经能够实现很出色的色彩还原效果了，而且色彩的调节过程也完全可以放心地交给计算机来完成。在这个领域比较领先的是 HP 公司，该公司的彩色输入输出设备在许多应用环境中都有着突出的表现，尤其对颜色的准确性要求极高的 GIS 输出部分，HP 的喷墨绘图仪就扮演着举足轻重的角色。

喷墨绘图仪是一种栅格式绘图设备，其构造从本质上说与上述激光照排机相似，但它不是用光在感光胶片上曝光，而是同时用 C、M、Y、K（青色、洋红、黄色和黑色）四种色液从四个喷嘴喷出墨点，墨点的大小是由栅格数据的像元值控制，并按不同比例混合后在纸上产生所希望的图形色调。

高质量的喷墨绘图仪能达到 600DPI 甚至 2400DPI 的分辨率，能产生几百种颜色乃至真彩色，可以绘出高质量的彩色遥感影像图。评价喷墨绘图仪的色彩表现能力应该从以下两个方面进行考察：（1）色彩表现的准确度，即打印输出内容的色彩与原件或经过校准的显示器显示的色彩的一致性，虽然有些打印机产品输出色彩非常艳丽，但与原件的色彩差别非常大，说明其色彩表现准确度非常差；（2）色彩层次丰富程度，即输出色彩的种类，输出的色彩越丰富，色彩表现越真实、越自然，也越准确。

7.5.1.6　网络

网络地图随着互联网的发展而产生，是利用计算机技术实现了数字地图的在线存储、查阅和分析，地图放大、缩小或旋转不会影响显示效果，目前的网络地图可分为二维地图和三维地图，二维地图应用普遍。

7.5.1.7　手机与导航仪

手机与导航仪也是现代主要的地图输出设备，应用已经越来越普遍，手机和导航仪利用定位系统并结合离线或在线电子地图来实现定位及导航。

7.5.2　输出类型

地理信息系统输出的是经过系统处理、分析，可以直接供研究、规划和决策人员使用的产品，其数据表现形式是多种多样的，总的来说它反映的是地理实体的空间特征和属性特征，这些产品可按照不同的分类依据划分出不同的输出类型。

7.5.2.1　基于输出形式的分类

A　图形图像

地理信息系统输出的图形可以是各种矢量地图和栅格地图，既可以是全要素地图，又可以是根据用户需要分层输出的各种专题地图，还可以是用以表示数字高程模型的等高线图、透视图、立体图，也可能是通过空间分析得到的一些特殊的地学分析图，如坡度图、坡向图和剖面图等。地图是空间实体的符号化模型，也是地理信息系统产品的主要表现形式。图像是空间实体的另一种模型表征，它不是采用符号化的方法，而是采用人的直观视觉来表示各个空间位置实体的质量特征，它一般将空间范围划分为规则的单元，然后再根据几何规则确定图像平面的相应位置，用直观视觉变量表示该单元的特征。

B　统计图表或文字报告

对地图数据库中的图形和属性数据进行分析处理得到的各种表格、清单以及查询报告，主要是用来表示非空间信息，统计图表常见的形式有统计图和统计表两种。统计图表现的是实体的特征和实体间与空间无关的相互关系，把与空间无关的属性数据通过处理展现给使用者，使得用户对这些信息有一个全面的、直观的了解。统计图常用的形式有柱状图、扇形图、直方图、折线图和散点图等；统计表格将数据直接表示在表格中，用户可以通过空间位置直接看到数值。

7.5.2.2　基于输出载体或存储介质的分类

A　屏幕显示输出

地理实体所具有的属性数据在经过分析后，用地图符号库中能切实反映实体特征的符号显示在屏幕上，主要是通过图形显示器、投影仪等显示，这是最普遍的数据输出方式。

B 常 规 输 出

常规输出，这类输出形式较多，有打印输出、绘图仪绘制成图、胶片制版等。打印输出和绘图仪绘制成图是较常用的一种输出形式。在屏幕显示的范围内，一般均可以实现所见即所得，编辑处理完认为不满意的地方之后，经过排版最后通过打印机或绘图仪把所看到的输出到图纸上，作为输出成果永久保存。胶片制版是在地图需求量大的时候才使用的一种输出方式，同样在屏幕上进行有目的的选择之后，将结果输出到制版系统，最后利用制成的软片输送到印刷车间，进行大批量的地图复制和生产。输出的地图印刷在纸张、塑料薄膜等材质载体上，称为常规地图。

C 电 子 数 据 存 储 输 出

这种输出主要是指以电子存储设备为介质的输出方式，如计算机磁盘、光盘等。存储在磁盘、磁带或光盘上的各种图形、图像、测量及统计数据等可能是某种地理信息系统或制图软件的格式数据，如 MapGIS 的 WP、WL、WT 格式的数据，Arc/Info 的 Shapefile、Coverage、TIN、Grid 格式的数据，AutoCAD 的 DWG、DWS、DWT、DXF 格式的数据，也可以是其他一些符合标准的其他数据，如计算机图形元文件 CGM 格式数据等，这些数据格式往往可以互相转换输出。信息时代的一个特征就是实现数据和信息在全社会中的通信或共享，如不同地理信息系统之间数据的转换和共享。其目的就是有效地使用地理数据和合理地进行数据服务，使各系统中不断增加的数据不仅可以被数据的拥有者使用，也可以被更多不同的用户在不同的系统中使用，不断促进地理信息事业的发展。

 复习题

（1）数字地图和纸质地图相比有哪些优势？
（2）专题地图有哪些基本特征，包括哪些因素，和普通地图有哪些区别？
（3）地理信息图示表达连接了地理数据和地图数据，请简要分析两种数据的差异。
（4）简述动态地图的实现形式。
（5）列举立体透视显示的三种模型。
（6）地理信息输出类型和常见输出设备有哪些？

项目 8   GIS 技术综合应用

【项目导读】

GIS 技术已进入一个新的发展时期，无论从技术还是应用上，都已经达到了一个新的阶段，它的社会作用和影响不断扩大。基于 GIS 的应用系统在我国已经广泛应用，在国民经济建设中发挥着日益重要的作用。

本项目由 3S 集成技术应用、地理信息系统行业应用和 GIS 的大众化与信息服务 3 个学习型工作任务组成。通过本项目的学习，为学生从事 GIS 管理及应用岗位工作打下基础。

【教学目标】

(1) 熟悉 GIS、RS 和 GNSS 三者的内涵，了解 3S 集成技术应用的模式。

(2) 掌握 GIS 应用于不同行业中的途径与方式。

(3) 了解 GIS 的大众化与信息服务。

任务 8.1   3S 集成技术应用

3S 集成技术是以 GIS、RS、GNSS 为基础，将三种独立的技术领域中的有关部分与其他高技术领域的有关部分有机地构成一个整体而形成的一项新的综合技术领域，其通畅的信息流贯穿于信息获取、信息处理、信息应用的全过程。

8.1.1   3S 技术概述

3S 技术即利用 GIS 的空间查询、分析和综合处理能力，RS 的大面积获取地物信息特征，GNSS 快速定位和获取数据准确的能力，三者有机结合形成一个系统，实现各种技术的综合。作为目前对地观测系统中空间信息获取、存储管理、更新、分析和应用的三大支撑技术，它们是现代社会持续发展、资源合理规划利用、城乡规划与管理、自然灾害动态监测与防治等的重要技术手段，也是地学研究走向定量化的科学方法之一。从 20 世纪 90 年代开始，3S 集成日益受到关注。

GIS 是采集、存储、管理、分析和显示有关地理现象信息的综合系统。经过多年的发展，GIS 在数据库系统、分析模型等方面有长足进步。地理信息科学、空间信息科学越加受到关注，数据结构也已发展到面向对象的数据模型和多库一体化，表达技术向着多比例尺、多尺度、动态多维和实时三维可视化的方向发展。网络使 GIS 发展为网络上的分布式异构系统，也促使了空间互操作的迅速发展。LBS（基于位置的服务）和 MLS（移动定位服务）则是其突出反映。多源数据集成、知识挖掘和知识发现等也是 GIS 的研究重点。

遥感技术是 20 世纪 60 年代兴起的一种不直接与目标物接触而感知其性质和状态的探测技术，是根据电磁波的理论，应用各种传感仪器对远距离目标所辐射和反射的电磁波信息，进行收集、处理，并最后成像，从而对地面各种景物进行探测和识别的一种综合技术。

GNSS（global navigation satellite system）即全球导航卫星系统。目前，GNSS 包含了美国的 GPS、俄罗斯的 GLONASS、中国的 Compass（北斗）、欧盟的 Galileo 系统，可用的卫星数目达到 100 颗以上。

早在 20 世纪 90 年代中期开始，欧盟为了打破美国在卫星定位、导航、授时市场中的垄断地位，获取巨大的市场利益，增加欧洲人的就业机会，一直在致力于一个雄心勃勃的民用全球导航卫星系统计划，称为 global navigation satellite system。该计划分两步实施：第一步是建立一个综合利用美国的 GPS 系统和俄罗斯的 GLONASS 系统的第一代全球导航卫星系统（当时称为 GNSS-1，即后来建成的 EGNOS）；第二步是建立一个完全独立于美国的 GPS 系统和俄罗斯的 GLONASS 系统之外的第二代全球导航卫星系统，即正在建设中的 Calileo 卫星导航定位系统。由此可见，GNSS 从一问世起，就不是一个单一星座系统，而是一个包括 GPS、GLONASS、Compass、Galileo 等在内的综合星座系统。众所周知，卫星是在天空中环绕地球而运行的，其全球性是不言而喻的；而全球导航是相对于陆基区域性导航而言，以此体现卫星导航的优越性。

8.1.2　GIS 与 RS 集成

GIS 与 RS 的集成是 3S 集成中最重要也最核心的内容。对于各种 GIS，RS 是其重要的外部信息源，是其数据更新的重要手段。反之，GIS 亦可为 RS 的图像处理提供所需要的一切辅助数据，两者结合的关键技术在于栅格数据和矢量数据的接口问题，遥感系统普遍采用栅格格式，其信息是以像元存储的，而 GIS 主要是采用图形矢量格式，是按点、线、面（多边形）存储的。

目前，RS 与 GIS 一体化的集成应用技术渐趋成熟，在植被分类、灾害估算、图像处理等方面均有相关报道。1998 年高志强等利用 RS 与 GIS 技术对中国土地利用和土地覆盖的现状进行研究，得出：中国植被值的大小分布同中国植被类型分布密切相关，其值的大小分布也反映了中国水热的空间分布格局，中国的东部湿润、半湿润地区的平原、盆地、河冲击扇区是我国土地利用程度最高的地区。1994 年吴炳方、黄绚等应用 RS 与 GIS 技术进行了植被制图，分析了地理信息系统模型在改善植被分类中的精度问题，并得出结论：单纯对遥感数据（TM/SPOT）进行监督分类或非监督分类的精度低于 50%，而通过结合辅助数据和应用地理信息系统模型，其精度将大大提高。

8.1.3　GIS 与 GNSS 集成

GIS 与 GNSS 集成是利用 GIS 中的电子地图结合 GNSS 的实时定位技术为用户提供一种组合空间信息服务方式，通常采用实时集成方式。从严格意义上说，GNSS 提供的是空间点的动态绝对位置，而 GIS 提供的是地球表面地物的静态相对位置，二者通过同一个大地坐标系统建立联系。通过 GIS 系统，可使 GNSS 的定位信息在电子地图上获得实时、准确而又形象的反映及漫游查询。GNSS 可以为 GIS 及时采集、更新或修正数据。

两者集成的主要内容有多尺度的空间数据库技术、金字塔和 LOD 空间数据库技术、真四维的时空 GIS 和实时数据库更新等。GIS 数据库的实时更新技术包括实时动态测量

RTK 技术（real-time kinematic）和虚拟参考站 VRS 技术（virtual reference stations）等。在地形可视化这一领域，著名的 LOD 算法之一是微软研究院 Hoppe 提出的基于 TIN 格网的 VDPM 算法，该算法涉及的数据结构复杂，但它的最大优势在于对有分化的地形表面具有较强的表达能力。VRS 技术在国外很早就得到了广泛的推广和运用。丹麦覆盖全国的 VRS 网络是全球第一个 VRS 网络，1999 年就已建成，经过 7 年的发展 VRS 网络几乎覆盖了整个欧洲。亚洲的网络包括日本覆盖全境的网络，韩国、新加坡、马来西亚和中国已建系统的大部分也都是选用的 VRS 技术。澳洲的新西兰、澳大利亚，非洲的南非，美洲的美国、加拿大等国也有大片区域为 VRS 网络所覆盖。

8.1.4　GNSS 与 RS 集成

两者集成的主要目的是利用 GNSS 的精确定位解决 RS 定位困难的问题。GNSS 作为一种定位手段，可应用它的静态和动态定位方法，直接获取各类大地模型信息，既可以采用同步集成方式，也可以采用非同步集成方式。GNSS 的快速定位为 RS 实时、快速进入 GIS 系统提供了可能，其基本原理是用 GNSS/INS 方法，将传感器的空间位置（X，Y，Z）和姿态参数（φ，w，K）同步记录下来，通过相应软件，快速产生直接地学编码。

8.1.5　GIS、RS、GNSS 整体集成

GIS、RS、GNSS 的三者集成可构成高度自动化、实时化和智能化的地理信息系统，这种系统不仅能够分析和运用数据，而且能为各种应用提供科学的决策依据，以解决复杂的用户问题。按照集成系统的核心来分，主要有两种。一是以 GIS 为中心的集成系统，目的主要是非同步数据处理，通过利用 GIS 作为集成系统的中心平台，对包括 RS 和 GNSS 在内的多种来源的空间数据进行综合处理、动态存储和集成管理，存在数据、平台（数据处理平台）和功能三个集成层次，可以认为是 RS 与 GIS 集成的一种扩充。二是以 GNSS、RS 为中心的集成，它以同步数据处理为目的，通过 RS 和 GNSS 提供的实时动态空间信息结合 GIS 的数据库和分析功能为动态管理，实时决策提供在线空间信息支持服务。该模式要求多种信息采集和信息处理平台集成，同时需要实时通信支持。

3S 集成在环境监测和分析、水利工程、公路自动测绘、土地利用动态监测等方面也有了许多成功的经验。1997 年印度遥感研究院的 S. K. Bhan，S. K. Saha，L. M. Pande 和 J. Prasad 在对印度南部热带雨林地区研究的过程中建立了遥感地理信息模型，为利用 3S 技术对可持续发展的研究提供了范例。1997 年瑞典隆德大学的 Jonas Ardo 利用 3S 技术对位于捷德边境由于森林破坏受到严重污染的 Krusne Hory 山区的范围、速率及空间特征进行了研究，对森林的破坏进行了评估，探讨了森林破坏与海拔高度和坡向的关系，森林破坏与林区相对于点污染源的距离和方向的关系，为环境监测提供了依据。

任务 8.2　地理信息系统行业应用

由于 GIS 是用来管理、分析空间数据的信息系统，几乎所有使用空间数据和空间信息的部门都可以应用 GIS。目前，GIS 已广泛应用于资源、环境、交通、城市管理、军事等诸多领域，已成为跨学科、跨领域的空间数据分析和辅助决策的有效工具。

8.2.1　资源清查

资源清查是地理信息系统最基本的职能，其主要任务是将各种来源的数据汇集在一起，并通过系统的统计和覆盖分析功能，按多种边界和属性条件，提供区域多种条件组合形式的资源统计和进行原始数据的快速再现。以土地利用类型为例，可以输出不同土地利用类型的分布和面积、按不同高程带划分的土地利用类型、不同坡度区内的土地利用现状，以及不同类型的土地利用变化等，为资源的合理利用、开发和科学管理提供依据。又如中国西南地区国土资源信息系统，设置了三个功能子系统，即数据库系统、辅助决策系统、图形系统。系统存储了 1500 多项 300 多万个资源数据。该系统提供了一系列资源分析与评价模型、资源预测预报及西南地区资源合理开发配置模型。该系统可绘制草场资源分布图、矿产资源分布图、各地县产值统计图、农作物产量统计图、交通规划图、重大项目规划图等不同的专业图。

8.2.2　环境管理

随着经济的高速发展，环境问题愈来愈受到人们的重视，环境污染、环境质量退化已经成为制约区域经济发展的主要因素之一。环境管理涉及人类社会活动和经济活动的一切领域，传统的环境管理方式已不断受到挑战，逐渐落后于我国经济发展的要求。为提高我国环境管理的现代化水平，很多新型的环境管理信息系统不断建成。从 1994 年下半年起，在国家环保局的统一领导下，进行了覆盖 27 个省的中国省级环境信息系统（PEIS）建设。一个环境管理信息系统应具备以下功能：

（1）为环境部门提供数据和信息的基础数据库应包括环境背景数据库、环境质量数据库、污染源数据库、环境标准数据库、环境法规数据库等；

（2）提供环境现状、环境影响、环境质量的统计、评价、预测、规划模块；

（3）为环境与经济持续发展、环境综合治理提供决策支持；

（4）实现向污染源的污染控制管理提供支持，可实现排污收费、排污许可证制度的管理，排污申报管理；

（5）提供环境管理的数据录入、统计、查询、报表和图形编制方法；

（6）提供环保部门办公软件；

（7）提供信息传输方法和手段。

8.2.3　灾害监测

借助遥感遥测数据，利用地理信息系统，可以有效地用于森林火灾的预测预报、洪水灾情监测和洪水淹没损失的估算，为救灾抢险和防洪决策提供及时准确的信息，例如据我国大兴安岭地区的研究，通过普查分析森林火灾实况，统计分析十几万个气象数据，从中筛选出气温、风速、降水、温度等气象要素，春秋两季植被生长情况和积雪覆盖程度等 14 个因子，用模糊数学方法建立数学模型，建立微机信息系统的多因子的综合指标森林火险预报方法，对火险等级进行预报，准确率可达 73% 以上。又如黄河三角洲地区防洪减灾信息系统，在 ARC/INFO 地理信息系统软件支持下，借助于大比例尺数字高程模型加上各种专题地图如土地利用、水系、居民点、油井、工厂和工程设施以及社会经济统计信息等，通过各种图形叠加、操作、分析等功能，可以计算出若干个泄洪区域及其面积，比较不同泄洪区域内的土地利用、房屋、财产损失等，最后得出最佳的泄洪区域，并制定整个泄洪区域内的人员撤退、财产转移和救灾物资供应等的最佳运输路线。

8.2.4　土地调查

土地调查包括土地的调查、登记、统计、评价和使用等。土地调查的数据涉及土地的位置、房地界、名称、面积、类型、等级、权属、质量、地价、税收、地理要素及其有关设施等项内容。土地调查是地籍管理的基础工作，随着国民经济的发展，地籍管理工作的重要性正变得越来越明显，土地调查的工作量变得越来越大，以往传统的手工方法已经不能胜任，地理信息系统为解决这一问题提供了先进的技术手段，借助地理信息系统可以进行地籍数据的管理、更新、开展土地质量评价和经济评价、输出地籍图，同时还可以为有关的用户提供所需的信息，为土地的科学管理和合理利用提供依据。因此，它是地理信息系统的重要应用领域。

8.2.5　城乡规划

城乡规划中要处理许多不同性质和不同特点的问题，它涉及资源、环境、人口、交通、经济、教育、文化和金融等多个地理变量和大量数据。地理信息系统的数据库管理有利于将这些数据信息归并到同一系统中，最后进行城市与区域多目标的开发和规划，包括城镇总体规划、城市建设用地适宜性评价、环境质量评价、道路交通规划、公共设施配置，以及城市环境的动态监测等。这些规划功能的实现，是以地理信息系统的空间搜索方法、多种信息的叠加处理和一系列分析软件（回归分析、投入产出计算、模糊加权评价、系统动力学模型等）加以保证的。我国大城市数量居于世界前列，根据加快中心城市的规划建设，加强城市建设决策科学化的要求，利用地理信息系统作为城市规划管理和分析的工具，具有十分重要的意义。

8.2.6　城市管网

城市管网包括供水、排水系统，供电、供气系统，电缆系统等，管网是城市居民日常生活不可缺少的基本条件，GIS 能够建立二维矢量拓扑关系，特别是其网络分析功能，为城市管网的设计管理和规划建设提供了强有力的工具。GIS 用于城市管网，将会对市民的日常生活方式产生深刻的影响。

8.2.7　作战指挥

军事领域中运用 GIS 技术最成功的当属 1991 年的海湾战争。美国国防制图局战场GIS 实时服务，为战争需要，在工作站上建立了 GIS 与遥感的集成系统，它能用自动影像匹配和自动目标识别技术处理卫星和高低空侦察机实时获得的战场数字影像，及时地（不超过 4h）将反映战场现状的正射影像图叠加到数字地图上，数据直接传送到海湾前线指挥部和五角大楼，为军事决策提供 24h 的实时服务。通过利用 GNSS、GIS、RS 等高新尖端技术迅速集结部队及武器装备，以较低的代价取得了极大的胜利。

8.2.8　宏观决策

地理信息系统利用拥有的数据库，通过一系列决策模型的构建和比较分析，为国家宏观决策提供依据。例如系统支持下的土地承载力的研究，可以解决土地资源与人口容量的规划。我国在三峡地区研究中，通过利用地理信息系统和机助制图的方法，建立环境监测系统，为三峡宏观决策提供了建库前后环境变化的数量、速度和演变趋势等可靠的数据。美国伊利诺伊州某煤矿区由于采用房柱式开采，引起地面沉陷。煤矿公司为了避免沉陷对建筑物的破坏，减少经济赔偿和对新建房屋的破坏，煤矿公司通过对该煤矿地理信息系统数据库中岩性、构造及开采状况等数据的分析研究，利用图形叠合功能对地面沉陷的分布和塌陷规律进行了分析和预测，指出了地面建筑的危险地段和安全地段，为合理部署地面的房屋建筑提供了依据，取得了较好的经济效果。

8.2.9　城市公共服务

近年来随着计算机技术和多媒体技术的飞速发展，GIS 系统已经不仅具有信息量大的特点，而且具有灵活性、交互性、动态性、现势性和可扩展性等特点。目前城市公共服务系统通过应用 GIS 技术，集图形、图像、文本、声音、视频于一体，直观、形象、生动地描述城市空间地理信息和公共服务信息。如北京、上海、武汉等城市都利用 GIS 技术建立起城市公共服务系统，即利用城市城区的矢量地图和影像地图为空间定位基础，通过电子地图把公众服务信息及其地理空间位置联结，以空间数据为索引，把城市的经济、文化、教育、企业、旅游等信息进行集成和融合，为社会公众提供空间信息服务。政府通过公共服务系统全方位展示和宣传城市形象，介绍城市，提高城市品位，最大限度地满足政府部门对外招商引资以及市民、投资者、旅游者对城市公共信息快速获取的需求。企业也可通过公共服务系统来宣传自己，提高其国内外知名度。

8.2.10　交通

GIS 在交通领域的应用，目前许多交通部门都应用了交通地理信息系统（geography information system-transportation，GIS-T）。GIS-T 的基本功能包括编辑、制图和显示及测量等功能，主要用于对空间和属性数据的输入、存储、编辑，以及制图和空间分析等。编辑功能使用户可以添加和删除点、线、面或改变它们的属性；制图和显示功能可以制作和显示地图，分层输出专题地图，如交通规划图、国道图等，显示地理要素、技术数据，并可放大缩小以显示不同的细节层次。测量功能用于测定地图上线段的长度或指定区域的面积。GIS-T 的其他功能包括叠加、动态分段、地形分析、栅格显示和路径优化等。在 GIS-T 的上述功能中，空间分析功能是地理信息系统软件的核心，叠加分析、地形分析和最短路径优化分析等功能是为空间分析服务的。交通设计部门可以利用 GIS-T 的等高线、坡度坡向、断面图的数字地形模型的分析功能进行公路测设。

GIS-T 通过地理信息系统与多种交通信息分析和处理技术的集成，可以为交通规划、交通控制、交通基础设施管理、物流管理、货物运输管理提供操作平台。如运输企业可以借助路径选择功能，对营运线路进行优化选择，并根据专用地图的统计分析功能，分析客货流量变化情况，制订行车计划。运输管理部门可以利用它对危险品等特种货物运输进行路线选择和实时监控。

8.2.11　导航

车辆导航监控是利用现在的 GNSS 对车辆所在位置进行定位，并与地理信息系统（GIS）相结合，配合城市电子导航地图及主要交通公路电子地图，提供实时导航监控信息。在车辆导航监控中利用 GIS 来进行车辆导航、定位，主要是提供图形化的人机界面；在矢量电子地图上，用户可以进行任意的缩小、放大和地图漫游等；用户可以进行地理实体的查询；在电子地图上，用户可以进行路径规划、最短路径的选择；能在电子地图上实时、准确地显示车辆的位置，跟踪车辆的行驶过程。从而，基于 GIS、GNSS 等技术的车载导航监控可以为车辆等交通工具提供实时具体的导航监控服务，能以较低的造价和较短的时间来提高交通系统效率和交通安全，降低交通拥挤，减轻空气污染和节省能源，能使交通基础设施发挥出最大的效能，提高服务质量，使社会能够高效地使用交通设施和资源，从而获得巨大的社会经济效益。

8.2.12　电子政务

电子政务就是政府部门应用现代信息和通信技术，将管理和服务通过网络技术进行集成，在互联网上实现政府组织机构和工作流程的优化重组，超越时间、空间和部门之间的分割限制，向社会提供优质和全方位的、规范而透明的、符合国际水准的管理和服务。而 GIS 为电子政务提供了基础地理空间平台，为电子政务提供了清晰易读的可视化工具，为电子政务提供了空间辅助决策的功能。地理信息系统技术的使用，则为电子政务的海量数据管理、多源空间数据（地图数据、航空遥感数据、卫星遥感数据、GNSS 卫星定位数据、外业测量数据等）和非空间数据的融合、Web 地理信息系统技术和自主版权软件系统的开发、空间分析、空间数据挖掘和空间辅助决策等提供了技术支撑，从而可提高政府机构的科学决策水平和决策效率。比如，政府机构在研究西部大开发、可持续发展、农村城镇化等发展战略和西气东输、西电东送和进藏铁路等重大建设工程时，如果不使用地理空间数据，也不采用地理信息系统等先进技术，就难以获得有说服力的分析结论，更难以做出科学决策。

任务 8.3　GIS 的大众化与信息服务

在人们的日常生活中，GIS 潜移默化地改变着人们的生活方式。GIS 已经延伸至我们生活的方方面面，并给我们带来便利：电子地图、卫星导航、数字地球、数字城市，还有许多人津津乐道的 Google Earth，这些眼下最时尚的新事物，其核心正是 GIS 技术。

人类所接触的信息中有 80% 以上都与空间相关，随着人类对空间信息需求的快速增加，越来越多的人认识并了解了 GIS，GIS 正在成为普通公众解决空间位置问题的有力工具，GIS 走向大众已成为 GIS 发展的必然趋势。当前，GIS 正逐步融入 IT 主流，已成为 IT 产业重要的组成部分。GIS 正随着计算机和网络的普及为越来越多人所使用，如 Google Earth 的普及和位置信息服务都是 GIS 大众化的例证。

Google Earth 是一款由 Google 公司开发的虚拟地球软件，是 Google 公司提供的地图服务，包括局部详细的卫星照片。Google Earth 使用了公共领域的图片、受许可的航空照相图片、KeyHole 间谍卫星的图片和很多其他卫星所拍摄的城镇照片，甚至连 Google Maps 没有提供的图片都有。任一上网用户都可以通过 Google Earth 从互联网下载遥感影像地图，并对自己感兴趣的区域进行放大、缩小、平移、标注等 GIS 基本应用，使用户能够对该区域产生直观认识。

随着人类活动范围的增大和活动频率的增加，人们需要知道的位置信息在不断增加，信息服务也随之兴起。这里的信息服务特指空间信息服务，广义地讲，就是可以实时地为客户提供有关空间位置信息的一种服务，有时也称作基于位置的服务（location-based service，LBS），例如汽车导航，位置查询，公交线路查询等。LBS 系统是结合了无线定位技术、无线通信网络、地理信息系统、移动互联技术等先进技术的综合性系统，目标是提供以位置为主的相关服务。

具体地说，位置服务是指用户通过移动通信网络获取其基础位置信息如经纬度，利用地理信息系统计算终端的位置，并提供位置相关信息的新型业务。其服务特点包括两方面：其一，能智能地提供与信息需求者及其周围有关事物的信息与服务；其二，无论是普通用户还是专业人员，无论是在移动终端，便携式计算机，还是在台式计算机上都能在任何时刻、任何地点获得有关的空间信息和服务。

位置服务系统的巨大价值在于通过移动和固定网络发送基于位置的信息与服务，使这种服务应用到任何人、任何位置、任何时间和任何设备。目前，无论是公众还是行业用户对于获得位置及其相关服务都有着广泛的需求。对于公众来说，主要是要求系统提供位置服务网关，发布与位置相关的信息，如最近的商店、车站等公众查询服务。对于行业应用，在交通运输方面，可以开发物流配送管理调度系统（包括运输车队和船队）、公交车辆指挥调度系统、车辆跟踪防盗系统、车辆智能导航系统（包括车辆定位系统、最佳路径规划系统和行车引导系统）、铁路列车指挥调度系统；在农业、环保、医疗、消防、警务、国防等方面分别可以开发智能农业生产系统、环境监测管理系统、紧急救援指挥调度系统、智能接警处警系统、支持作战单元的移动式空间信息交换系统等；面向政府的空间信息移动技术主要有移动办公系统，与位置相关的网络会议，水灾、地震、林火等自然灾害的防灾、抗灾和灾后重建管理系统。

总的来说，信息服务业务目前正处在市场培育阶段。全球各大移动运营商都已经开始在 3G 网络中提供这项极具潜力的增值业务。如日本的 NTT DOCOM 和英国的和记 3G 公司，他们提供的定位业务都可以为用户提供详细、实时更新的数字地图来告知用户的具体位置，并且可以通过电子地图来引导用户寻找酒店、餐厅、商店和其他一些用户感兴趣的商业设施。

移动定位服务是一项具有广阔前景的业务，据业内人士估计，未来 5~10 年在各种移动通信业务用户数排名中，定位业务用户数将仅次于语音业务位居第二，高于电子邮件、移动电子商务、移动银行等增值业务。

随着定位手段的多样化、通信手段的广泛性和用户终端的多样化，位置服务系统将得到越来越广泛的应用。

【技能训练】

用户只要在互联网上打开网页浏览器，就可方便地享受 GIS 的各种服务。基于网络和移动的 GIS 应用已经越来越广泛，终端用户对大众化 GIS 服务的需求逐步扩大，网络的普及为 GIS 走向大众提供了条件。

　　（1）分别登录百度、高德、搜狗、腾讯地图网站，找到自己所在位置，分析其周边的环境及宾馆酒店的分布情况，下载所在区域地图，并结合自己的使用对这 4 个地图服务进行比较。

　　（2）以自己的亲身实践，阐述 GIS 的大众自我服务。

复习题

（1）简述 GIS 与 RS、GIS 与 GNSS、GNSS 与 RS 集成的途径。
（2）请结合实际，举例说明 3S 集成技术的应用。
（3）简述 GIS 在抗震救灾中的应用。
（4）简述 GIS 在现代军事中的应用。
（5）如何理解 GIS 应用从政府部门的"专利"时代走向大众的"快餐"时代？

参 考 文 献

[1] 李霖．地理信息系统原理［M］.北京：科学出版社，2021.

[2] 余明，艾廷华．地理信息系统导论［M］.北京：清华大学出版社，2021.

[3] 刘耀林．地理信息系统［M］.北京：中国农业出版社，2020.

[4] 鲍蕊娜．离散点生成不规则三角网算法研究及实现［D］.昆明：昆明理工大学，2012.

[5] 陈新保，Li S N，朱建军等．时空数据模型综述［J］.地理科学进展，2009，28（1）：9-17.

[6] 崔铁军．地理信息科学基础理论［M］.北京：科学出版社，2011.

[7] 刘启亮，吴静．空间分析［M］.北京：测绘出版社，2015.

[8] 华一新，赵军喜，张毅．地理信息系统原理［M］.北京：科学出版社，2012.

[9] 刘琴琴．平面域 Delaunay 三角网生成算法研究及实现［D］.西安：陕西师范大学，2016.

[10] 任政．基于不规则三角网（IN）的流域特征自动提取算法与原型系统设计研究［D］.南京：南京师范大学报，2008.

[11] 汤国安．地理信息系统教程［M］.2 版.北京：高等教育出版社，2009.

[12] 汤国安，李发源，刘学军．数字高程模型教程［M］.3 版.北京：科学出版社，2016.

[13] 汤国安，赵牡丹，杨昕等．地理信息系统［M］.2 版.北京：科学出版社，2010.

[14] 徐立．地理空间数据符号化理论与技术研究［D］.郑州：解放军信息工程大学，2013.

[15] 翟亚婷．计算机辅助建筑物高度与通视分析［D］.西安：西安建筑科技大学，2016.

[16] 张宏，温永宁，刘爱利等．地理信息系统算法基础［M］.北京：科学出版社，2010.

[17] 边馥苓．数字工程的原理与方法［M］.北京：测绘出版社，2011.

[18] 曹金莲等．基于 GIS 的土地利用规划系统数据库的设计［J］.测绘与空间地理信息，2014，37（8）.

[19] 曹阳，甄峰．基于智慧城市的可持续城市空间发展模型总体架构［J］.地理科学进展，2015，34（4）.

[20] 陈端吕．计量地理学方法与应用［M］.南京：南京大学出版社，2011.

[21] 陈宇，李俊，韦桃贤．基于 GIS 的城市道路交通安全管理系统［J］.大众科技（1），2015，51-53.

[22] 承继成，金江军．地理数据的不确定性研究［J］.地球信息科学，2007，9（4）：1-4.

[23] 褚庆全，李林．地理信息系统在农业上的应用及其发展趋势［J］.中国农业科技导报，2003，5（1）：22-26.

[24] 崔铁军等．地理空间分析原理［M］.北京：科学出版社，2016.

[25] 龚健雅，王国良．从数字城市到智慧城市：地理信息技术面临的新挑战［J］.测绘地理信息，2013，38（2）：1-6.

[26] 龚健雅．地理信息系统基础［M］.北京：科学出版社，2018.

[27] 顾鹏飞．多源多尺度土地利用信息整合关键技术研究及系统开发设计［D］.南京：东南大学，2015.

[28] 侯莉，曹慧玲，高一平．土地利用空间数据库整合与应用研究［J］.国土资源，2012（2），53-55，57.

[29] 黄杏元，马劲松．地理信息系统概论 第 3 版［M］.北京：高等收育出版社，2008.

[30] 黄泽栋．数据库技术发展综迷［J］.黑龙江科学，2014.

[31] 江鹄，贺弢等．基于 GPS、GIS 和移动通信技术的国土资源移动巡查系院总体设计［J］.网绘通报，2010（6）：65-68.

[32] 焦汉科，黄悦，曹凯滨．开源 GIS 研究及应用初探［J］.测绘通报，2016（S2）：44-48.

[33] 李超等．列存储数据库关键技术综述［J］.计算机技术，2010，12（37）.

[34] 李德仁等. 空间数据挖掘理论与应用［M］. 北京：科学出版社，2013.

[35] 李谦升. 城市信息可视化设计研究［D］. 上海：上海大学，2017.

[36] 刘耀林. 从空同分析到空同决策的息考［J］. 武汉大学学报（信息科学版），2007，32（1）：1050-1055.

[37] 刘宇，王水生，孙庆辉. 数字威市地理空间信息公共平台的设计［J］. 测绘科学技术学报，2016，23（6）.

[38] 龙良辉. 空同自相关分析方法与应用研究［D］. 昆明：昆明理工大学，2015.

[39] 吕怀峰. 基于遥感与 GIS 的黄河三角洲生态农业区划研究［D］. 济南：山东师范大学，2016.

[40] 马迎斌. 基于 GIS 的大气污染扩散模拟研究［D］. 阜新：辽宁工程技术大学，2015.

[41] 孟丽君. 空间分层自相关地理加权回归模型的研究［D］. 新疆：新疆大学，2018.

[42] 汪燊，刘德赢. "3S" 技术在精准农业中应用的研究［J］. 和田师范专科学校学报，2006，26（5）：166-167.

[43] 王海荣，闫娜，高隆杰. 地理信息安全关键技术发展现状与趋势［J］. 测绘通报（S1），2012，650-653.

[44] 吴信才. 地理信息系统原理与方法［M］. 北京：电子工业出版社，2014.

[45] 杨晓君. 数据库技术发展概述［J］. 科技情报开发与经济（21），2011.

[46] 张国华. 不同比例尺间数字地形图转换方法［J］. 有色金属 65（2），2013，78-82.

[47] 郑可锋，祝利莉等. 农业地理信息系统的总体设计与实现［J］. 浙江农业科学，2005，1（4）：244-246.

[48] 周成虎等. 地理信息系统空间分析原理［M］. 北京：科学出版社，2018.

[49] 周卫胡，吴相装等. 省级国土资源 "一张图" 数据库建设关键技术研究，现代测绘，2014，37（1）：43-47.

[50] 张新长，马林兵，张青年. 地理信息系统数据库 2 版［M］. 北京：科学出版社，2010.

[51] 张子听，周强波. 空间插值算法在 GIS 中的应用［J］. 测绘与空间地理信息，2015，38（2）：103-107.

[52] 艾廷华. 基于 Delaunay 三角网支持下的空间场表达［J］. 测绘学报，2006（1）：71-76，82.

[53] 艾廷华，郭仁忠，陈晓东. Delaunay 三角网支持下的多边形化简与合并［J］. 中国图像图形学报，2001，6（7）.

[54] 艾廷华，祝国瑞，张根寿. 基于 Delaunay 三角网模型的等高线地形特征提取及谷地树结构化组织［J］. 遥感学报 2003，7（4）.

[55] 陈正江，汤国安，任晓东. 地理信息系统设计与开发［M］. 北京：科学出版社，2005.

[56] 邵维忠，杨芙清. 面向对象的系统分析 2 版［M］. 北京：清华大学出版社，2006.

[57] 宋小冬，钮心毅. 地理信息系统实习教程 3 版［M］. 北京：科学出版社，2013.

[58] 汤国安，刘学军，闾国年. 数字高程模型及地学分析的原理与方法［M］. 北京：科学出版社，2009.

[59] 汤志诚，余明. 基于 ArcObjects 与 Google Earth 的 GIS 应用系统设计与实现［J］. 福建师范大学学报（自然科学版），2013，29（2）：28-34.

[60] 韦玉春，陈锁忠等. 地理建模原理与方法［M］. 北京：科学出版社，2007.

[61] 吴信才，郑贵洲，张发勇等. 地理信息系统设计与实现 3 版［M］. 北京：电子工业出版社，2015.

[62] 徐建华. 现代地理学中的数学方法 3 版［M］. 北京：高等教育出版社，2017.

[63] 袁勘省. 现代地图学教程 2 版［M］. 北京：科学出版社，2014.

[64] Al T. XIANG 2. 2007. The aggrrgation of urban building clusters based on the skeleton partitioning of gapspace［J］. Lecture Notes in Geoinformation and Cartography（LNGC）. Springer-Verlag.

［65］CHANG KT, 2006. 地理信息系统导论［M］. 3 版. 陈健飞，译. 北京：科学出版社.

［66］KANTARDZICM. 2003. 数据挖掘——概念，模型、方法和算法［M］. 闪四清，陈茵，程雁，等译. 北京：清华大学出版社.

［67］LAN T, YU M. XU Z B, et al. Temporal and spatial variation characteristics of catering facilitiesbased on POI data; a case study within 5th ring road in Beijing［J］. Procedia Computer Science. 2018, 131: 1260-1268.

［68］LONGLEYPA, 2004. 地理信息系统（上卷——原理与技术，下卷——管理与应用）［M］. 2 版，唐中实，黄俊峰，伊平等，译. 北京：电子工业出版社.

［69］NATH S S. BOL. TE J P, ROSS 1. G. et al. Applications of geographical information system（GIS）for spatial decision support in aquaculture［J］. Aquacultural Engineering, 2000, 23: 233-278.

［70］PETERSON M P. 1994. Cognitive Issues in Cartographic Visualization［M］. London: Pergamon Press. RICHARDSON D E. OOSTEROM P V, Advances in Spatial Data Handling［M］. Springer-Verlag: Springer Press, 2002.